똑똑한 하루

빅터 연산

Chunjae
Makes
Chunjae

기획총괄	박금옥
편집개발	지유경, 정소현, 조선영, 최윤석, 김장미, 유혜지, 정하영, 김혜진, 유가현
디자인총괄	김희정
표지디자인	윤순미, 심지현
내지디자인	이은정, 김정우, 퓨리티
제작	황성진, 조규영

발행일	2024년 8월 15일 초판 2024년 8월 15일 1쇄
발행인	(주)천재교육
주소	서울시 금천구 가산로9길 54
신고번호	제2001-000018호
고객센터	1577-0902

※ 정답 분실 시에는 천재교육 교재 홈페이지에서 내려받으세요.

※ KC 마크는 이 제품이 공통안전기준에 적합하였음을 의미합니다.

※ 주의

책 모서리에 다칠 수 있으니 주의하시기 바랍니다.

부주의로 인한 사고의 경우 책임지지 않습니다.

8세 미만의 어린이는 부모님의 관리가 필요합니다.

지루하고 힘든 연산은 OUT!

쉽고 재미있는 **빅터연산으로 연산홀릭**

빅터 연산 단/계/별 학습 내용

예비초

권	번호	내용
A권	1	5까지의 수
	2	5까지의 수의 덧셈
	3	5까지의 수의 뺄셈
	4	10까지의 수
	5	10까지의 수의 덧셈
	6	10까지의 수의 뺄셈
B권	1	20까지의 수
	2	20까지의 수의 덧셈
	3	20까지의 수의 뺄셈
	4	30까지의 수
	5	30까지의 수의 덧셈
	6	30까지의 수의 뺄셈
C권	1	40까지의 수
	2	40까지의 수의 덧셈
	3	40까지의 수의 뺄셈
	4	50까지의 수
	5	50까지의 수의 덧셈
	6	50까지의 수의 뺄셈
D권	1	받아올림이 없는 두 자리 수의 덧셈
	2	받아내림이 없는 두 자리 수의 뺄셈
	3	10을 이용하는 덧셈
	4	받아올림이 있는 덧셈
	5	10을 이용하는 뺄셈
	6	받아내림이 있는 뺄셈

1단계 초등 1 수준

권	번호	내용
A권	1	9까지의 수
	2	가르기, 모으기
	3	9까지의 수의 덧셈
	4	9까지의 수의 뺄셈
	5	덧셈과 뺄셈의 관계
	6	세 수의 덧셈, 뺄셈
B권	1	십몇 알아보기
	2	50까지의 수
	3	받아올림이 없는 50까지의 수의 덧셈 (1)
	4	받아올림이 없는 50까지의 수의 덧셈 (2)
	5	받아내림이 없는 50까지의 수의 뺄셈
	6	50까지의 수의 혼합 계산
C권	1	100까지의 수
	2	받아올림이 없는 100까지의 수의 덧셈 (1)
	3	받아올림이 없는 100까지의 수의 덧셈 (2)
	4	받아내림이 없는 100까지의 수의 뺄셈 (1)
	5	받아내림이 없는 100까지의 수의 뺄셈 (2)
D권	1	덧셈과 뺄셈의 관계 – 두 자리 수의 덧셈과 뺄셈
	2	두 자리 수의 혼합 계산
	3	10이 되는 더하기와 빼기
	4	받아올림이 있는 덧셈
	5	받아내림이 있는 뺄셈
	6	세 수의 덧셈과 뺄셈

2단계 초등 2 수준

권	번호	내용
A권	1	세 자리 수 (1)
	2	세 자리 수 (2)
	3	받아올림이 한 번 있는 덧셈 (1)
	4	받아올림이 한 번 있는 덧셈 (2)
	5	받아올림이 두 번 있는 덧셈
B권	1	받아내림이 한 번 있는 뺄셈
	2	받아내림이 두 번 있는 뺄셈
	3	덧셈과 뺄셈의 관계
	4	세 수의 계산
	5	곱셈 – 묶어 세기, 몇 배
C권	1	네 자리 수
	2	세 자리 수와 두 자리 수의 덧셈
	3	세 자리 수와 두 자리 수의 뺄셈
	4	시각과 시간
	5	시간의 덧셈과 뺄셈 – 분까지의 덧셈과 뺄셈
	6	세 수의 계산 – 세 자리 수와 두 자리 수의 계산
D권	1	곱셈구구 (1)
	2	곱셈구구 (2)
	3	곱셈 – 곱셈구구를 이용한 곱셈
	4	길이의 합 – m와 cm의 단위의 합
	5	길이의 차 – m와 cm의 단위의 차

3단계 초등 3 수준

권	번호	내용
A권	1	덧셈 – (세 자리 수) + (세 자리 수)
	2	뺄셈 – (세 자리 수) – (세 자리 수)
	3	나눗셈 – 곱셈구구로 나눗셈의 몫 구하기
	4	곱셈 – (두 자리 수) × (한 자리 수)
	5	시간의 합과 차 – 초 단위까지
	6	길이의 합과 차 – mm 단위까지
	7	분수
	8	소수
B권	1	(세 자리 수) × (한 자리 수) (1)
	2	(세 자리 수) × (한 자리 수) (2)
	3	(두 자리 수) × (두 자리 수)
	4	나눗셈 (1) – (몇십) ÷ (몇), (몇백몇십) ÷ (몇)
	5	나눗셈 (2) – (몇십몇) ÷ (몇), (세 자리 수) ÷ (한 자리 수)
	6	분수의 합과 차
	7	들이의 합과 차 – (L, mL)
	8	무게의 합과 차 – (g, kg, t)

4단계 초등 4 수준

권	번호	단원
A권	1	큰 수
	2	큰 수의 계산
	3	각도
	4	곱셈 (1)
	5	곱셈 (2)
	6	나눗셈 (1)
	7	나눗셈 (2)
	8	규칙 찾기
B권	1	분수의 덧셈
	2	분수의 뺄셈
	3	소수
	4	자릿수가 같은 소수의 덧셈
	5	자릿수가 다른 소수의 덧셈
	6	자릿수가 같은 소수의 뺄셈
	7	자릿수가 다른 소수의 뺄셈
	8	세 소수의 덧셈과 뺄셈

5단계 초등 5 수준

권	번호	단원
A권	1	자연수의 혼합 계산
	2	약수와 배수
	3	약분과 통분
	4	분수와 소수
	5	분수의 덧셈
	6	분수의 뺄셈
	7	분수의 덧셈과 뺄셈
	8	다각형의 둘레와 넓이
B권	1	수의 범위
	2	올림, 버림, 반올림
	3	분수의 곱셈
	4	소수와 자연수의 곱셈
	5	자연수와 소수의 곱셈
	6	자릿수가 같은 소수의 곱셈
	7	자릿수가 다른 소수의 곱셈
	8	평균

6단계 초등 6 수준

권	번호	단원
A권	1	분수의 나눗셈 (1)
	2	분수의 나눗셈 (2)
	3	분수의 곱셈과 나눗셈
	4	소수의 나눗셈 (1)
	5	소수의 나눗셈 (2)
	6	소수의 나눗셈 (3)
	7	비와 비율
	8	직육면체의 부피와 겉넓이
B권	1	분수의 나눗셈 (1)
	2	분수의 나눗셈 (2)
	3	분수 나눗셈의 혼합 계산
	4	소수의 나눗셈 (1)
	5	소수의 나눗셈 (2)
	6	소수의 나눗셈 (3)
	7	비례식 (1)
	8	비례식 (2)
	9	원의 넓이

중등 수학

중1

권	번호	단원
A권	1	소인수분해
	2	최대공약수와 최소공배수
	3	정수와 유리수
	4	정수와 유리수의 계산
B권	1	문자와 식
	2	일차방정식
	3	좌표평면과 그래프

중2

권	번호	단원
A권	1	유리수와 순환소수
	2	식의 계산
	3	부등식
B권	1	연립방정식
	2	일차함수와 그래프
	3	일차함수와 일차방정식

중3

권	번호	단원
A권	1	제곱근과 실수
	2	제곱근을 포함한 식의 계산
	3	다항식의 곱셈
	4	다항식의 인수분해
B권	1	이차방정식
	2	이차함수의 그래프 (1)
	3	이차함수의 그래프 (2)

빅터 연산

구성과 특징

4단계 A권

Structure

흥미

만화로 흥미 UP

학습할 내용을 만화로 먼저 보면 흥미와 관심을 높일 수 있습니다.

개념 & 원리

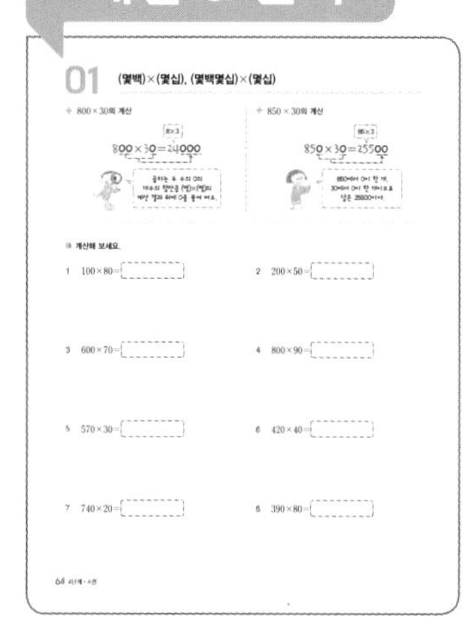

개념 & 원리 탄탄

연산의 원리를 쉽고 재미있게 확실히 이해하도록 하였습니다.
원리 이해를 돕는 문제로 연산의 기본을 다집니다.

정확성

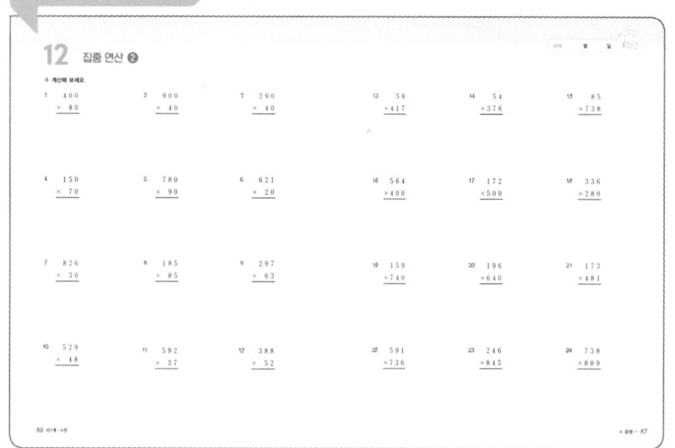

집중 연산

집중 연산을 통해 연산을 더 빠르고 더 정확하게 해결할 수 있게 됩니다.

다양한 유형

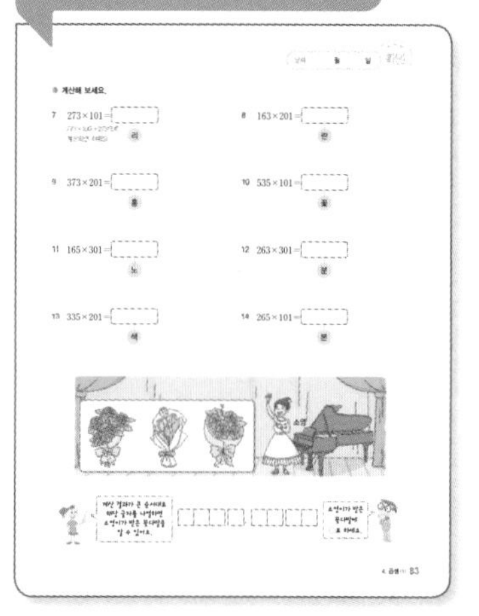

다양한 유형으로 흥미 UP

수수께끼, 연상퀴즈 등 다양한 형태의 문제로 게임보다 더 쉽고 재미있게 연산을 학습하면서 실력을 쌓을 수 있습니다.

Contents

차례

1 큰 수

23748은 다섯 자리 수이고
10000이 2개, 1000이 3개, 100이 7개, 10이 4개,
1이 8개인 수야.

23748은
10000이 2개, 1000이 3개,
100이 7개, 10이 4개,
1이 8개인 수

학습내용

- 다섯 자리 수 알아보기
- 십만, 백만, 천만 알아보기
- 억, 조 알아보기
- 뛰어 세기
- 수의 크기 비교

01 다섯 자리 수 알아보기

✚ 10000 알아보기

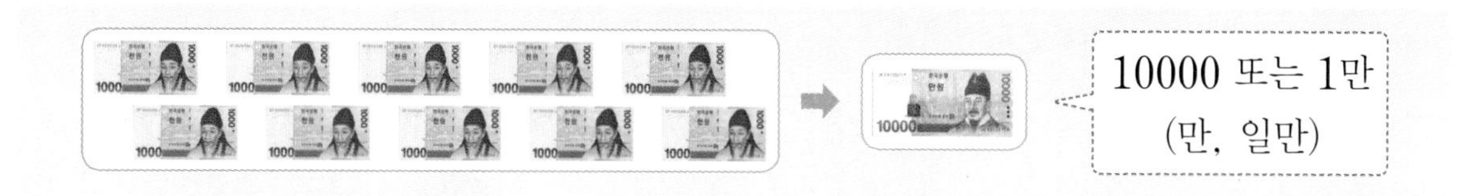

✚ 45321(사만 오천삼백이십일) 알아보기

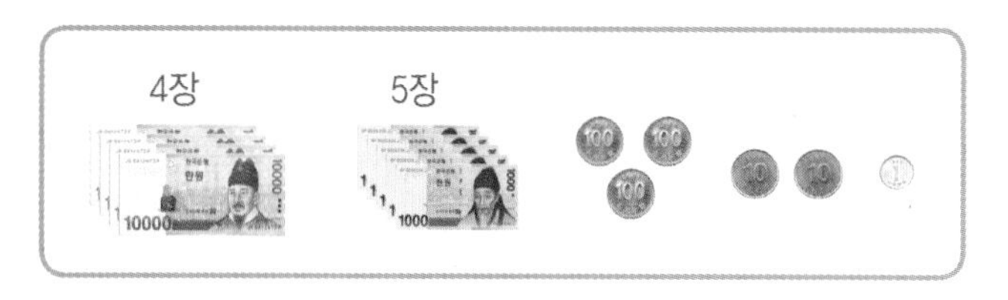

40000+5000+300+20+1=45321(원)

◑ 주어진 돈을 덧셈식으로 나타내고 얼마인지 구하세요.

1

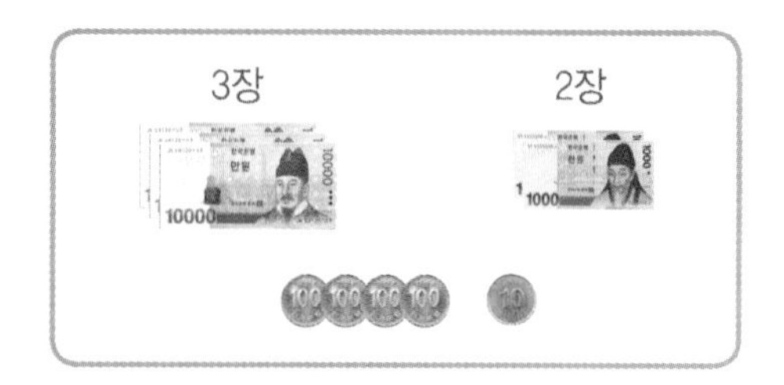

30000+2000+☐+10

=☐(원)

2

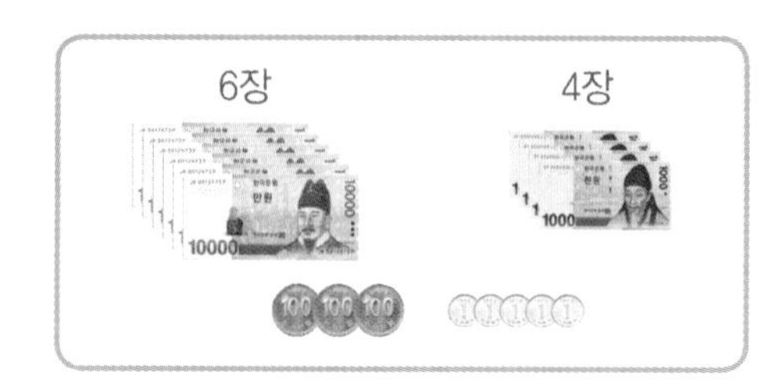

60000+☐+300+5

=☐(원)

3

10000+5000+☐+2

=☐(원)

4

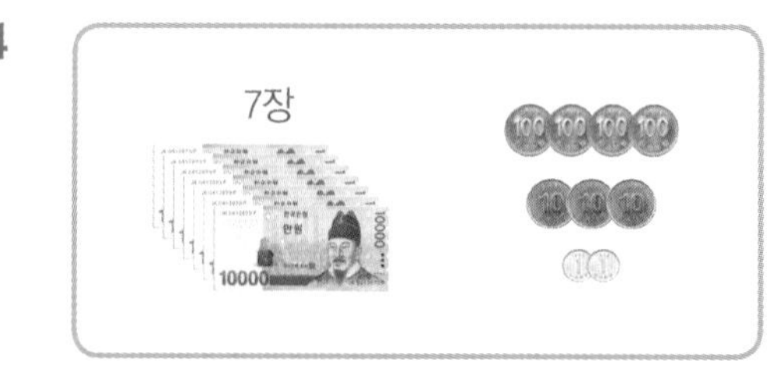

☐+400+30+2

=☐(원)

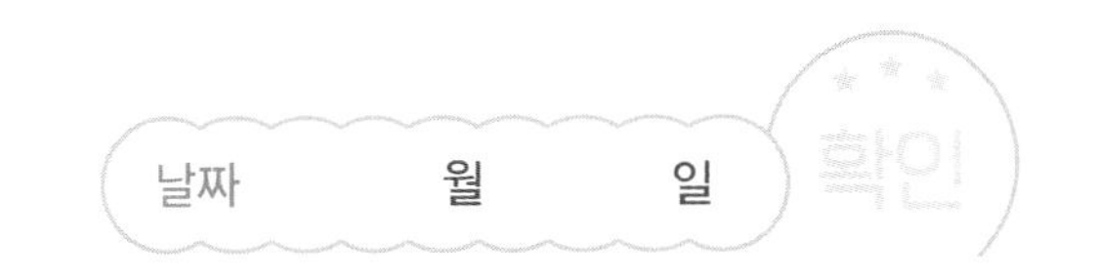

5 각 층에서 설명하는 수에 해당하는 글자를 찾아 □ 안에 써넣으세요.

40000+3000+100+50+7	머
20000+5000+300+30+1	
70000+200+50+6	
30000+8000+900+50+4	
40000+5000+30+6	
70000+6000+900+1	
구만 삼천백오십칠	
사만 이천칠	
칠만 육백삼십칠	
만 육천이백사십팔	
육만 팔천이십오	
만의 자리 숫자가 8인 수	
천의 자리 숫자가 4인 수	
백의 자리 숫자가 4인 수	
만의 자리 숫자가 5인 수	
십의 자리 숫자가 7인 수	

02 십만, 백만, 천만 알아보기

✚ 27531600 알아보기

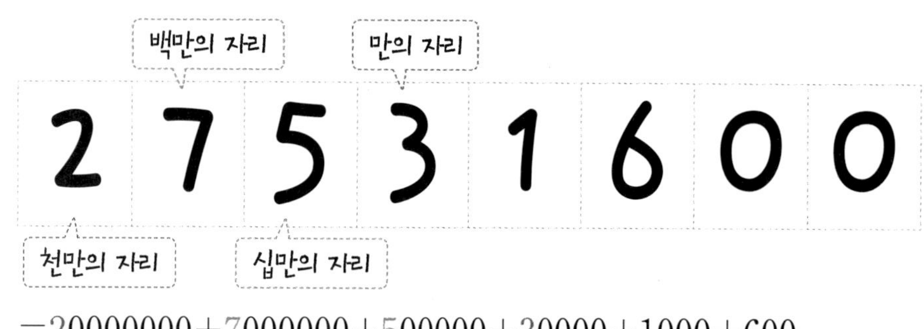

=20000000+7000000+500000+30000+1000+600

27531600의 백만의 자리 숫자 ➡ 7

◑ 주어진 수를 보고 ▢ 안에 알맞은 수를 써넣으세요.

1 16780000의 만의 자리 숫자 ➡ ▢

2 72590000의 백만의 자리 숫자 ➡ ▢

3 43715000의 십만의 자리 숫자 ➡ ▢

4 58647139의 만의 자리 숫자 ➡ ▢

5 20576148의 천만의 자리 숫자 ➡ ▢

6 61387029의 백만의 자리 숫자 ➡ ▢

7 31415020의 십만의 자리 숫자 ➡ ▢

8 52101047의 천만의 자리 숫자 ➡ ▢

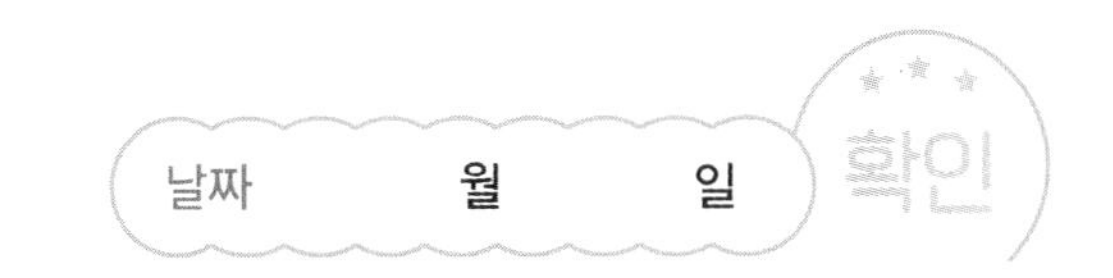

● 보기 와 같이 보석의 가격을 각 자리의 자릿값의 합으로 나타내 보세요.

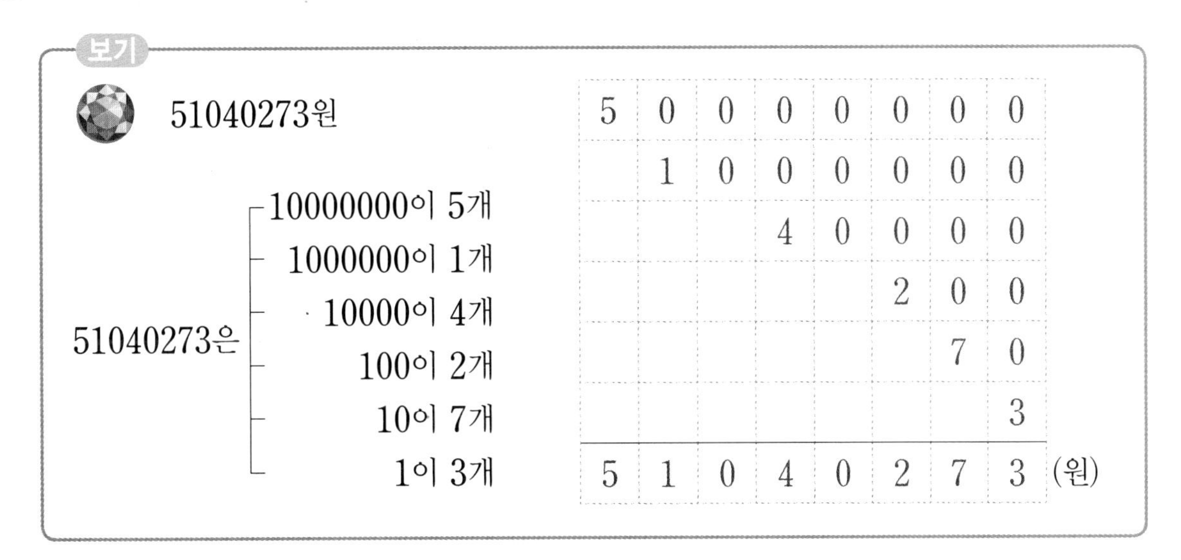
보기

51040273원

51040273은
- 10000000이 5개
- 1000000이 1개
- 10000이 4개
- 100이 2개
- 10이 7개
- 1이 3개

5	0	0	0	0	0	0	0	
	1	0	0	0	0	0	0	
			4	0	0	0	0	
					2	0	0	
						7	0	
							3	
5	1	0	4	0	2	7	3	(원)

9  20768013원

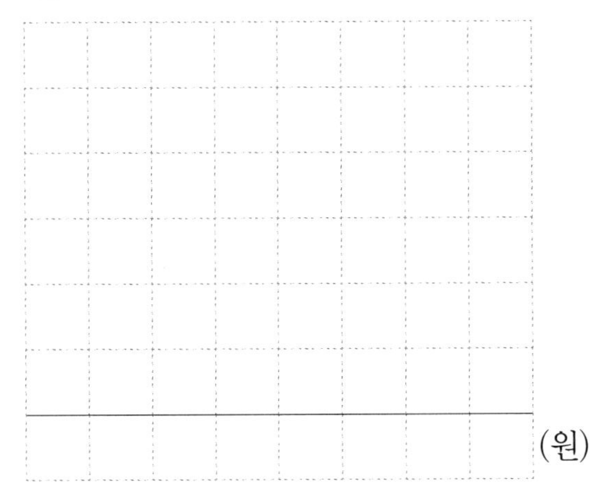
(원)

10 75479800원

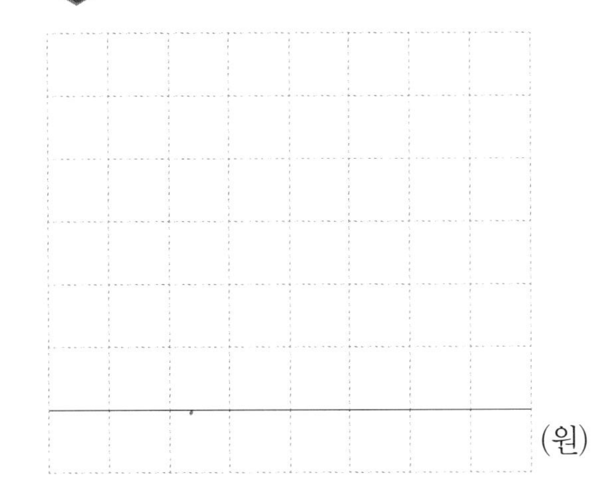
(원)

11  50089667원

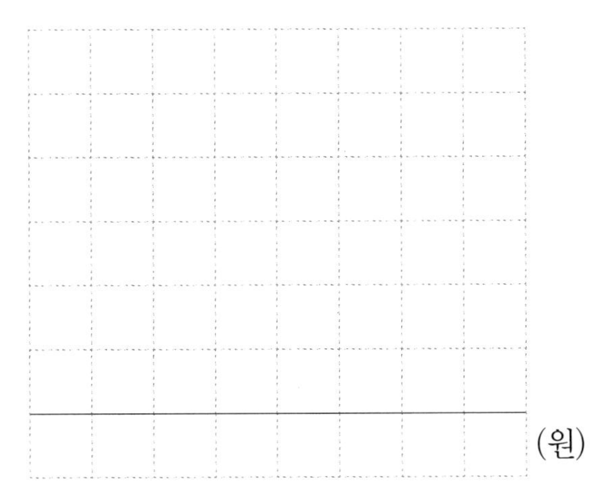
(원)

12  40130718원

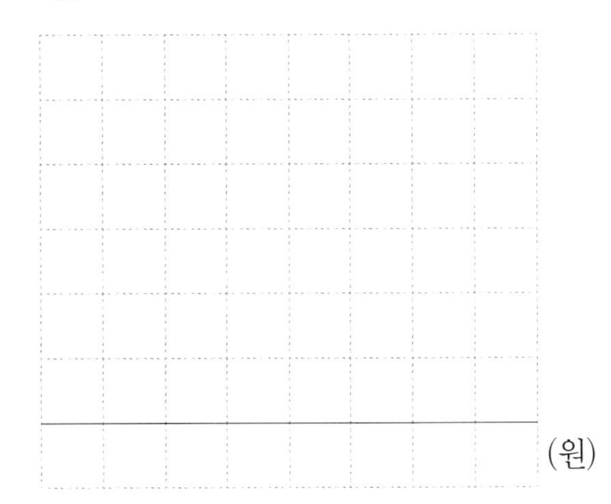
(원)

03 억, 조 알아보기

✢ 천이백삼십사조 오천육백칠십팔억

백조의 자리 / 십억의 자리

1234	5678	0000	0000
조	억	만	일

• 백조의 자리 숫자: 2
나타내는 값: 200000000000000 → 200조

• 십억의 자리 숫자: 7
나타내는 값: 7000000000 → 70억

◐ 주어진 수를 보고 각 자리 숫자와 그 숫자가 나타내는 값을 써 보세요.

3715019462480000

1 억의 자리 숫자: ______
나타내는 값: ______

2 백억의 자리 숫자: ______
나타내는 값: ______

3 천만의 자리 숫자: ______
나타내는 값: ______

4 조의 자리 숫자: ______
나타내는 값: ______

5 십조의 자리 숫자: ______
나타내는 값: ______

6 천조의 자리 숫자: ______
나타내는 값: ______

● 지도를 보고 각 나라의 넓이를 수로 나타내 보세요.

[출처] 국토교통부, 2022

7

________ m^2

8

________ m^2

9

________ m^2

10

________ m^2

11

________ m^2

12

________ m^2

04 뛰어 세기

✣ 10000씩 뛰어 세기

140000 — 150000 — 160000 — 170000 — 180000

➡ 10000씩 뛰어 세면 만의 자리 수가 1씩 커집니다.

✣ 10배씩 뛰어 세기

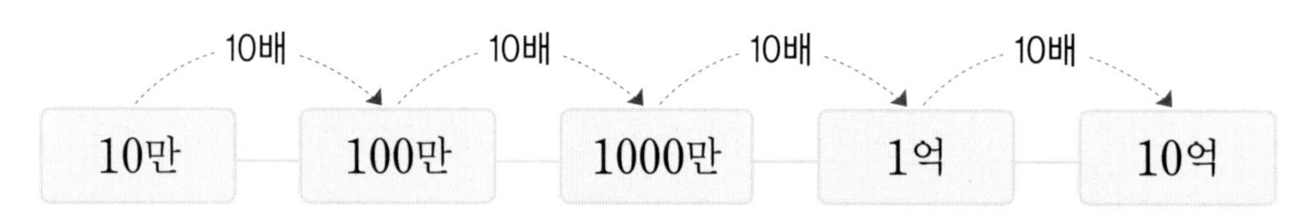

➡ 10배 하면 뒤에 0이 1개 더 붙습니다.

◐ 주어진 수만큼씩 뛰어 세어 보세요.

1

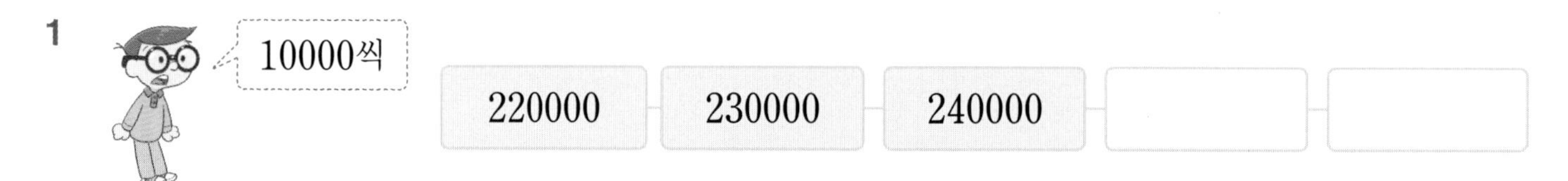

2

3

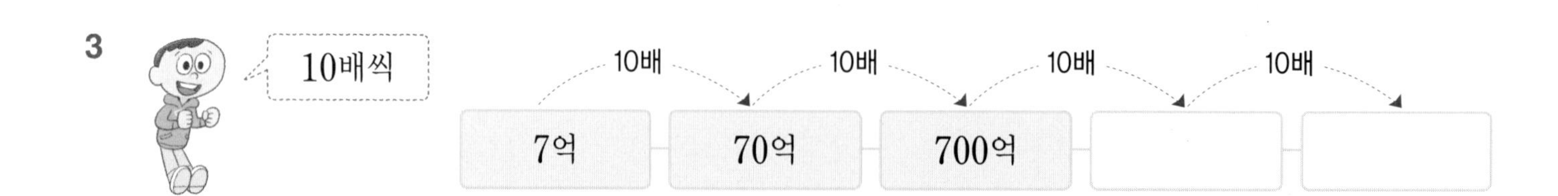

4

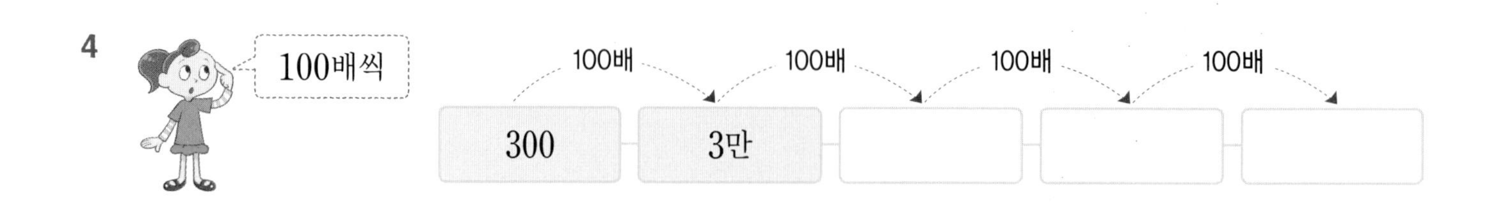

날짜 월 일 확인

● 규칙을 찾아 쓰고 뛰어 세어 보세요.

5 [1000]씩 뛰어 세기

55200 — 56200 — 57200 — [ ] — [ ] — [ ]

6 [ ]씩 뛰어 세기

1860만 — [ ] — 3860만 — 4860만 — [ ] — [ ]

7 [ ]씩 뛰어 세기

2670억 — 2770억 — [ ] — 2970억 — [ ] — [ ]

8 [ ]배씩 뛰어 세기

2만 — 200만 — 2억 — [ ] — [ ] — [ ]

9 [ ]배씩 뛰어 세기

[ ] — 70억 — 700억 — 7000억 — [ ] — [ ]

10 [ ]배씩 뛰어 세기

[ ] — [ ] — 300만 — 30억 — 3조 — [ ]

05 수의 크기 비교 (1)

✣ 자리 수가 다른 경우

58173 $<$ 130954

다섯 자리 수 　 여섯 자리 수

✣ 자리 수가 같은 경우

127403 $>$ 125948

$7>5$

자리 수 비교

자리 수가 다를 때	자리 수가 같을 때
자리 수가 많은 수가 더 큽니다.	가장 높은 자리의 수부터 차례대로 비교하여 수가 큰 쪽이 더 큽니다.

◑ 두 수의 크기를 비교하여 ○ 안에 $>$, $=$, $<$ 중 알맞은 것을 써넣으세요.

1 1769345 ○ 857631

2 4557816 ○ 4557900

3 25452884 ○ 26584157

4 767288424 ○ 77854217

5 21453451 ○ 21457000

6 326370000 ○ 2718460000

7 1636340000 ○ 1711520000

8 2287877120000 ○ 2361230070000

9 14124395851274 ○ 14068263411467

가장 높은 자리의 수부터 차례대로 크기 비교를 해요.

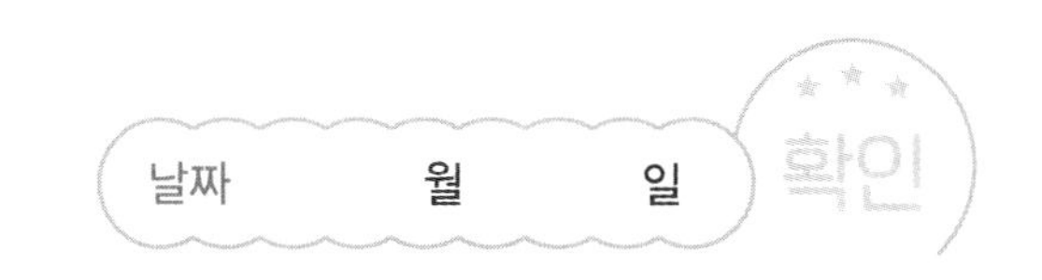

◑ 우리나라의 지도를 보고 보기 와 같이 두 지역의 인구를 비교하여 ◯ 안에 >, =, < 중 알맞은 것을 써넣으세요.

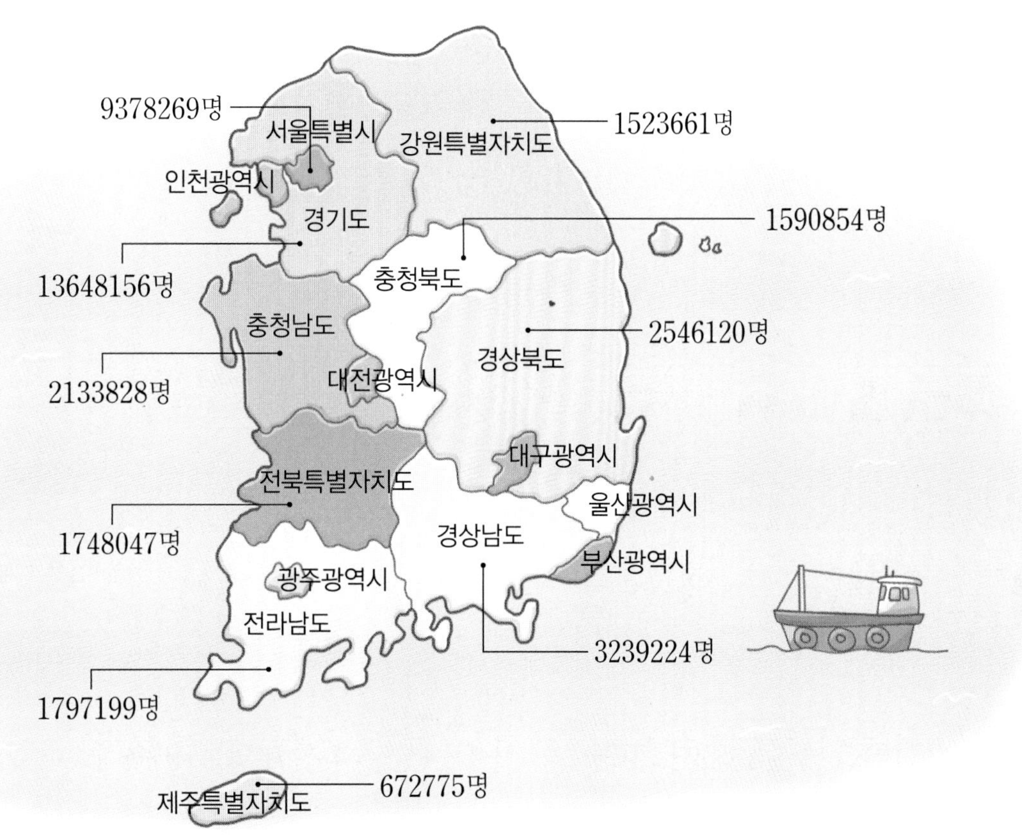

[출처] 국가통계포털, 2024

10 경상북도 ◯ 충청남도

11 강원특별자치도 ◯ 충청북도

12 강원특별자치도 ◯ 제주특별자치도

13 전북특별자치도 ◯ 전라남도

14 강원특별자치도 ◯ 경기도

15 충청남도 ◯ 충청북도

16 충청남도 ◯ 경상남도

06 수의 크기 비교 (2)

✣ 21만 4132와 215497의 크기 비교

① 21만 4132를 수로 나타내기

21만 4132 ➡ 214132

② 214132와 215497의 크기 비교하기

214132 (<) 215497

◑ 두 수의 크기를 비교하여 ○ 안에 >, =, < 중 알맞은 것을 써넣으세요.

1 17만 1504 ○ 170849

2 5419만 2378 ○ 54765470

3 43825491 ○ 4382만 3978

4 78억 4792만 ○ 7835420000

5 252483624 ○ 6248만 5837

6 2조 8543억 ○ 2857132820000

7 602억 4296 ○ 6242690000

8 16억 5201만 ○ 1652080000

9 8254754900000 ○ 8조 2547억 34만

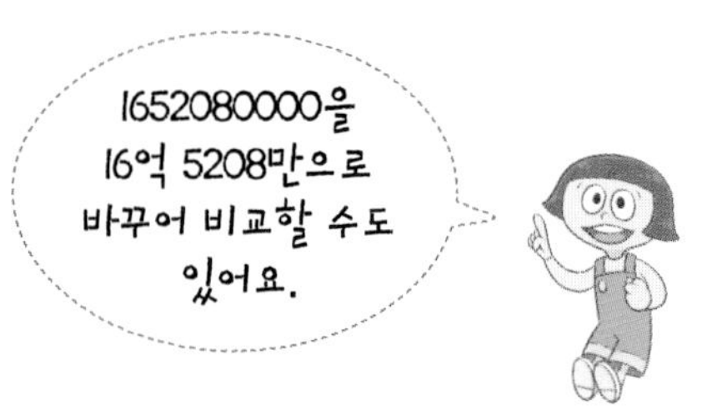

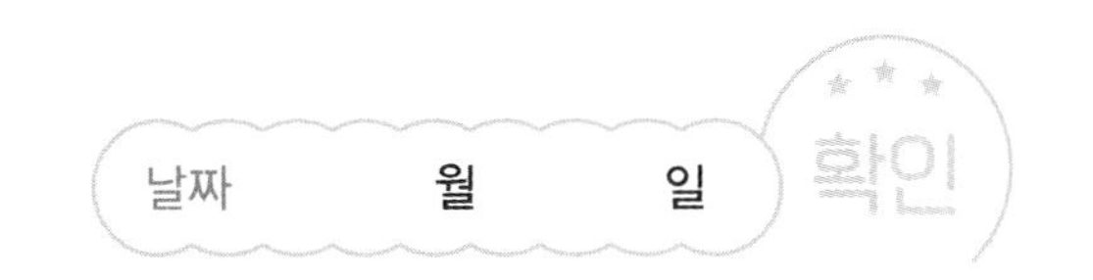

● 표를 보고 보기 와 같이 외국인 방문객 수를 비교하여 ○ 안에 >, =, < 중 알맞은 것을 써넣으세요.

연도별 외국인 방문객 수			
연도(년)	방문객 수(명)	연도(년)	방문객 수(명)
2014	1420만 1516	2019	1750만 2756
2015	1323만 1651	2020	2519118
2016	1724만 1823	2021	967003
2017	13335758	2022	319만 8017
2018	15346879	2023	1103만 1665

[출처] 한국관광공사, 2024

보기

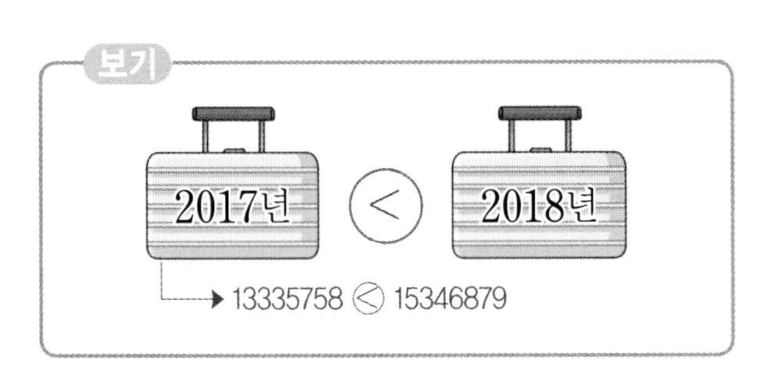

백만의 자리 수끼리 비교하면 3<5예요.

10

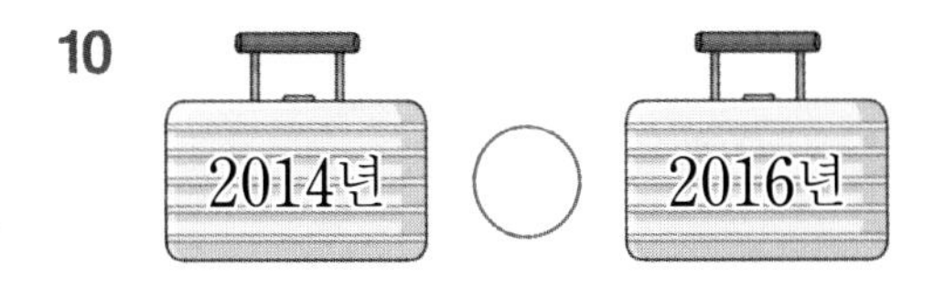

11

2020년 ○ 2021년

12

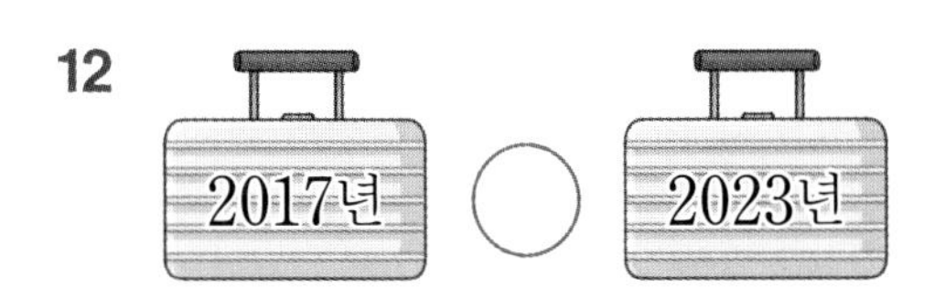

13

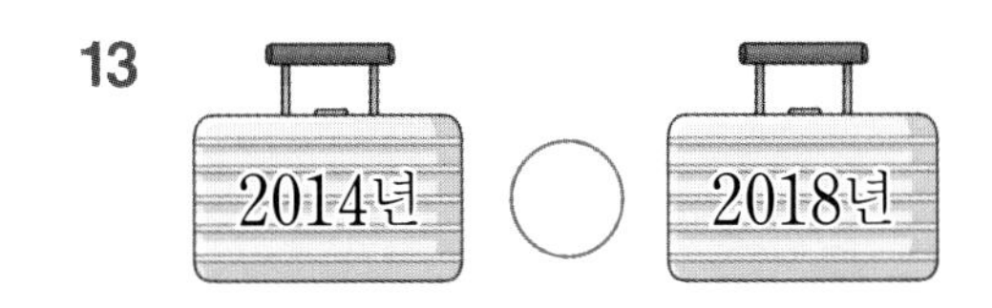

14

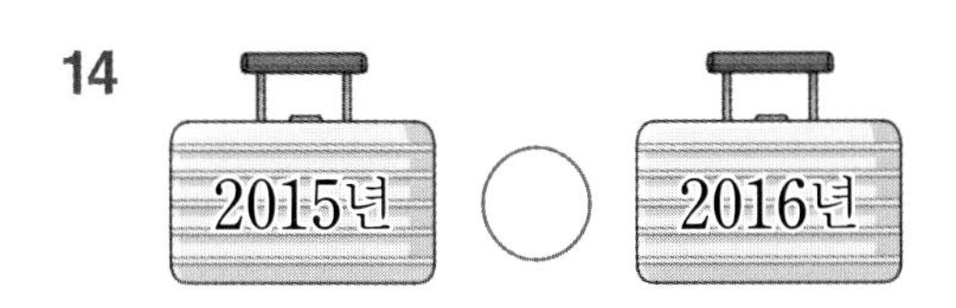

15

07 집중 연산 ❶

◑ ㉠, ㉡이 나타내는 값을 빈칸에 써넣으세요.

1

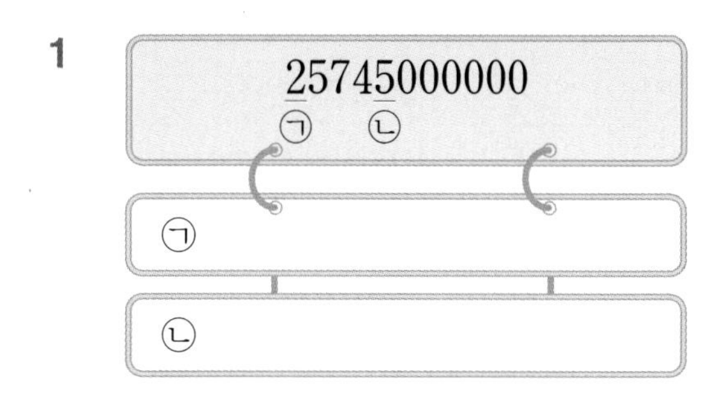

2

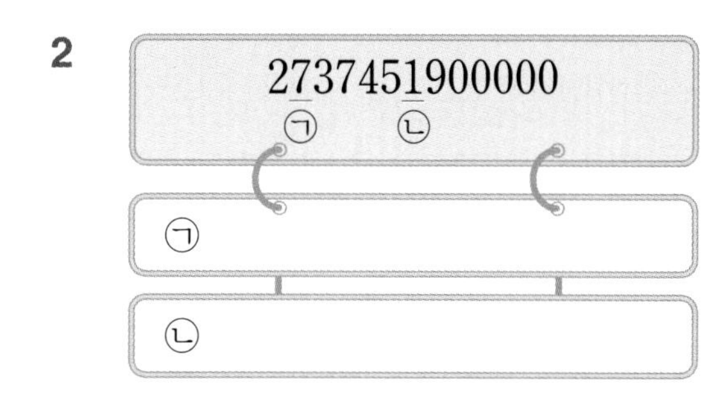

3

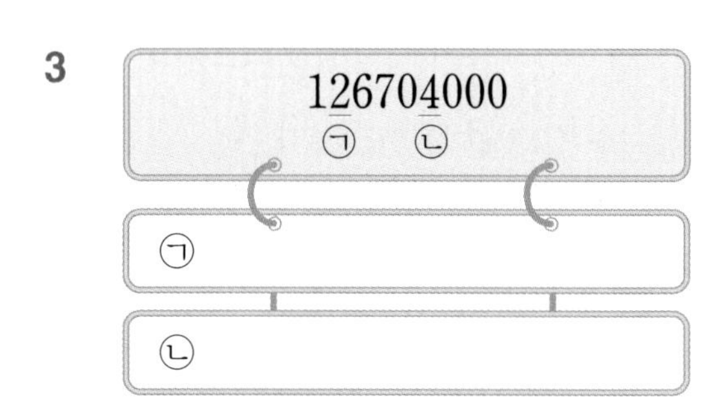

4

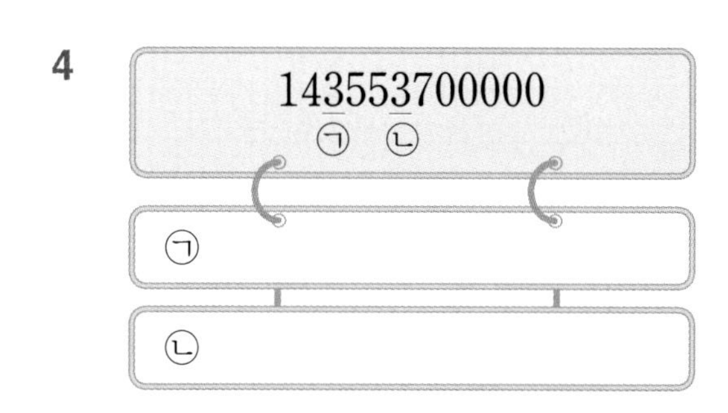

5

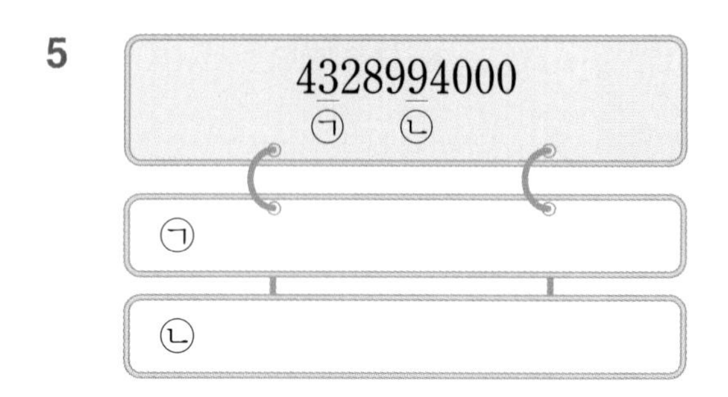

6

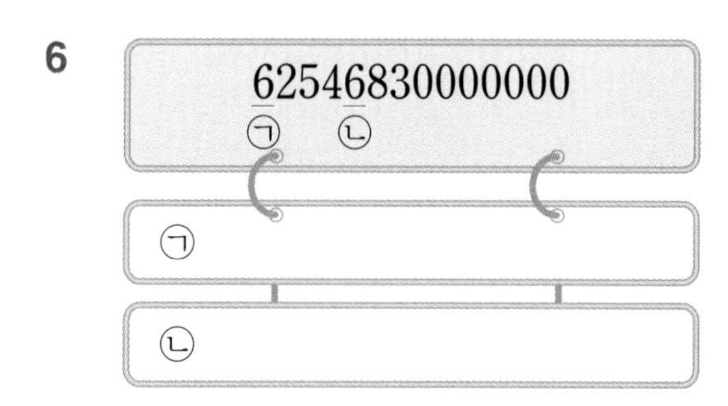

7

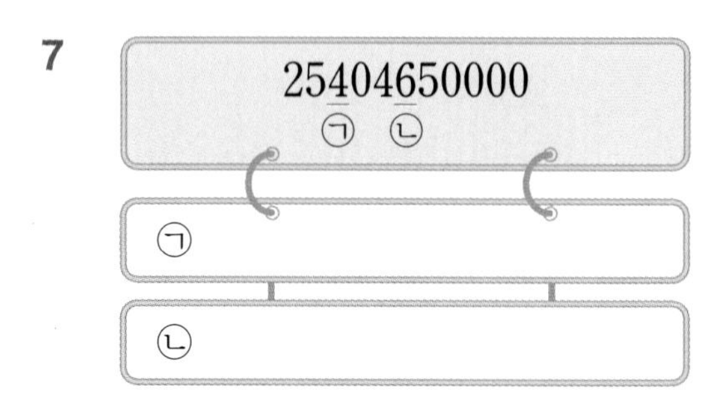

8

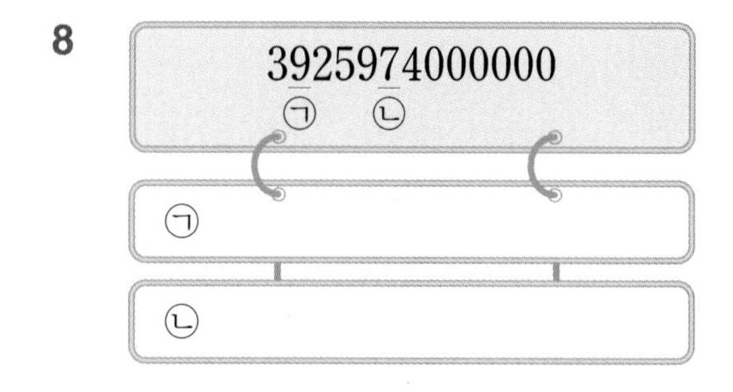

● 규칙에 따라 뛰어 세어 보세요.

9

10

11

12

13
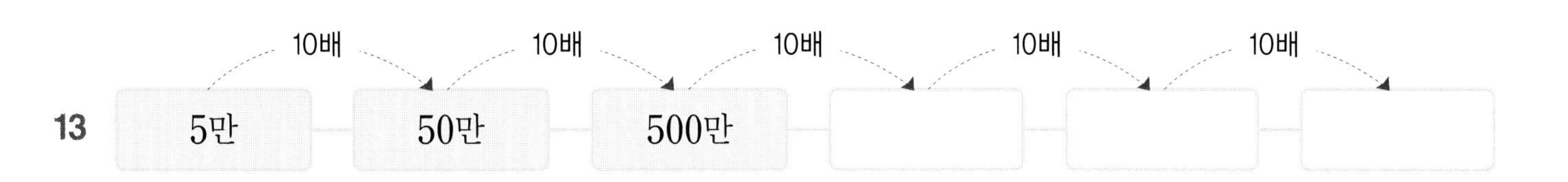

14
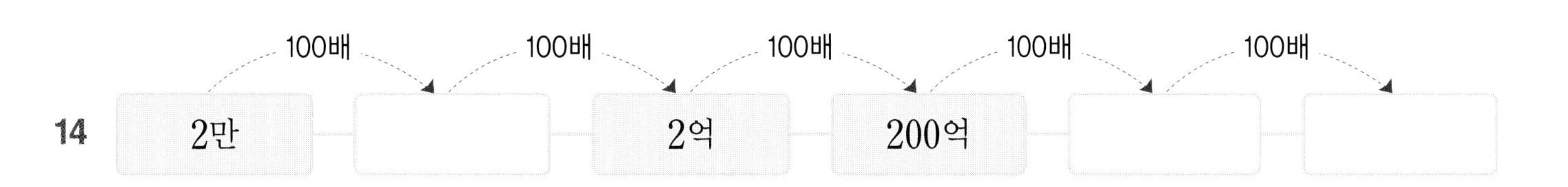

15
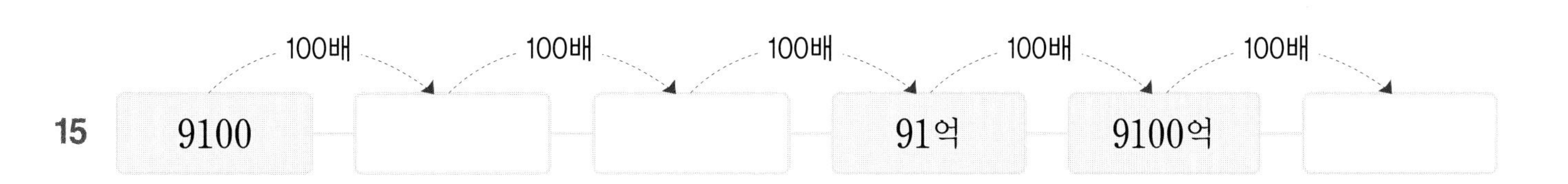

08 집중 연산 ❷

◑ 수로 나타내 보세요.

1

10000이 2개, 1000이 5개,
100이 1개, 10이 8개, 1이 7개인 수

➡

2

10만이 3개, 만이 6개, 1000이 2개,
10이 4개, 1이 1개인 수

➡

3

100만이 5개, 10000이 2개, 1000이 3개,
100이 9개, 10이 8개, 1이 2개인 수

➡

4

1000만이 6개, 100만이 3개, 1000이 1개,
100이 9개, 10이 7개, 1이 5개인 수

➡

5

억이 8개, 100만이 1개, 1000이 2개,
1이 5개인 수

➡

6

10억이 1개, 1000만이 3개, 100만이 7개,
10이 6개, 1이 8개인 수

➡

7

억이 306개, 1000만이 9개,
100만이 1개, 10만이 6개인 수

➡

8

억이 49개, 1000만이 2개,
10000이 5개, 1000이 5개인 수

➡

날짜 월 일 확인

◐ 보기 와 같이 잘못 쓴 숫자에 ×표 하고 바르게 고쳐 보세요.

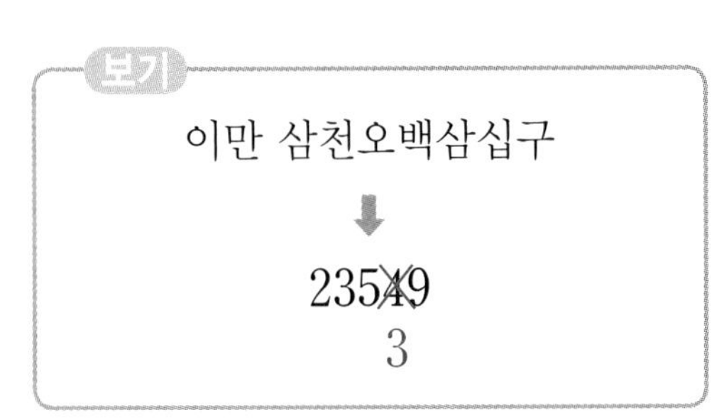

9

육만 칠천사백오십삼

⬇

67353

10

팔천십이만 천육백구십오

⬇

81121695

11

일억 사천삼백오십칠만 칠천

⬇

143570000

12

오천이백삼십억 오천이백삼십

⬇

513000005230

13

칠백오만 육천이백사십구

⬇

7006249

14

이십육억 사천이백육십오만

⬇

2643650000

15

사천백오십육만 구천팔백십오

⬇

40569815

09 집중 연산 ❸

◑ 두 수의 크기를 비교하여 ○ 안에 >, =, < 중 알맞은 것을 써넣으세요.

1 1354000 ○ 768400

2 428700 ○ 418300

3 4159877 ○ 4164981

4 3만 3486 ○ 201574

5 81407600 ○ 81509700

6 5846007563 ○ 5845998427

7 956712638 ○ 956712158

8 3421764559 ○ 100647953427

9 5340억 ○ 5234억

10 2조 6402억 ○ 2조 4052만

11 3495만 4023 ○ 34954527

12 45조 8304억 ○ 46785419020000

13 371760000000000 ○ 37조 1790억

14 6213851761042 ○ 619조 592억 70만

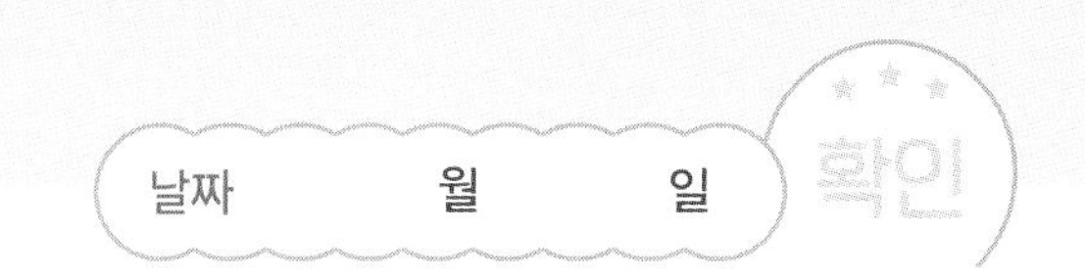

◑ 보기 와 같이 지붕에 쓰인 수보다 큰 수에 모두 ○표 하세요.

보기

92127
92126
(92129)
(92128)
92118

15

15923
15927
15921
15919
19525

16

367468
367467
367469
370470
359465

17

254365
261038
254364
253962
254366

18

19607217
20107220
19607213
19597239
19607219

19

54245764
54245761
54245765
54195758
56045772

2 큰 수의 계산

쿨~ 쿨~

우끼
우끼

우갸 우갸
무슨 일이야?

항구에 배가
들어왔어?
우구구

얼른 가보자.
끄끄

오~이쁘다
우게끼
우게?

왜 웃어?
그냥 본 거야!!
케 키

이 섬의 인구가
5년 동안 많이
늘었구나.

몇 명이나
늘었어요?
잠시만….

5년 전에는 19529명,
올해는 23748명이란다.
23748에서
19529를
빼면….

받아내림에 주의해서 같은 자리 수끼리 빼면
23748−19529=4219이니까
4219명이 늘어난 거지.

$$\begin{array}{r} \overset{1\ 10}{\cancel{2}\,3}\,7\,\overset{3\ 10}{\cancel{4}\,8} \\ -\ 1\,9\,5\,2\,9 \\ \hline 4\,2\,1\,9 \end{array}$$

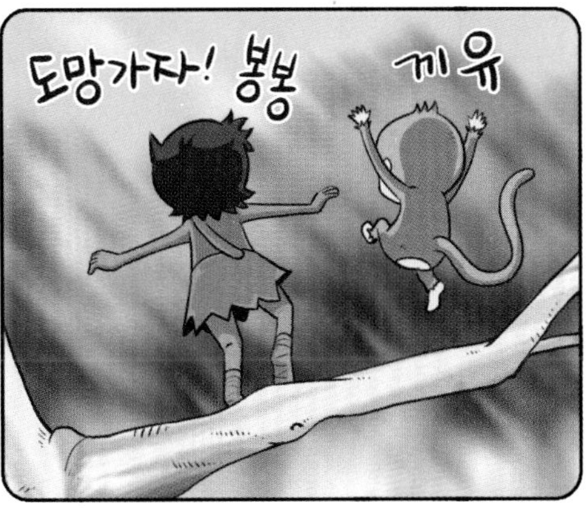

학습내용

- 큰 수의 덧셈
- 큰 수의 뺄셈
- 큰 수의 덧셈과 뺄셈

01 큰 수의 덧셈 (1)

✣ 15237+4791의 계산

	1	1	1		
	1	5	2	3	7
+		4	7	9	1
	2	0	0	2	8

받아올림에 주의하여
같은 자리 수끼리 더해요.

● 계산해 보세요.

1

	1	7	2	6	4
+		3	5	8	3

2

	2	5	6	9	8
+		2	4	8	3

3

	4	2	8	3	1
+		5	2	7	3

4

	3	6	7	1	2
+		5	3	2	9

5

	2	7	5	3	1
+		6	1	8	3

6

	5	3	4	2	7
+		3	6	8	4

7

	6	2	3	5	1
+		5	4	8	7

8

	7	2	3	6	4
+		8	5	4	7

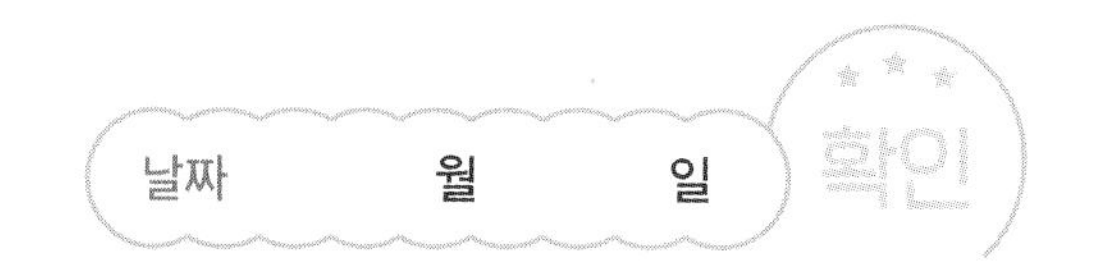

● 돈을 저금하면 모두 얼마가 되는지 구하세요.

9

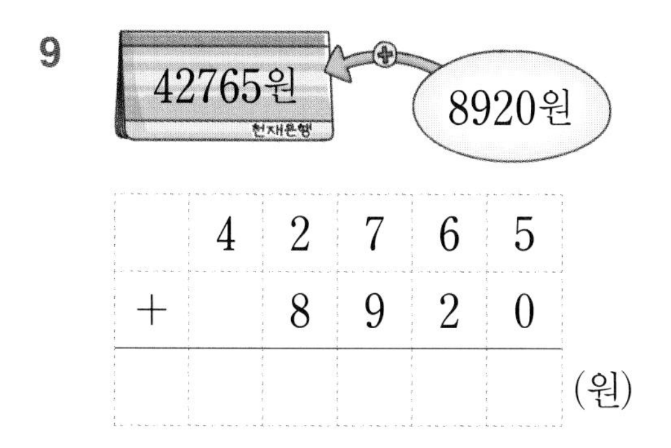

10

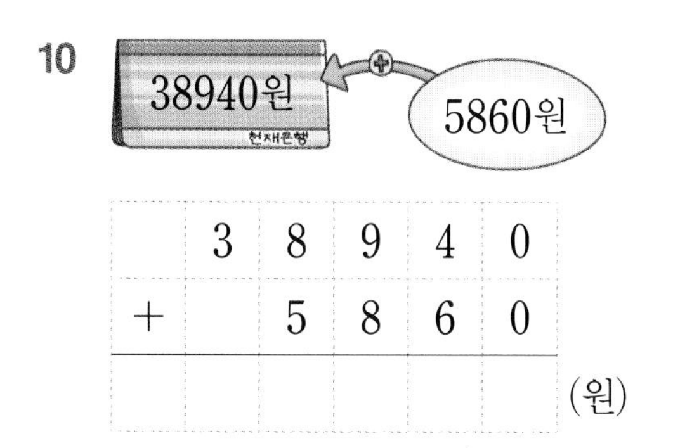

11

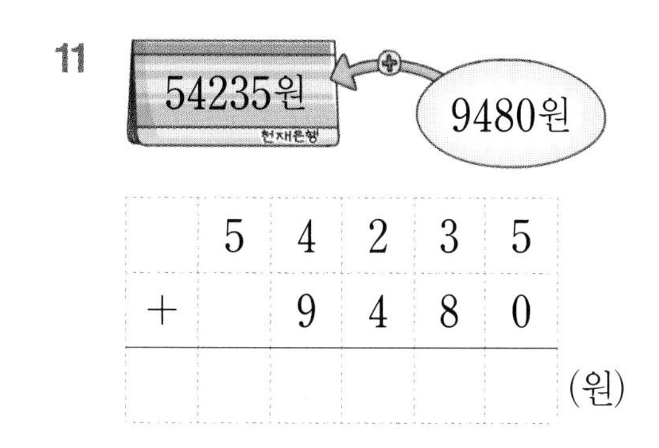

12

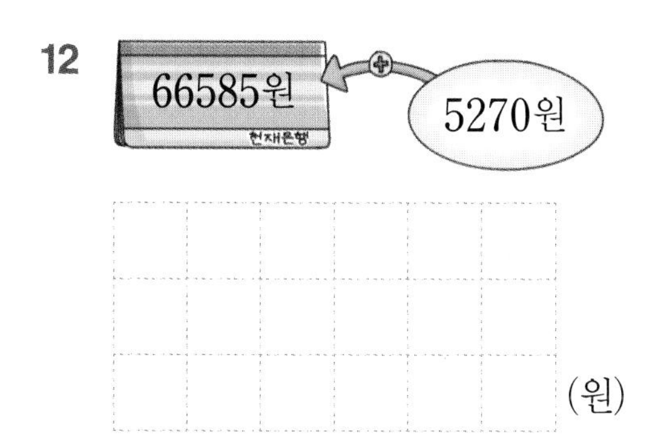

13

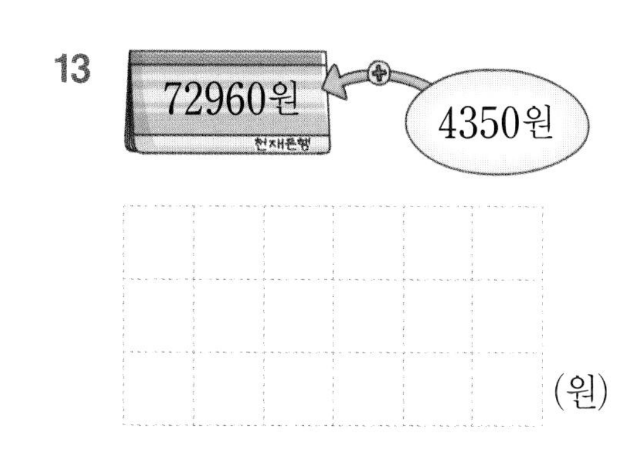

14

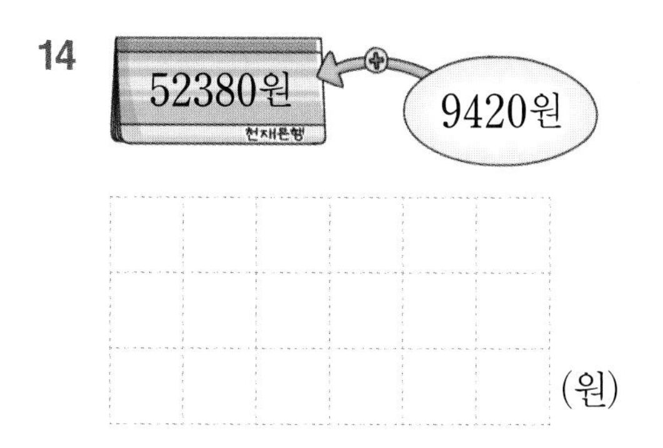

15

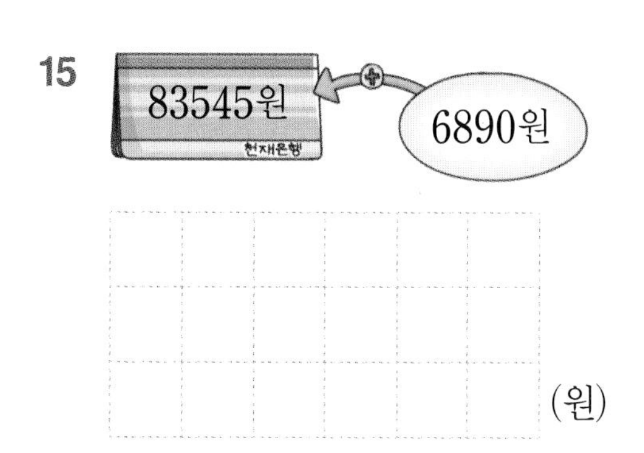

02 큰 수의 덧셈 (2)

✣ 23518 + 45736의 계산

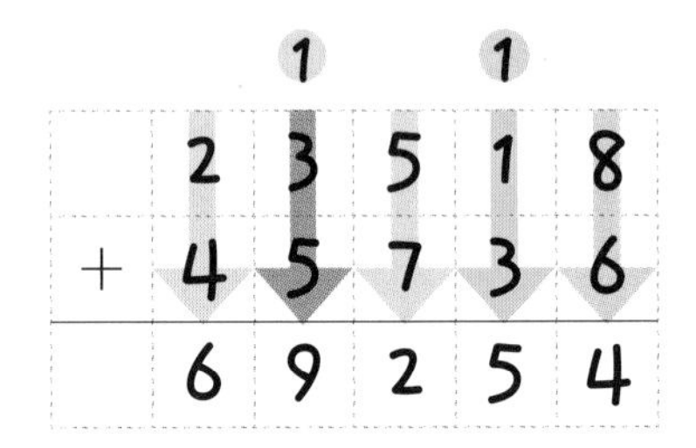

◑ 계산해 보세요.

1

	1	7	5	3	6
+	3	5	8	7	2

2

	2	5	9	8	1
+	5	4	8	7	3

3

	4	2	5	6	8
+	3	5	7	4	2

4

	3	2	5	4	6
+	2	7	8	3	1

5

	6	2	5	2	4
+	1	7	8	3	2

6

	5	4	6	9	3
+	2	5	8	4	1

7

	3	5	6	7	1
+	8	4	2	3	6

8

	4	7	2	3	5
+	6	2	7	9	3

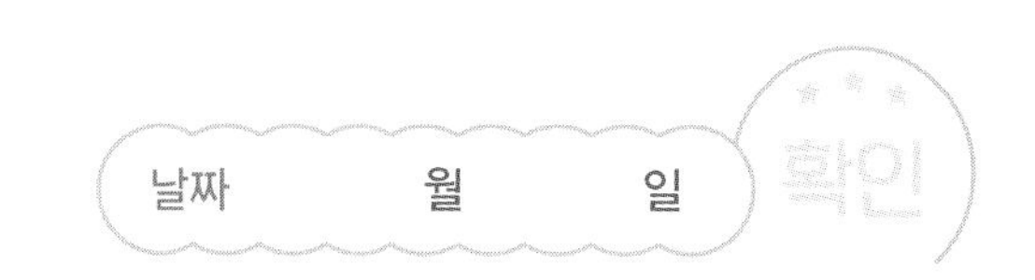

● 주어진 두 물건 값의 합을 구하세요.

49370원	52690원	28950원	36400원	17450원

9

	4	9	3	7	0
+	1	7	4	5	0

(원)

10

	5	2	6	9	0
+	3	6	4	0	0

(원)

11

	2	8	9	5	0
+	4	9	3	7	0

(원)

12

(원)

13

(원)

14

(원)

03 큰 수의 뺄셈 (1)

✣ 54237－15128의 계산

	4	10		2	10
	~~5~~	~~4~~	2	~~3~~	7
－	1	5	1	2	8
	3	9	1	0	9

받아내림에 주의하여
같은 자리 수끼리 빼요.

◐ 계산해 보세요.

1

	6	2	3	9	2
－	3	7	2	3	5

2

	4	5	1	8	3
－	1	4	7	3	6

3

	7	4	5	2	9
－	2	5	3	4	7

4

	5	9	3	4	1
－	3	2	7	1	4

5

	8	8	2	4	2
－	5	3	7	7	2

6

	6	4	5	1	8
－	5	1	9	0	5

7

	3	1	5	3	4
－	2	5	3	1	9

8

	7	7	8	0	3
－	4	8	3	8	1

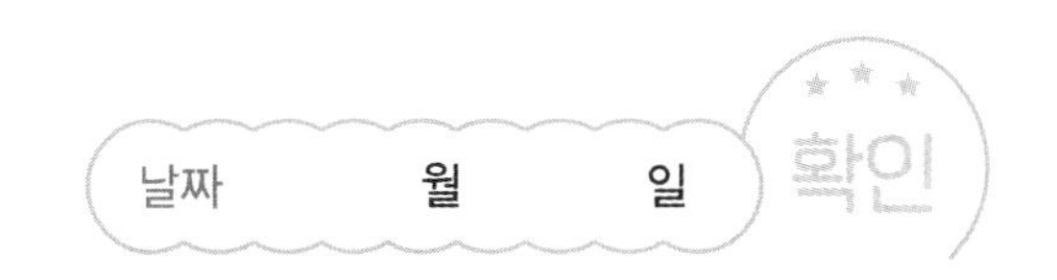

◑ 지갑에서 다음과 같이 돈을 꺼냈습니다. 지갑에 남아 있는 돈은 얼마인지 구하세요.

9

53820원 → 15460원

	5	3	8	2	0
−	1	5	4	6	0

(원)

10

	4	5	3	6	0
−	2	4	8	7	0

(원)

11

64540원 → 45390원

	6	4	5	4	0
−	4	5	3	9	0

(원)

12

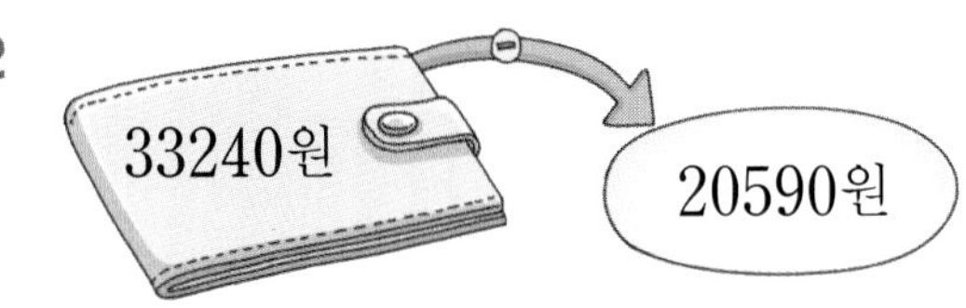

	3	3	2	4	0
−	2	0	5	9	0

(원)

13

78250원 → 23890원

	7	8	2	5	0
−	2	3	8	9	0

(원)

14

	6	1	8	3	0
−	2	8	6	4	0

(원)

04 큰 수의 뺄셈 (2)

✣ 42531 − 5290의 계산

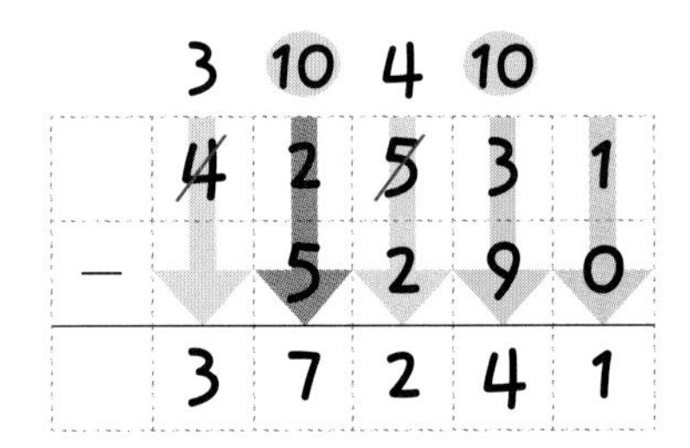

◑ 계산해 보세요.

1

	5	4	9	3	6
−		6	2	4	3

2

	2	5	1	4	3
−		6	2	1	8

3

	7	2	3	5	4
−		6	9	3	1

4

	4	7	2	3	5
−		6	5	9	2

5

	8	5	1	0	7
−		4	9	3	5

6

	6	5	3	1	8
−		7	2	3	6

7

	3	1	5	9	4
−		2	4	1	8

8

	9	2	3	5	4
−		8	4	1	3

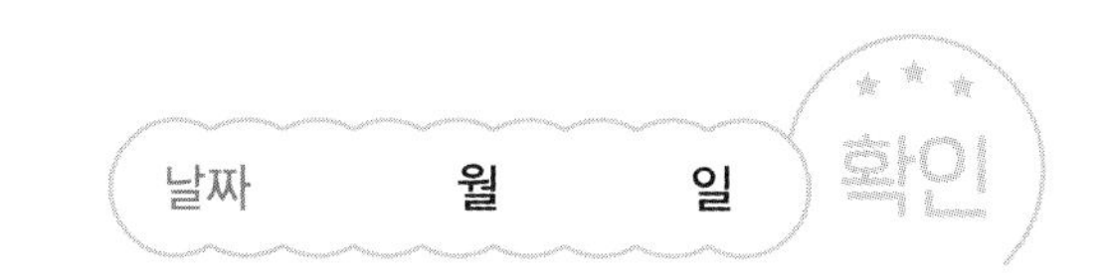

9 계산 결과를 가로와 세로에 알맞게 써넣으세요.

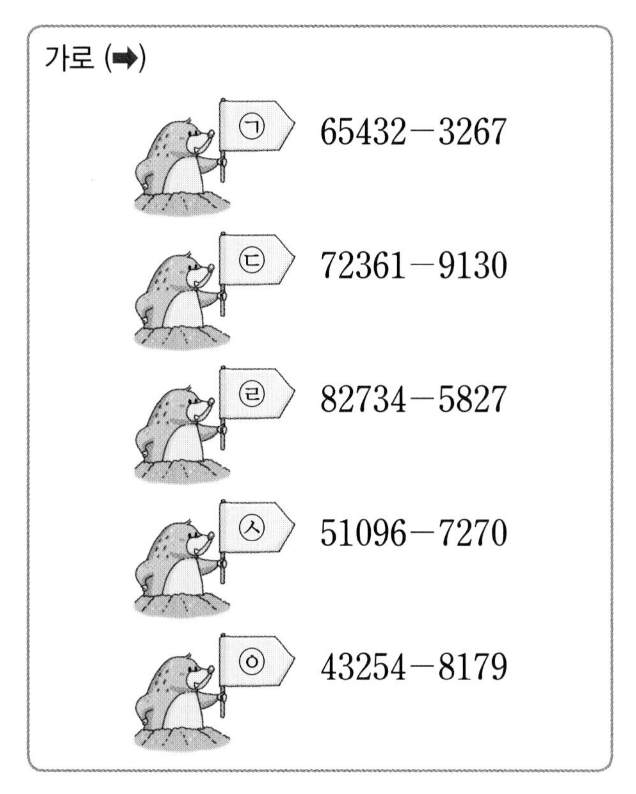

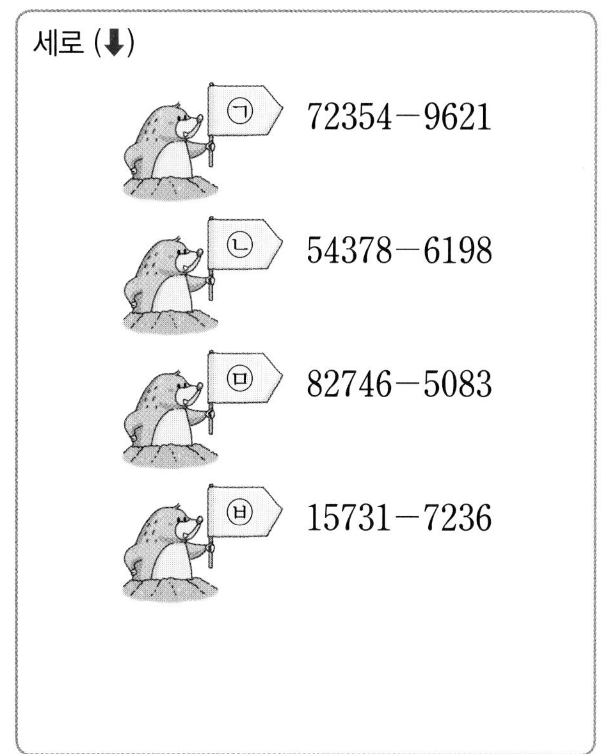

05 큰 수의 덧셈과 뺄셈

52471과 32945의 합과 차
(합: +, 차: −)

	1	1		
	5	2	4	7	1
+	3	2	9	4	5
	8	5	4	1	6

	4	11	10	6	10
	5	2	4	7	1
−	3	2	9	4	5
	1	9	5	2	6

계산해 보세요.

1

	3	5	4	1	7
+	2	7	5	3	8

2

	4	2	6	7	9
+	3	5	4	1	8

3

	5	4	7	7	5
+	2	1	9	7	3

4

	6	2	3	7	1
+	1	5	9	8	3

5

	7	2	4	1	9
−	5	4	3	8	2

6

	5	4	8	1	6
−	1	7	6	5	4

7

	6	5	3	2	1
−	2	4	9	3	0

8

	8	3	2	7	5
−	5	6	7	0	8

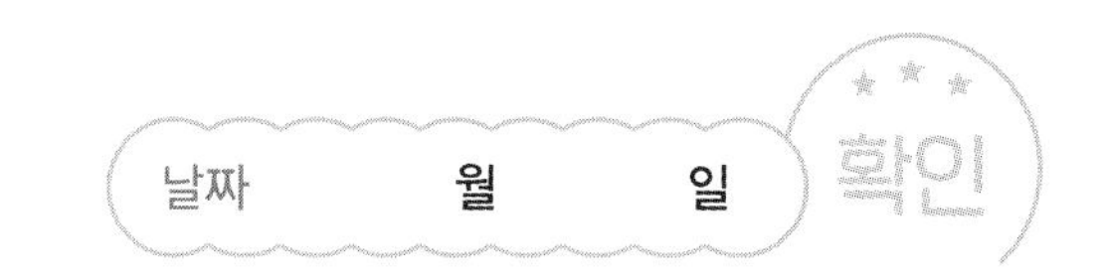

9 길을 따라 가며 계산을 하여 빈칸에 알맞은 수를 써넣으세요.

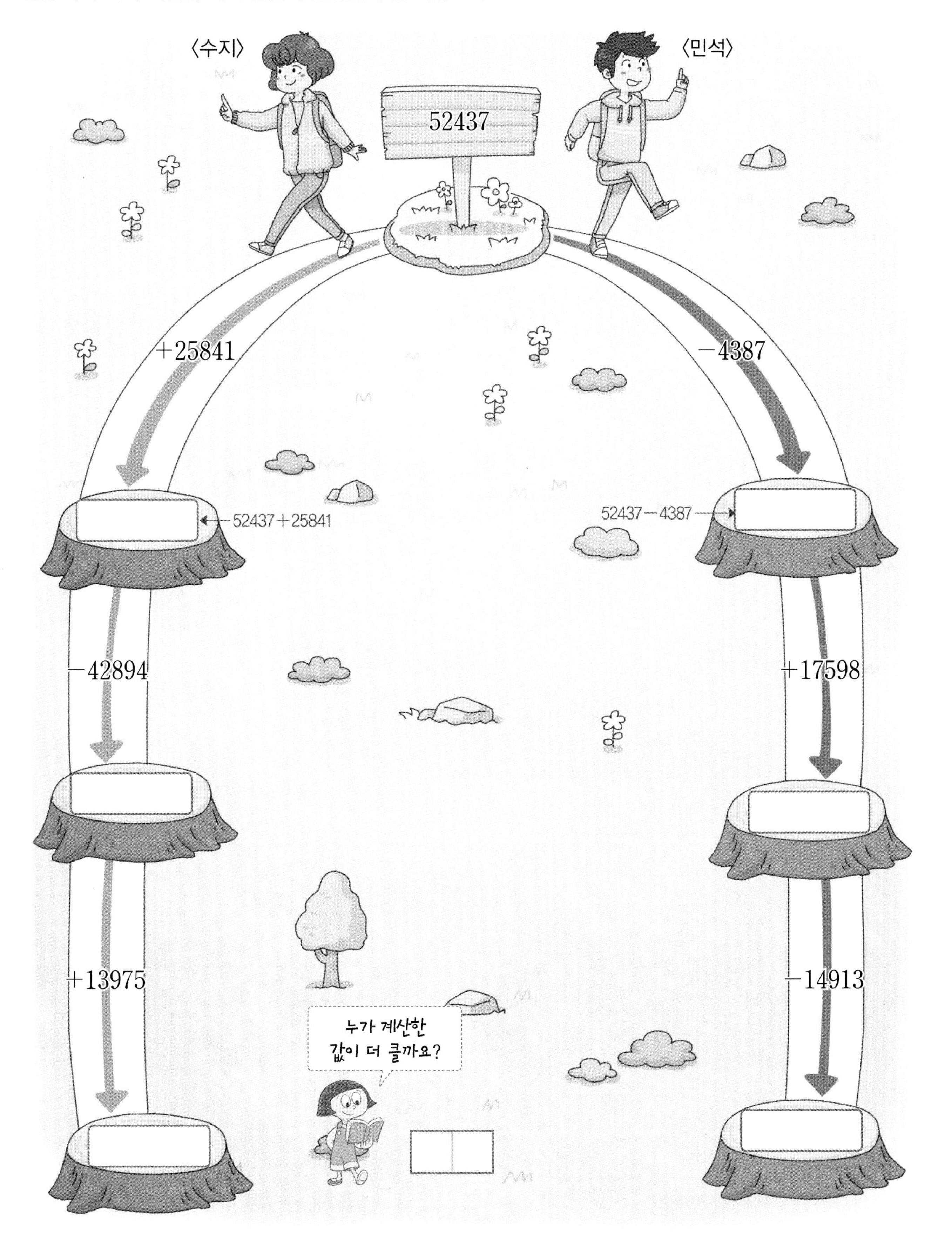

06 집중 연산 ❶

◑ 빈칸에 알맞은 수를 써넣으세요.

1 22496

+1331

2 54781

+2167

3 67367

+8292

4 10986

+3562

5 74067

+17591

6 50878

+22617

7 13735

+31984

8 64190

+78918

● 빈칸에 알맞은 수를 써넣으세요.

9

84056 ⊖ 12517

10

42985 ⊖ 13277

11

70465 ⊖ 61338

12

75917 ⊖ 34927

13

34091 ⊖ 1862

14

78248 ⊖ 2429

15

12531 ⊖ 6206

16

63027 ⊖ 7921

07 집중 연산 ❷

◑ 선으로 연결된 (타원) 안의 두 수의 합을 구하여 (네모) 안에 써넣으세요.

1

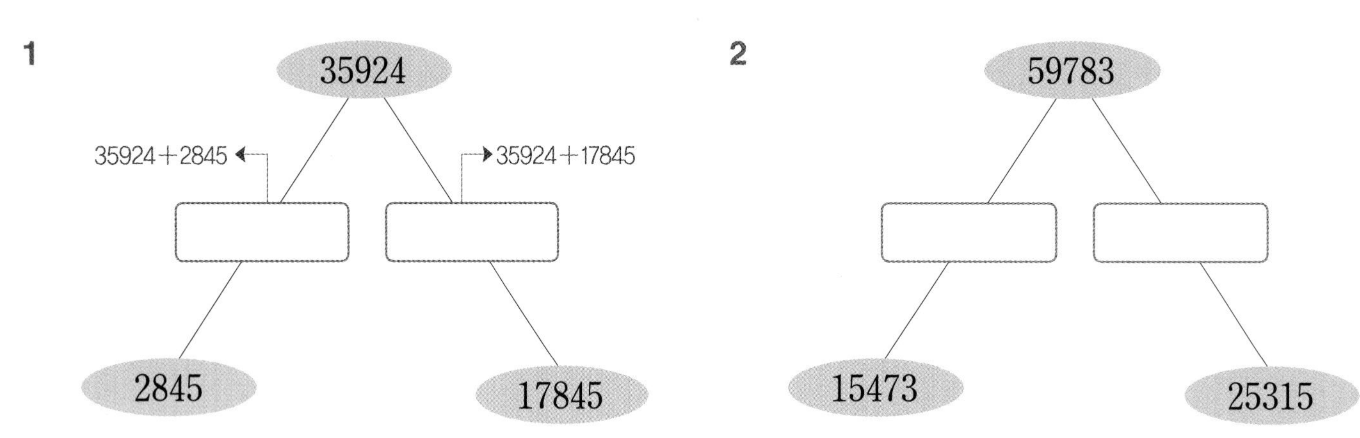

2

59783
15473
25315

3

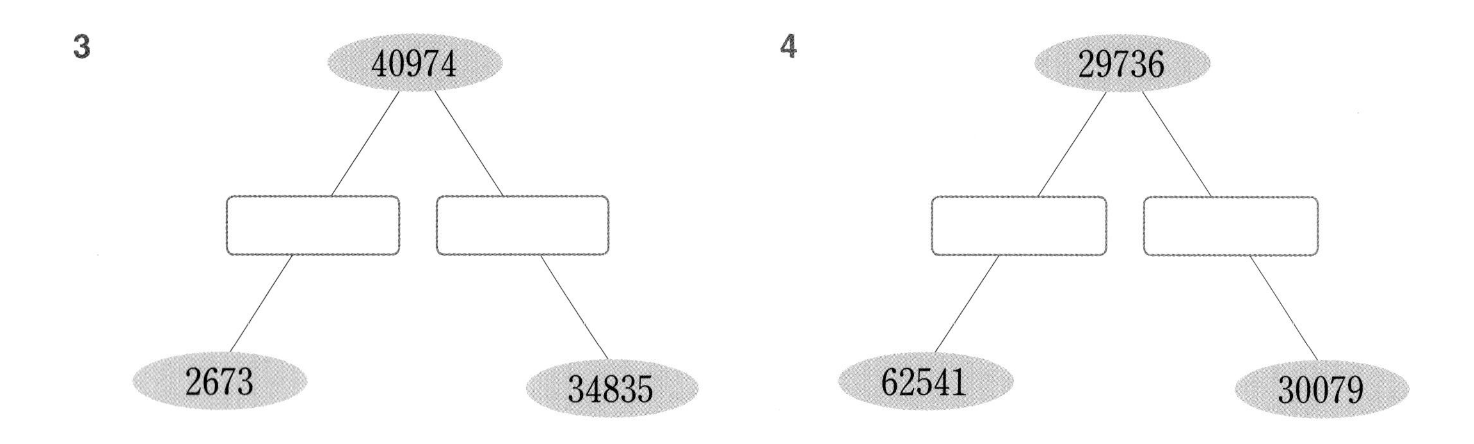

4

5

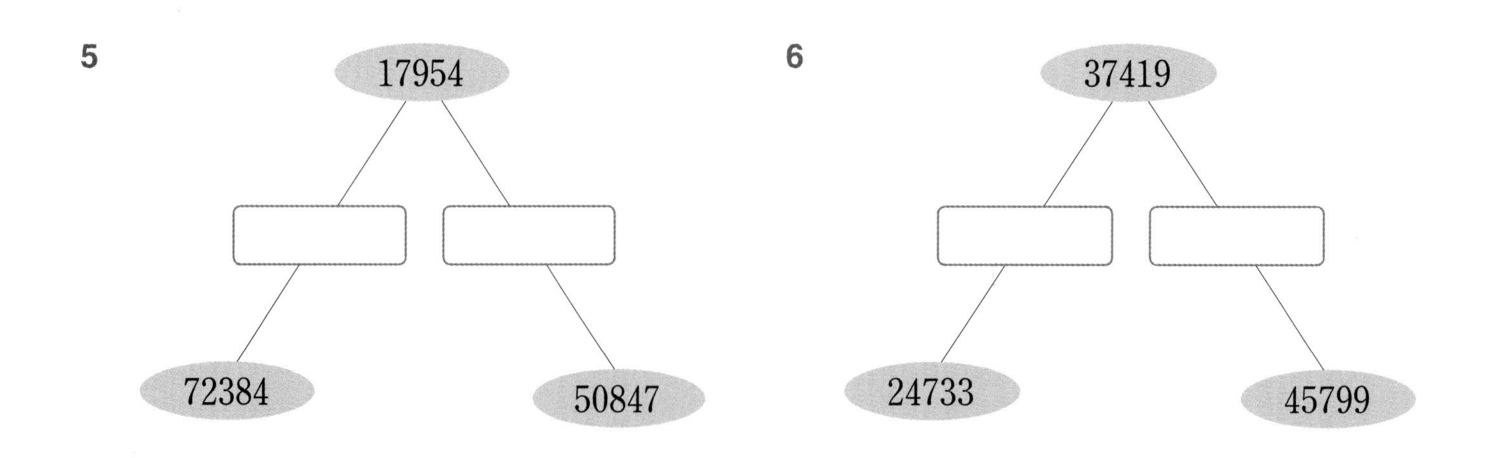

6

● 선으로 연결된 ▢ 안의 두 수의 차를 구하여 ▭ 안에 써넣으세요.

7

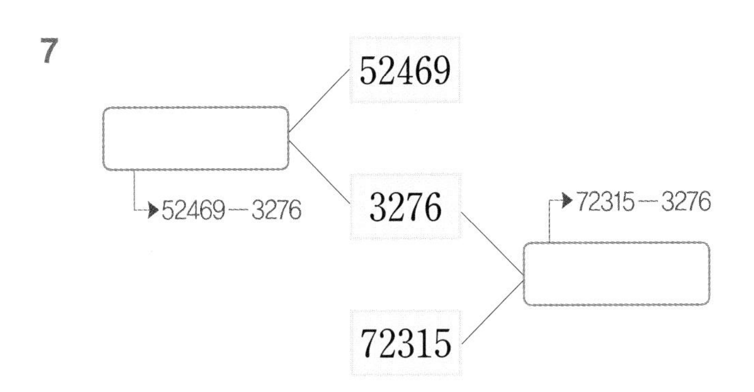

8

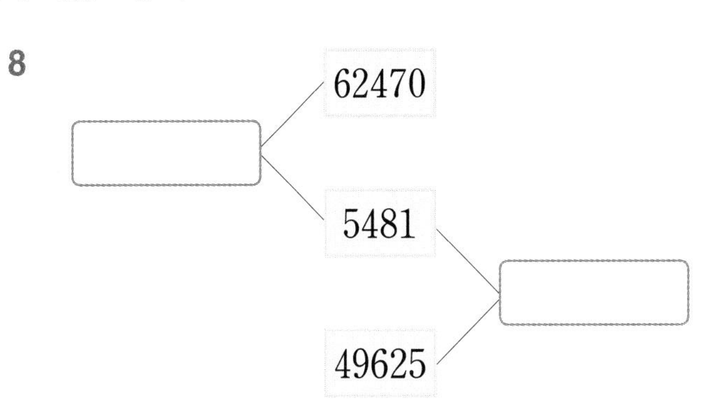

9

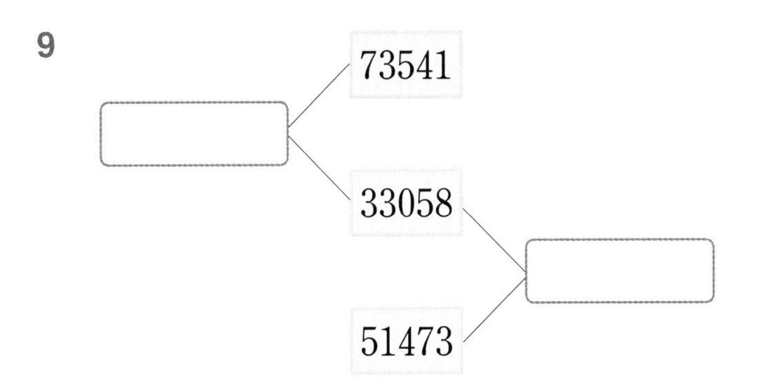

10

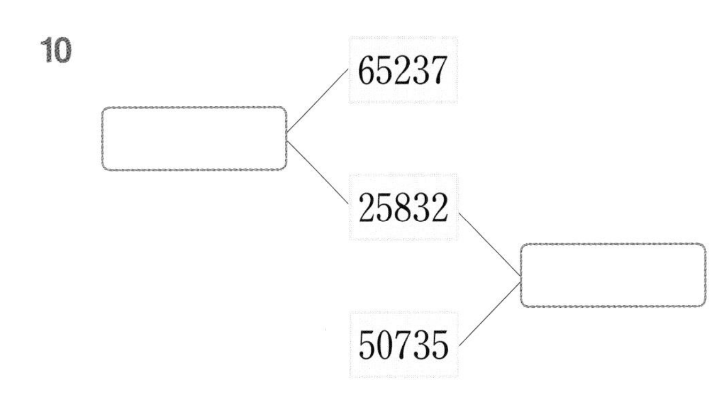

11

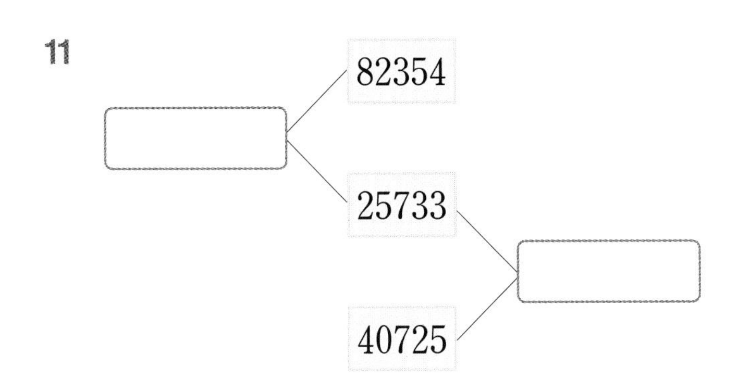

12

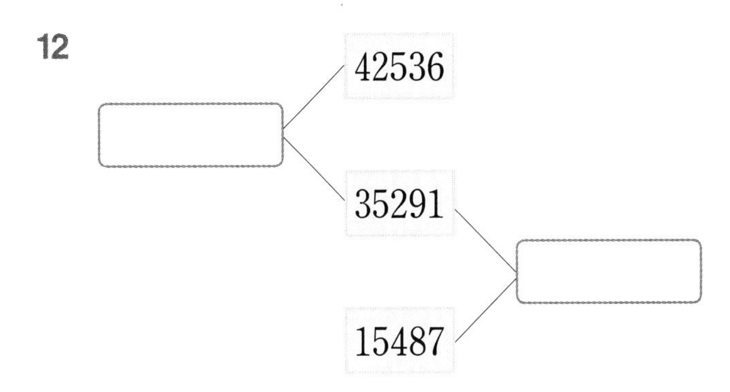

08 집중 연산 ❸

◐ 계산해 보세요.

1
$$\begin{array}{r} 15736 \\ +\ 8543 \\ \hline \end{array}$$

2
$$\begin{array}{r} 24931 \\ +\ 5726 \\ \hline \end{array}$$

3
$$\begin{array}{r} 32764 \\ +\ 5973 \\ \hline \end{array}$$

4
$$\begin{array}{r} 45237 \\ +17593 \\ \hline \end{array}$$

5
$$\begin{array}{r} 25380 \\ +19573 \\ \hline \end{array}$$

6
$$\begin{array}{r} 52635 \\ +27381 \\ \hline \end{array}$$

7
$$\begin{array}{r} 34714 \\ +45937 \\ \hline \end{array}$$

8
$$\begin{array}{r} 54307 \\ -25931 \\ \hline \end{array}$$

9
$$\begin{array}{r} 72394 \\ -51437 \\ \hline \end{array}$$

10
$$\begin{array}{r} 60731 \\ -35624 \\ \hline \end{array}$$

11
$$\begin{array}{r} 83725 \\ -27604 \\ \hline \end{array}$$

12
$$\begin{array}{r} 45736 \\ -24918 \\ \hline \end{array}$$

13
$$\begin{array}{r} 92536 \\ -54728 \\ \hline \end{array}$$

14
$$\begin{array}{r} 65904 \\ -35793 \\ \hline \end{array}$$

15
$$\begin{array}{r} 50832 \\ -15971 \\ \hline \end{array}$$

16 $25736+5247$
$17672+6954$

17 $32549+7492$
$45072+9236$

18 $54296+15432$
$62375+23791$

19 $44762+25371$
$36200+54998$

20 $32537+54860$
$29731+47623$

21 $62530-5249$
$70491-6083$

22 $86231-9413$
$52427-4581$

23 $43791-17936$
$50496-23847$

24 $62936-32587$
$76033-49613$

25 $85407-59830$
$92765-65931$

3 각도

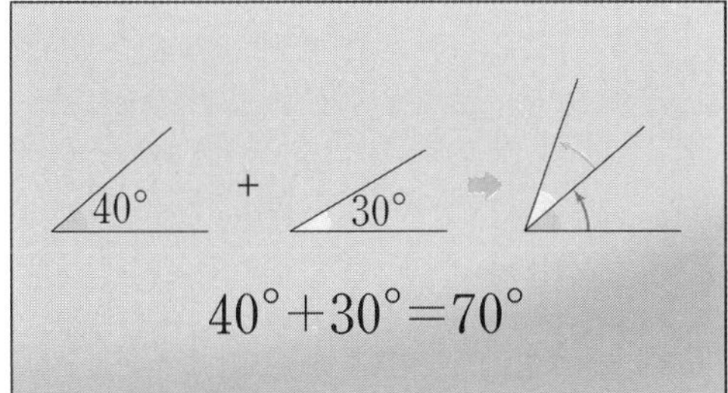

학습내용

- 각도의 합
- 각도의 차
- 각도의 합과 차
- 삼각형에서 모르는 한 각의 크기 구하기
- 사각형에서 모르는 한 각의 크기 구하기

01 각도의 합

✣ $40° + 30°$의 계산

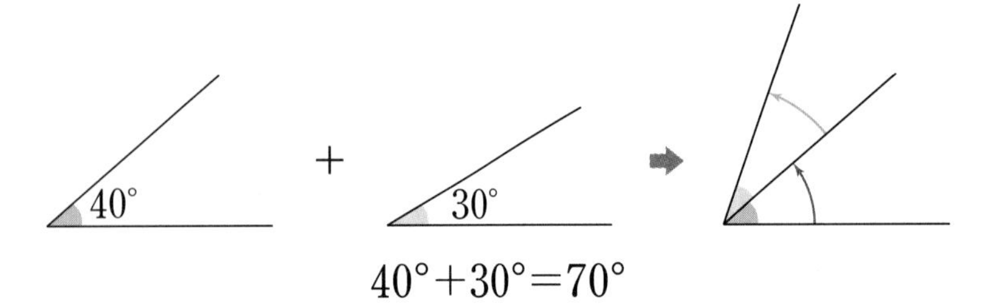

● 각도의 합을 구하세요.

1

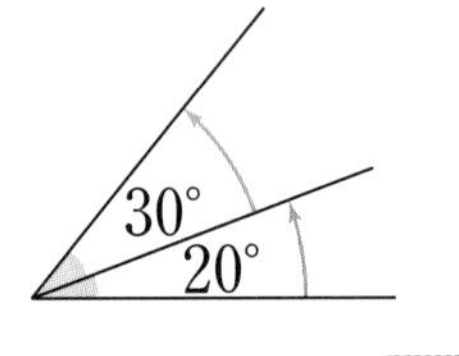

$20° + 30° = \square°$

2

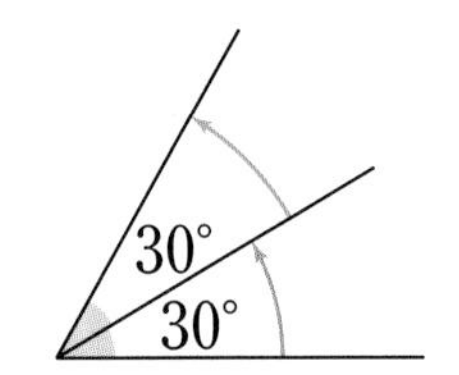

$30° + 30° = \square°$

3

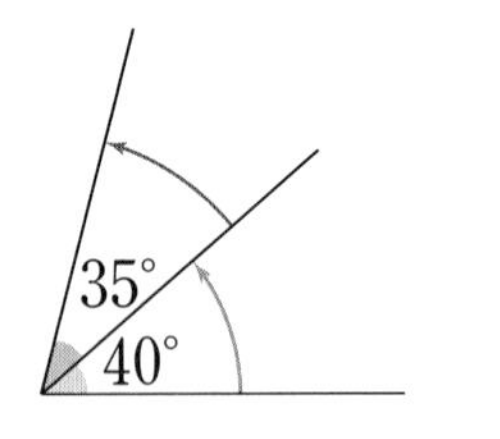

$40° + 35° = \square°$

4

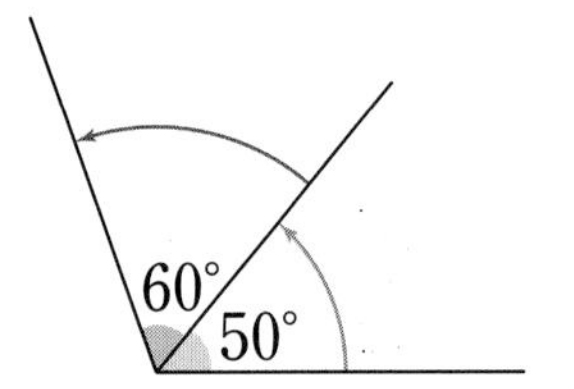

$50° + 60° = \square°$

5

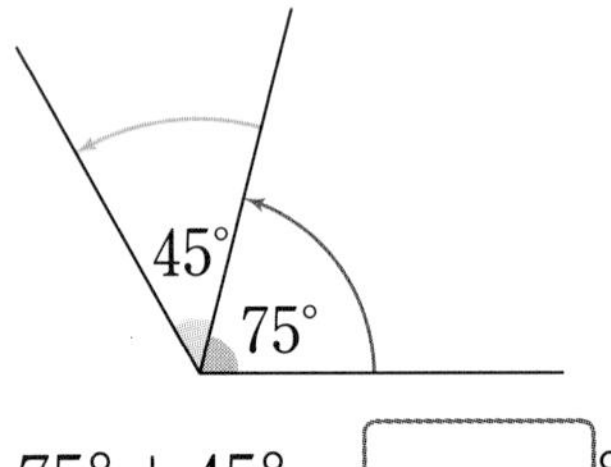

$75° + 45° = \square°$

6

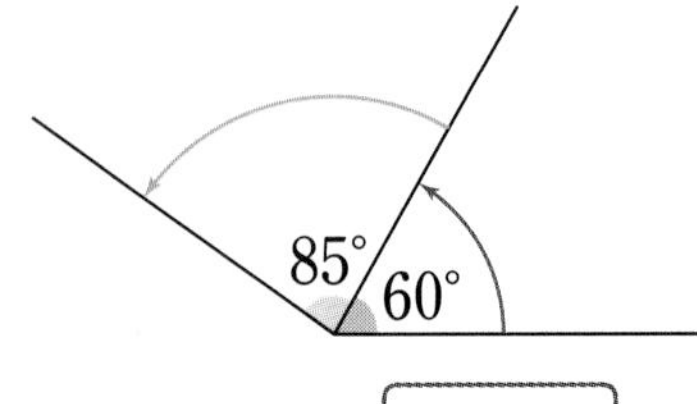

$60° + 85° = \square°$

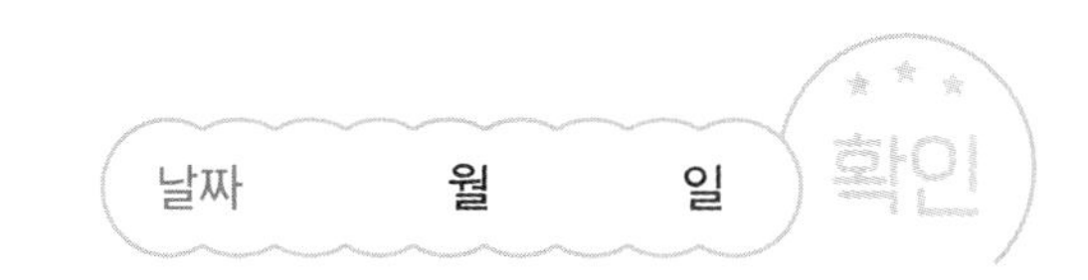

● 사다리타기를 하여 빈칸에 알맞은 각도를 써넣으세요.

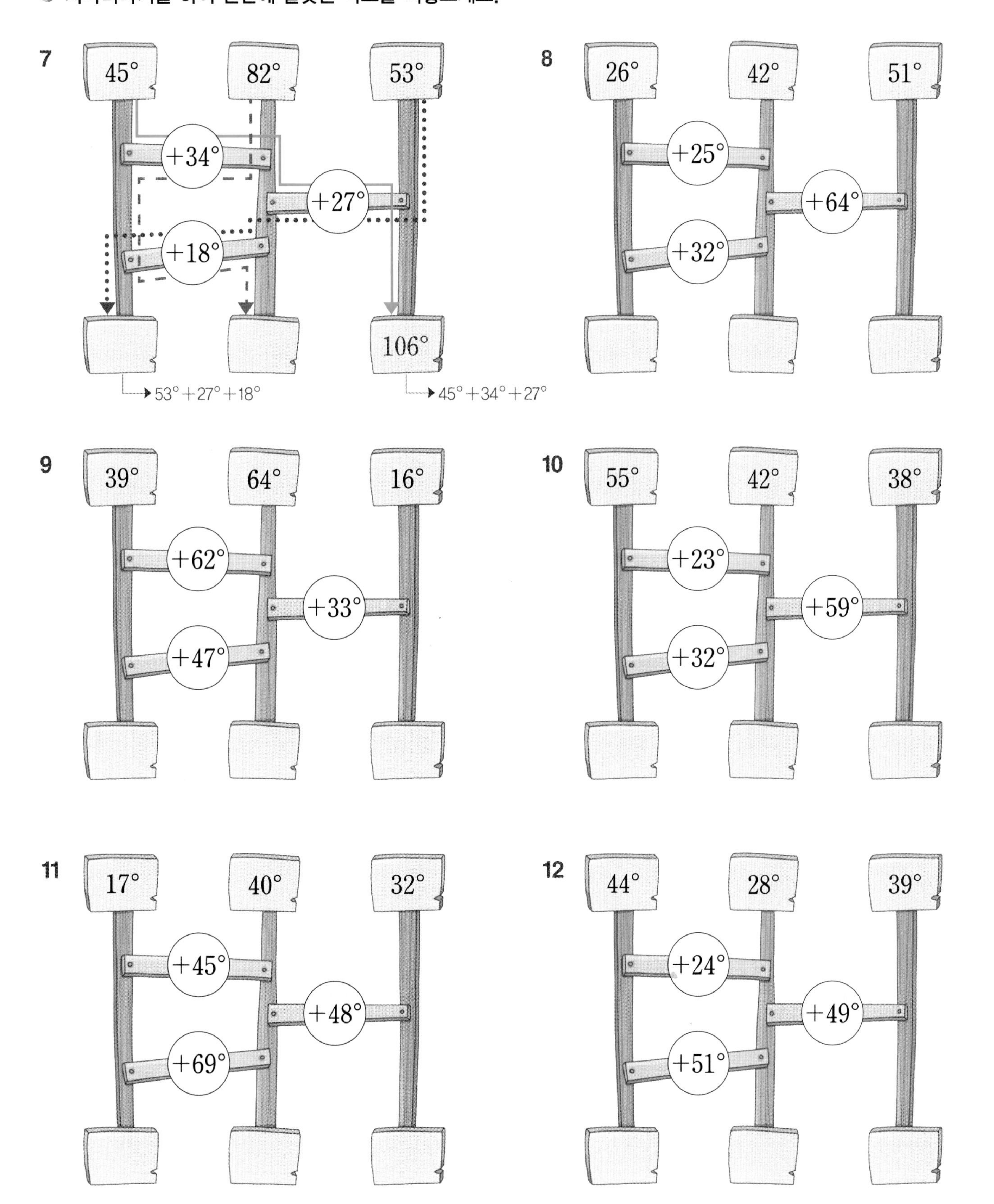

02 각도의 차

✣ $80° - 30°$의 계산

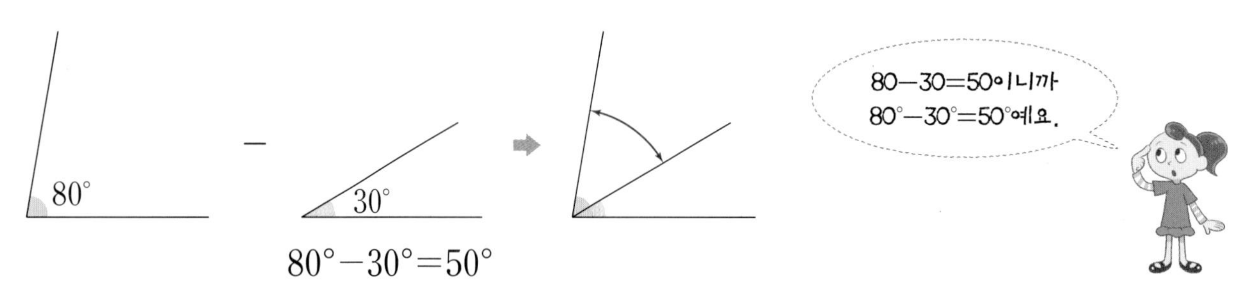

◑ 각도의 차를 구하세요.

1

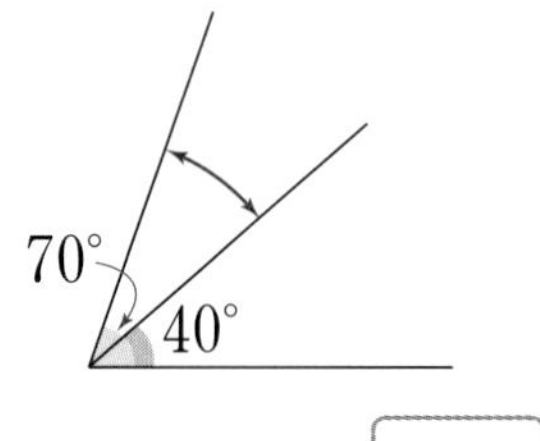

$70° - 40° = \square °$

2

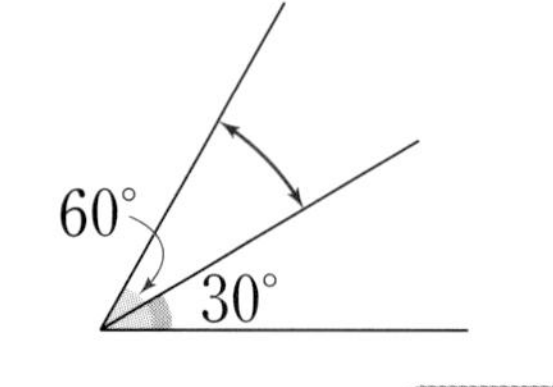

$60° - 30° = \square °$

3

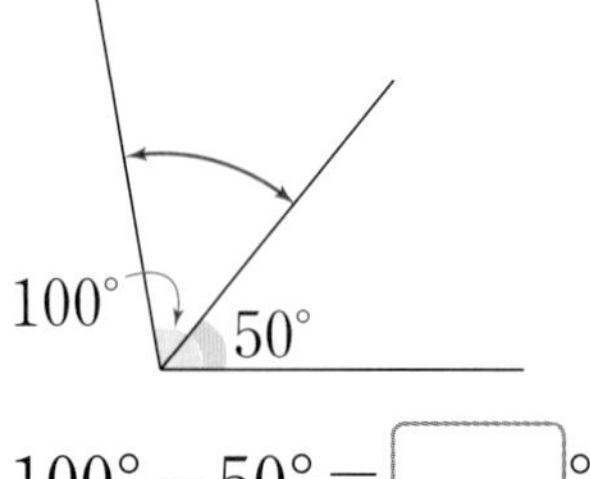

$100° - 50° = \square °$

4

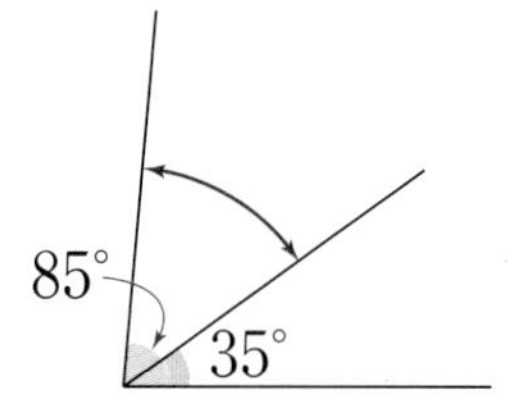

$85° - 35° = \square °$

5

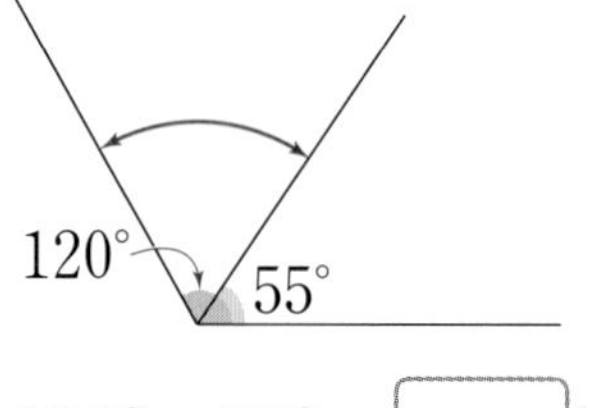

$120° - 55° = \square °$

6

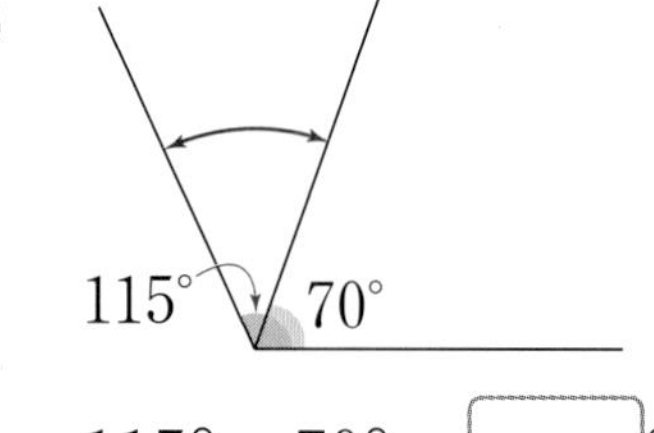

$115° - 70° = \square °$

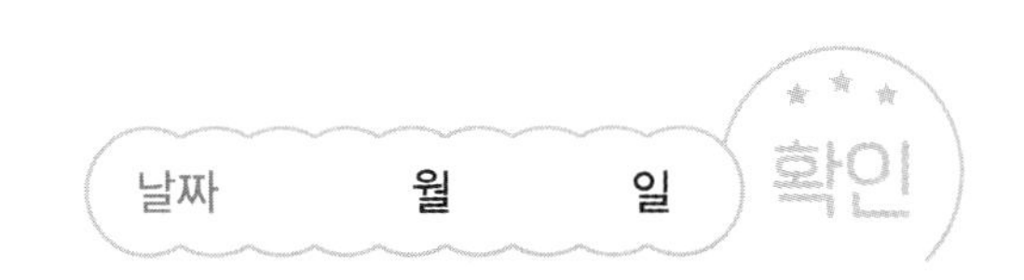

● 친구들이 응원 막대로 만든 각도의 차를 구하세요.

〈지윤〉

〈수빈〉

〈혜리〉

〈은수〉

〈태린〉

〈종혁〉

7 (수빈)−(지윤)

$=95° - 38°$

$=\square°$

8 (혜리)−(수빈)

$=\square° - \square°$

$=\square°$

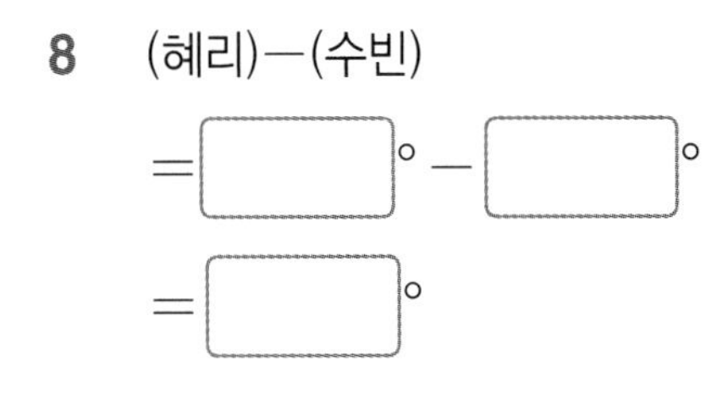

9 (은수)−(종혁)

$=\square° - \square°$

$=\square°$

10 (태린)−(지윤)

$=\square° - \square°$

$=\square°$

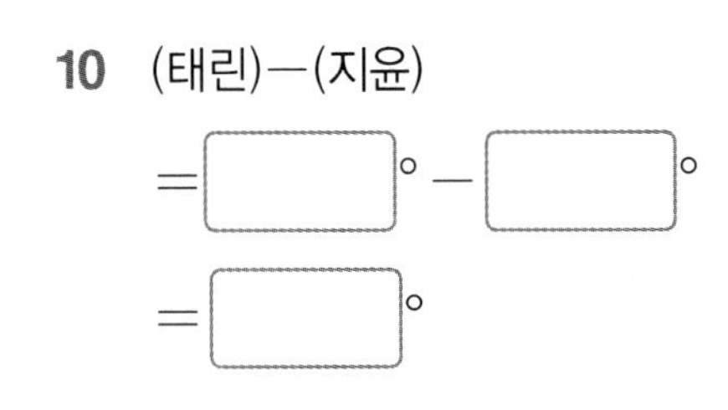

11 (종혁)−(지윤)

$=\square° - \square°$

$=\square°$

12 (은수)−(혜리)

$=\square° - \square°$

$=\square°$

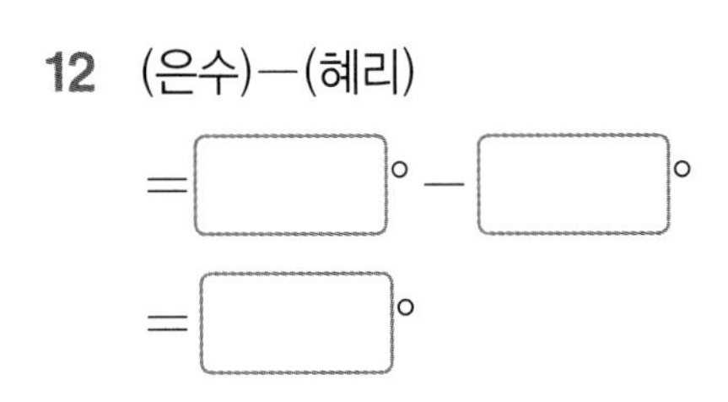

03 각도의 합과 차

✣ 45°+28°, 75°−32°의 계산

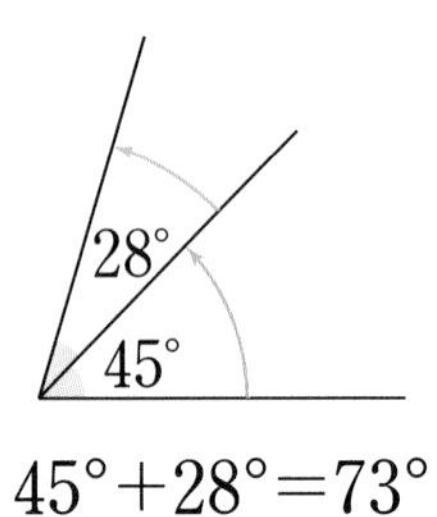

$45° + 28° = 73°$

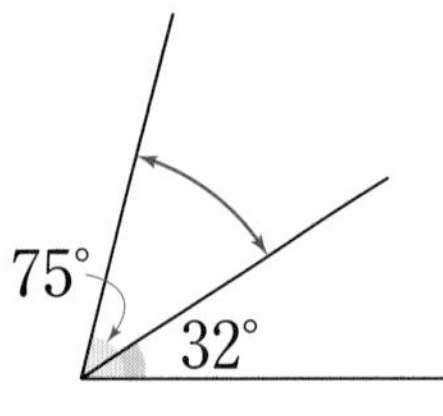

$75° - 32° = 43°$

◐ 각도의 합과 차를 구하세요.

1

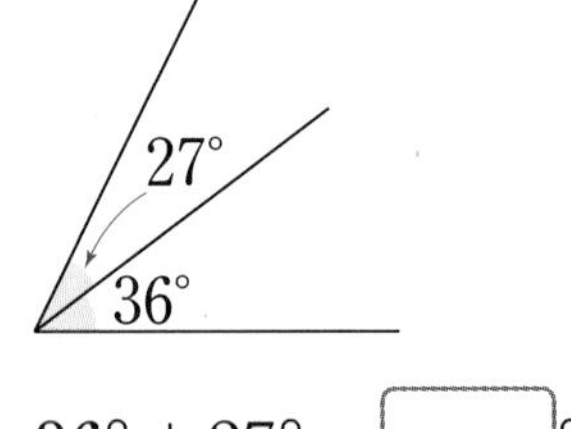

$36° + 27° = \square°$

2

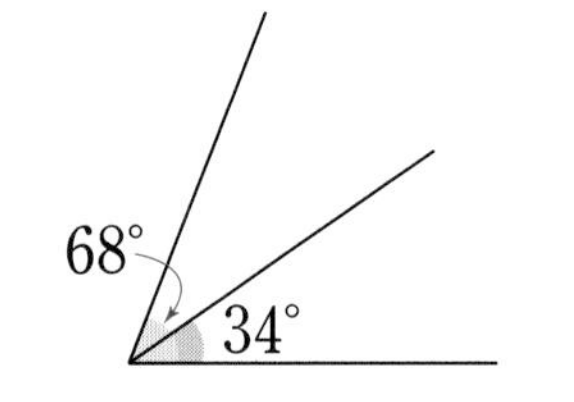

$68° - 34° = \square°$

3

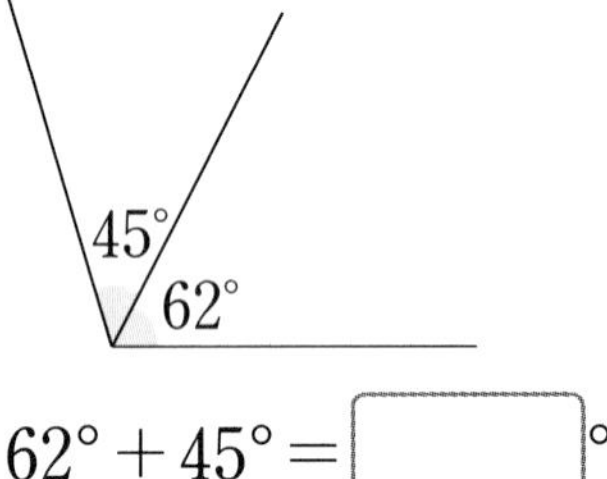

$62° + 45° = \square°$

4

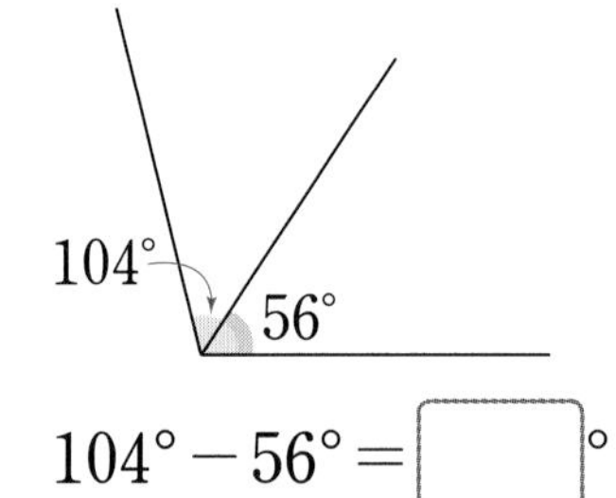

$104° - 56° = \square°$

5

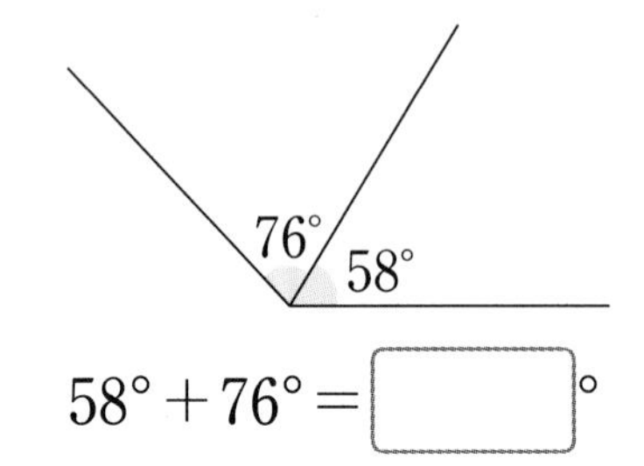

$58° + 76° = \square°$

6

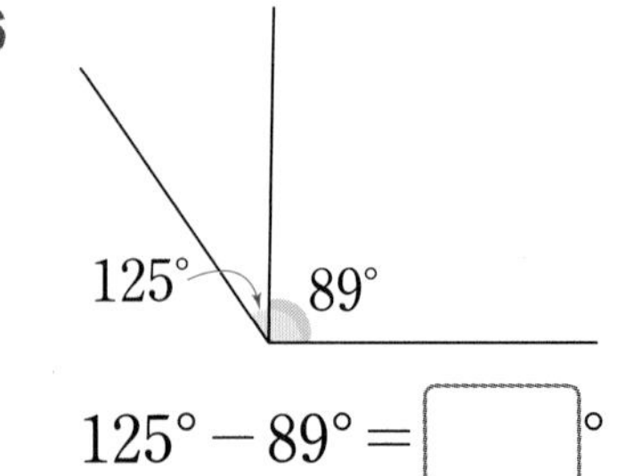

$125° - 89° = \square°$

◐ 각도의 합과 차를 구하세요.

7
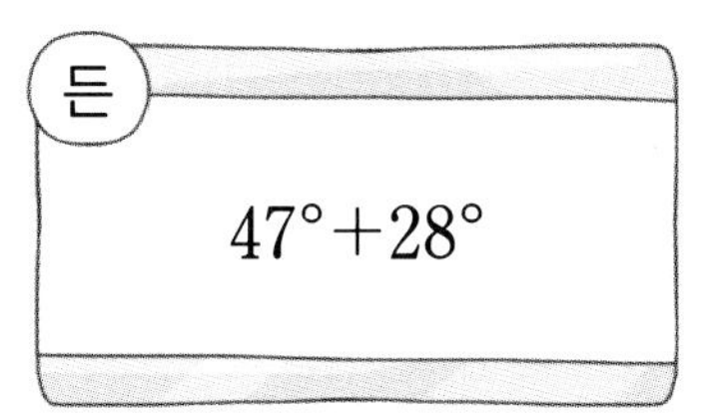

8
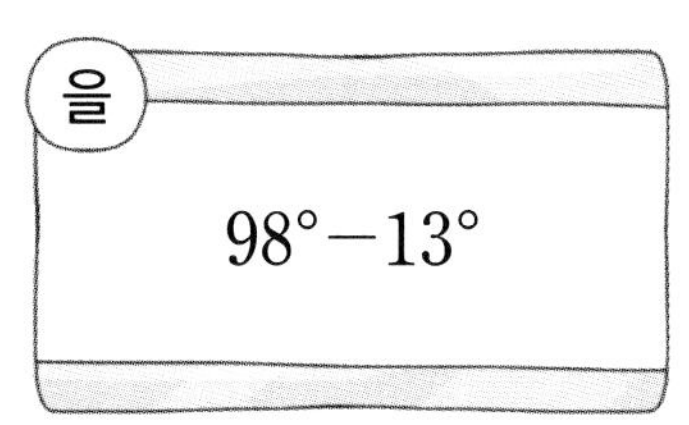

9
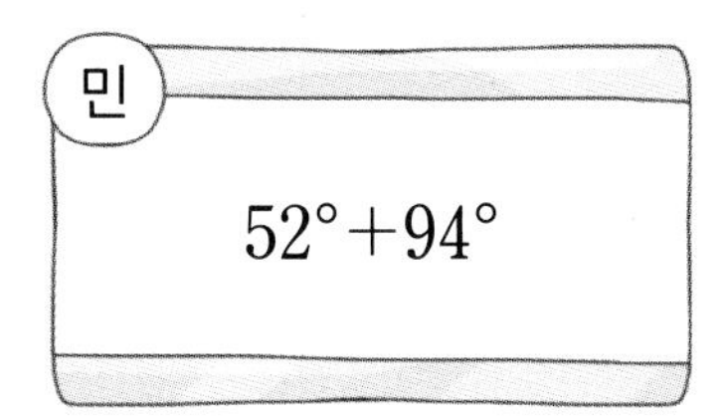

10
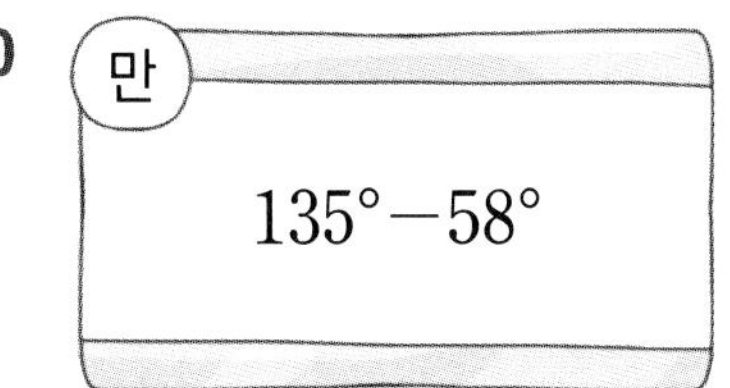

11
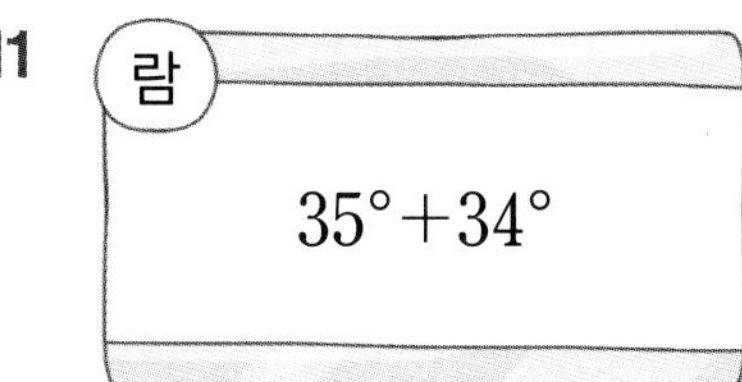

12
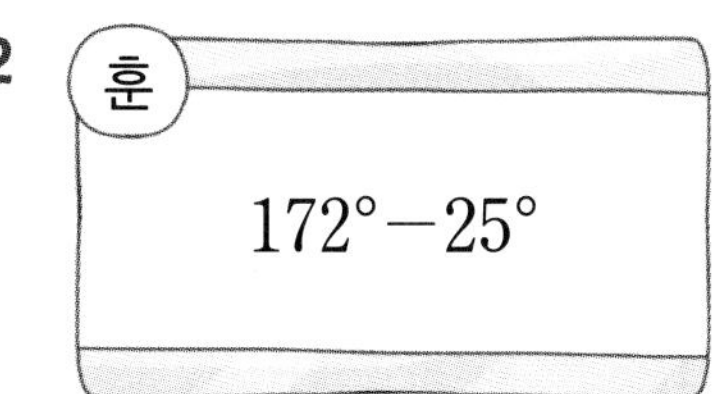

13
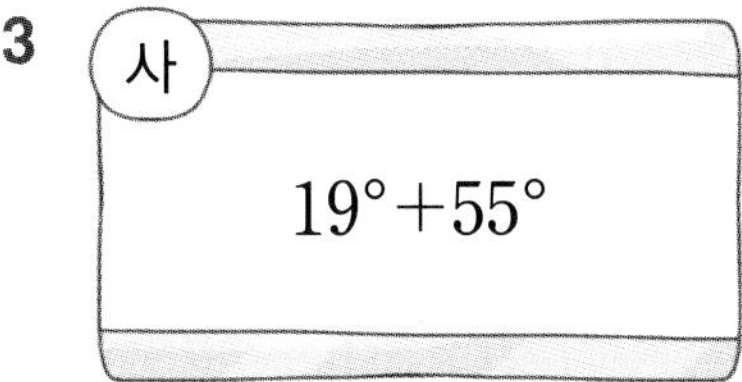

14
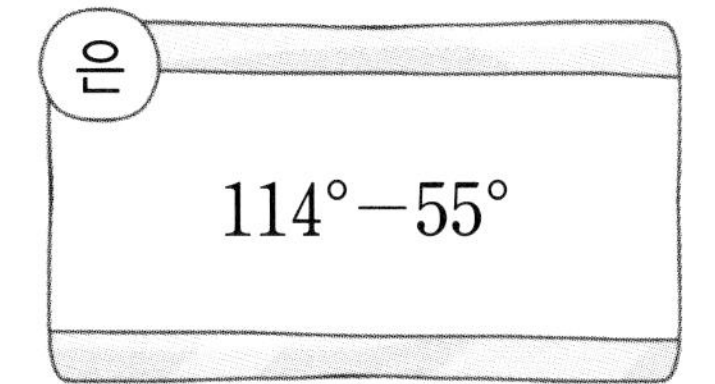

15

16
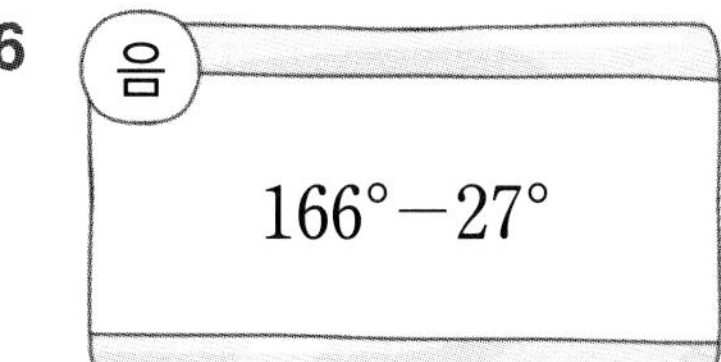

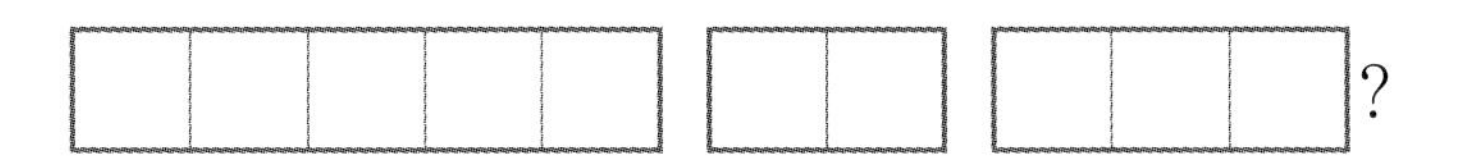
?

계산 결과가 큰 각도부터
차례대로 글자를 써 보세요.
문제의 답은 무엇일까요?

04 삼각형에서 모르는 한 각의 크기 구하기

모르는 한 각의 크기 구하기

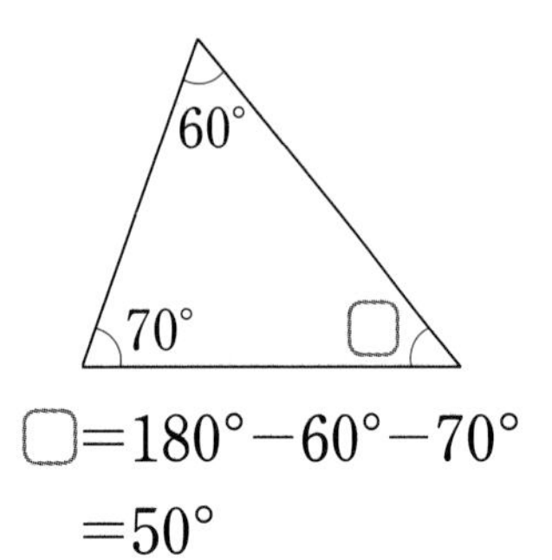

$\square = 180° - 60° - 70°$
$= 50°$

● □ 안에 알맞은 수를 써넣으세요.

1
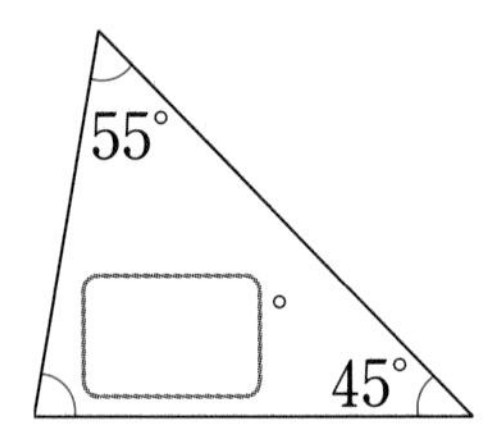

2
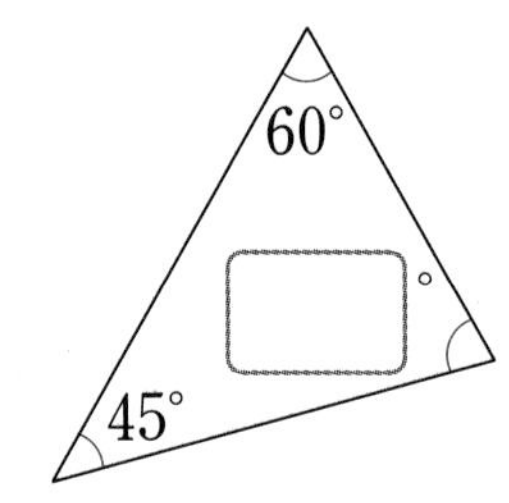

3
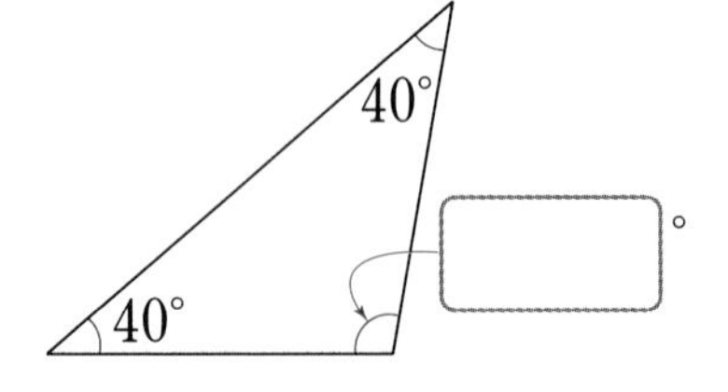

4
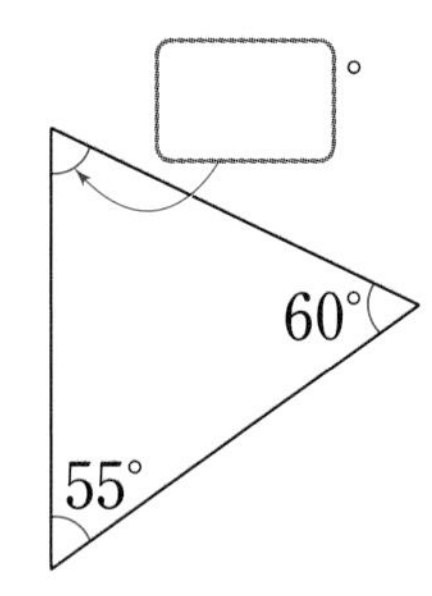

5
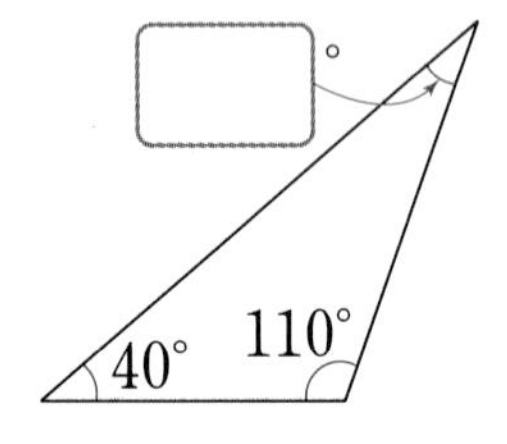

6
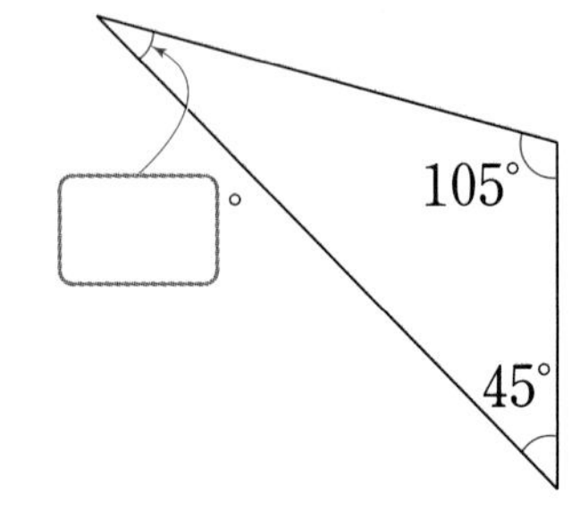

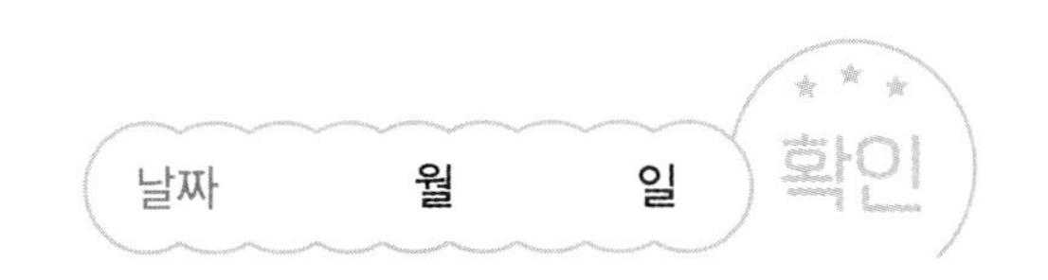

● 삼각형 모양의 장난감 블록입니다. 블록에서 ㉠의 각도를 구하세요.

7

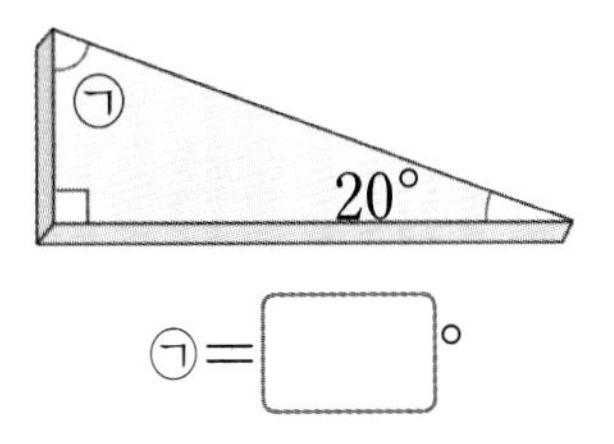

㉠=□°

8

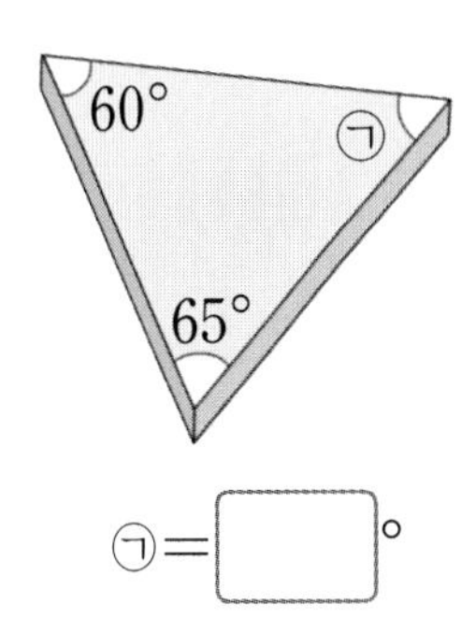

㉠=□°

9

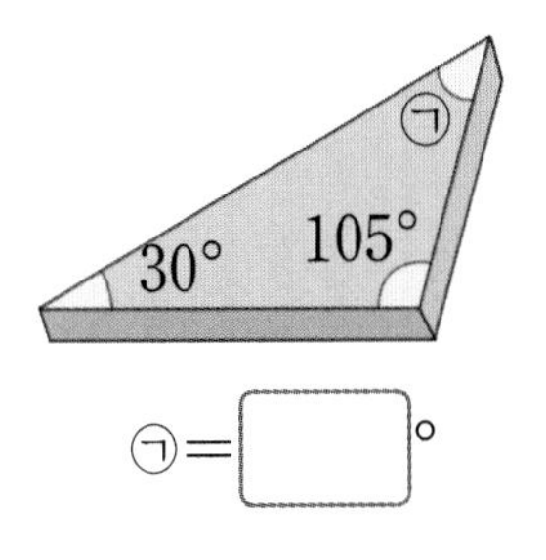

㉠=□°

10

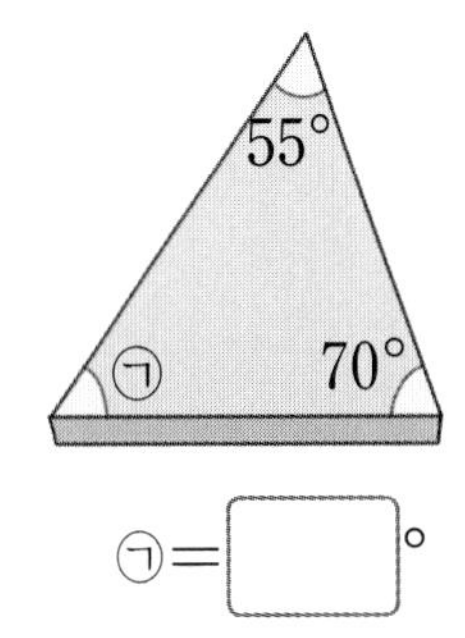

㉠=□°

11

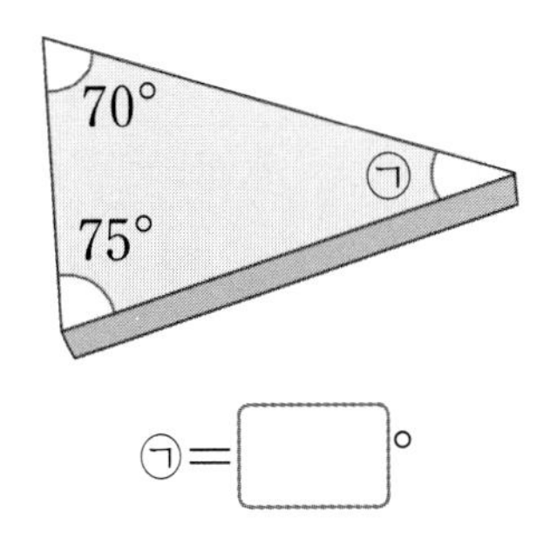

㉠=□°

12

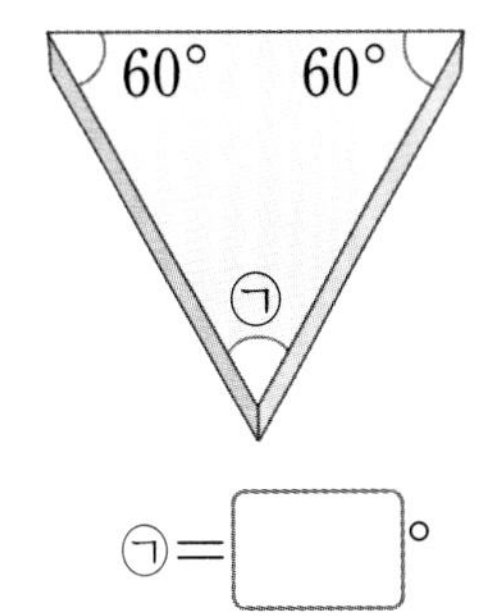

㉠=□°

13

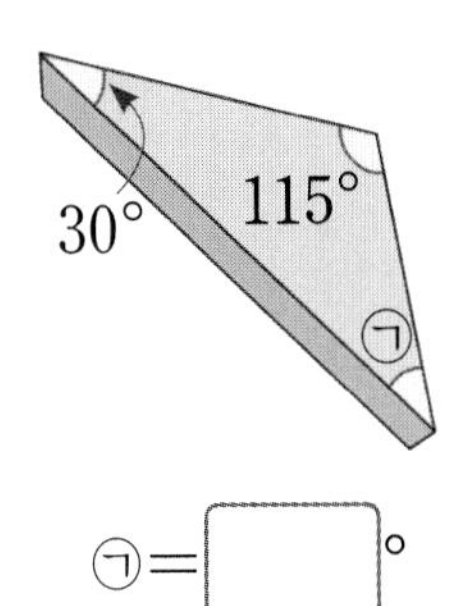

㉠=□°

14

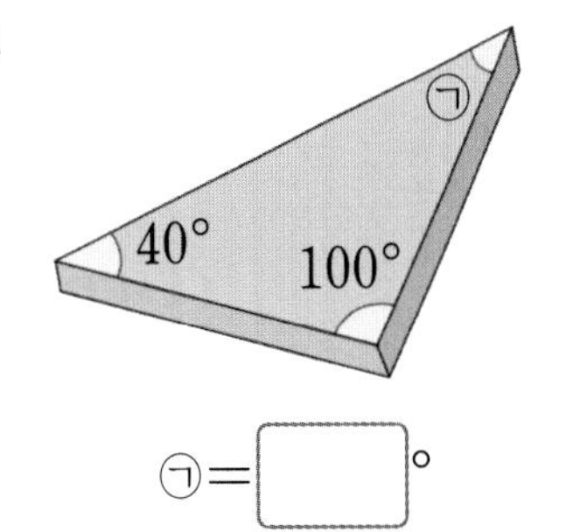

㉠=□°

05 사각형에서 모르는 한 각의 크기 구하기

✣ 모르는 한 각의 크기 구하기

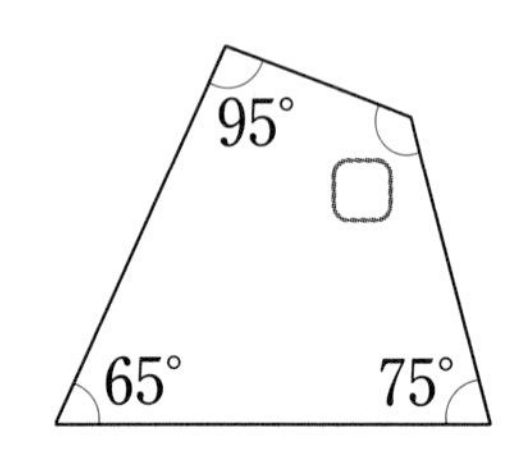

$\square = 360° - 95° - 65° - 75°$
$= 125°$

사각형 네 각의 크기의 합은 360°이니까 360°에서 세 각을 빼서 ▢를 구해요.

◐ ▢ 안에 알맞은 수를 써넣으세요.

1

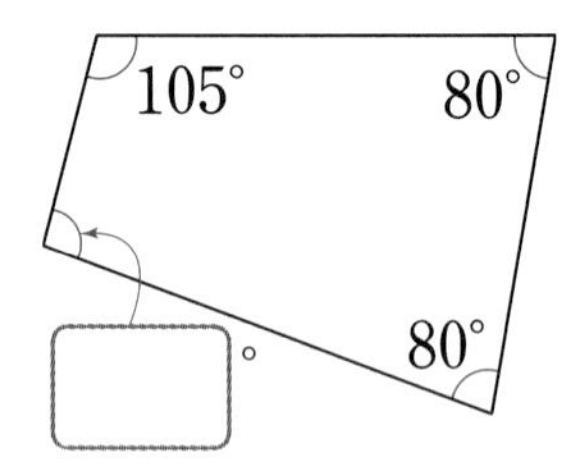

2

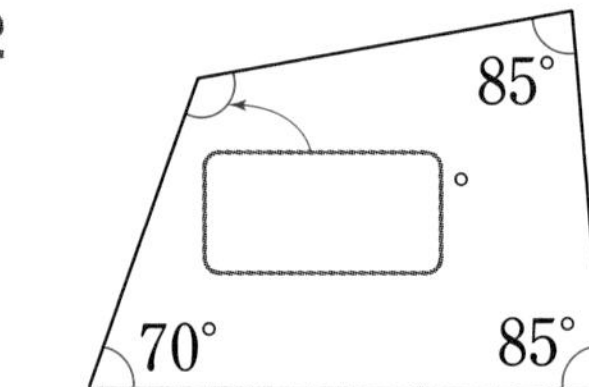

3

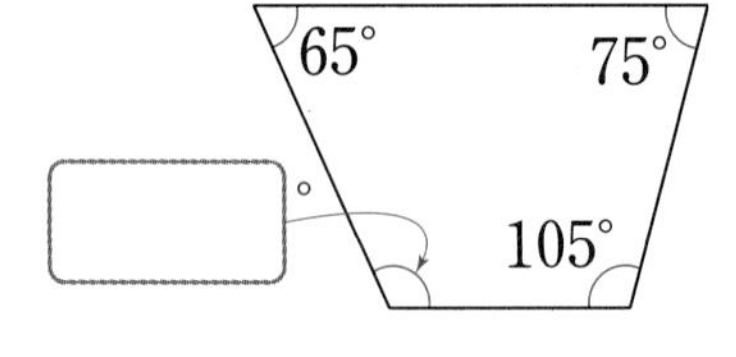

4

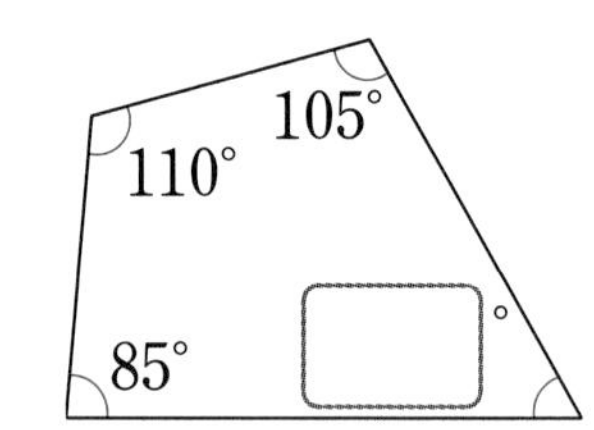

5

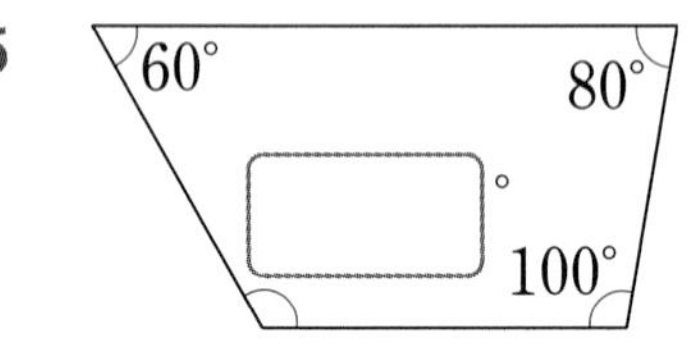

6

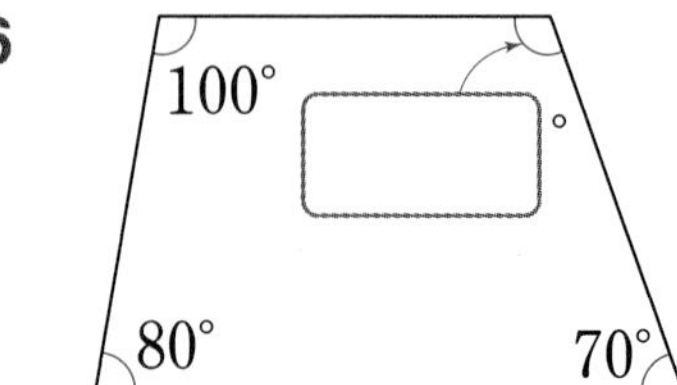

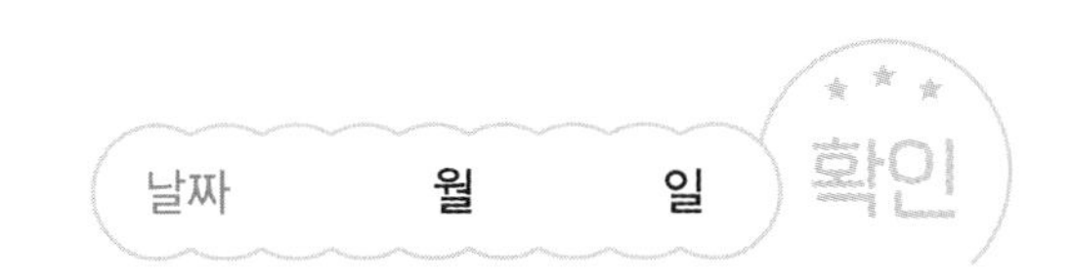

◑ 수업 시간에 친구들이 칠판에 그린 사각형입니다. 사각형에서 나머지 한 각의 크기를 구하세요.

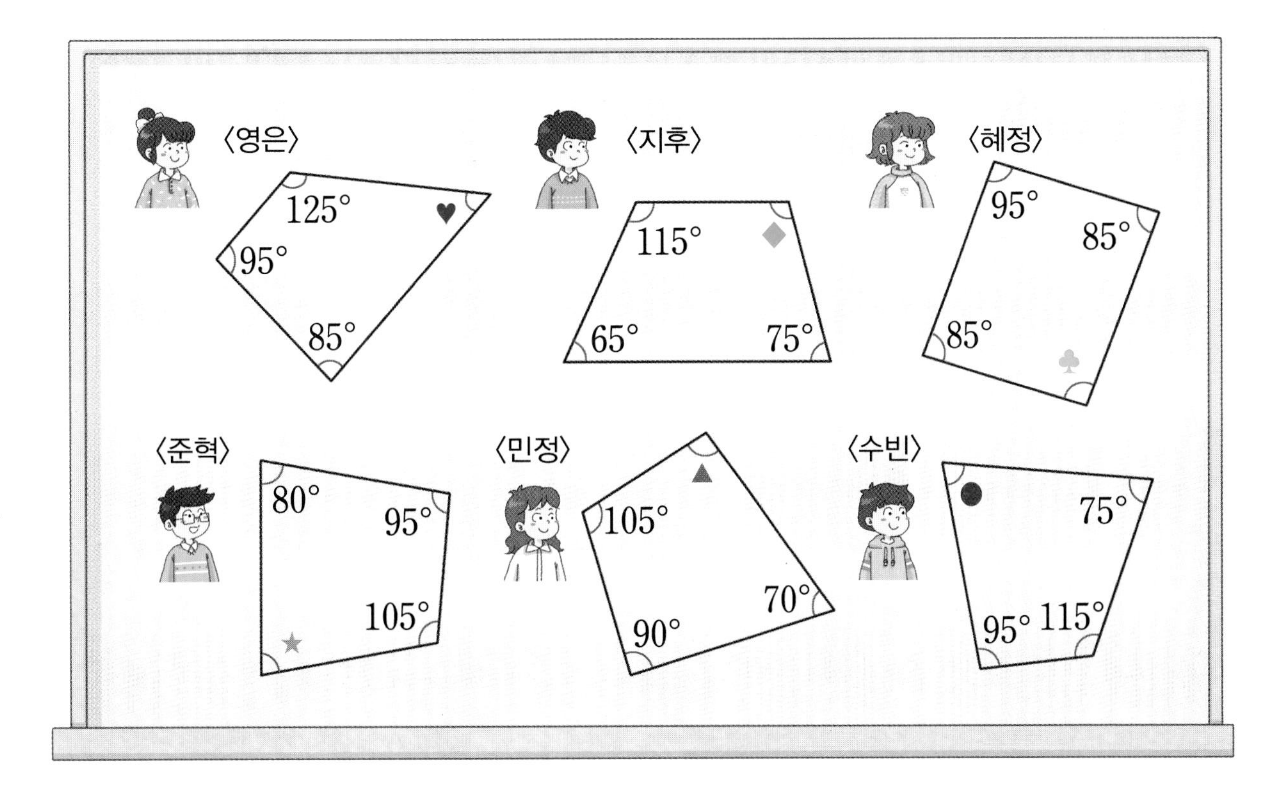

7 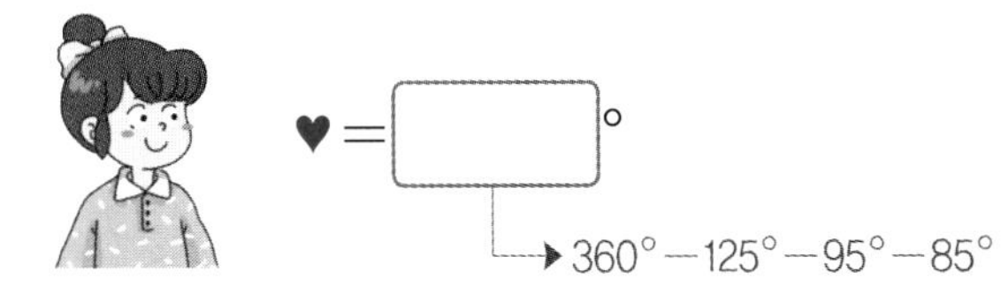

♥ = □°

→ 360° − 125° − 95° − 85°

8 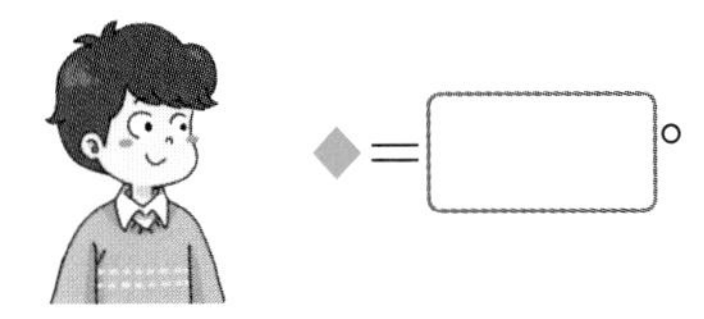

◆ = □°

9 

♣ = □°

10 

★ = □°

11 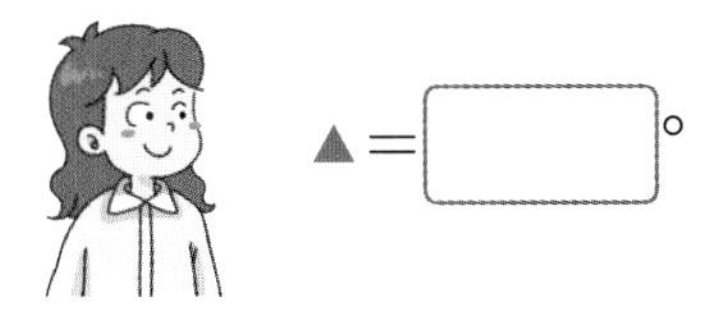

▲ = □°

12 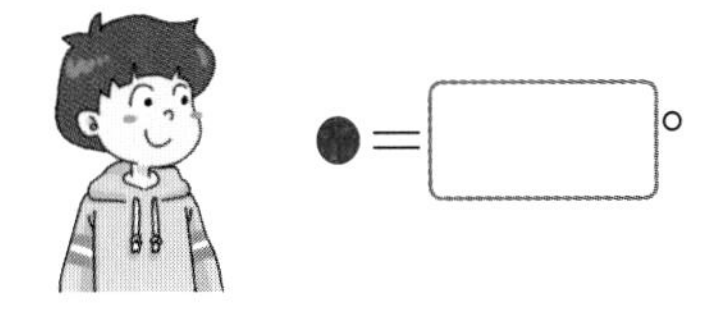

● = □°

06 집중 연산 ❶

◑ 각도의 합과 차를 구하세요.

1

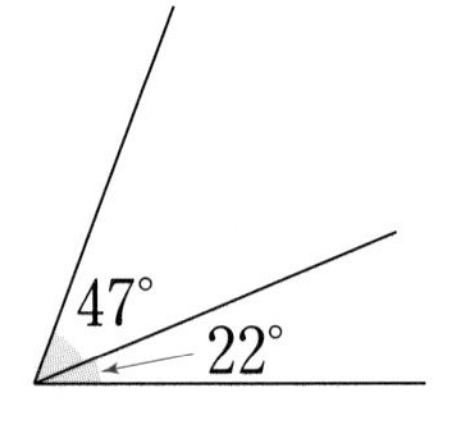

$22^\circ + 47^\circ = \square^\circ$

2

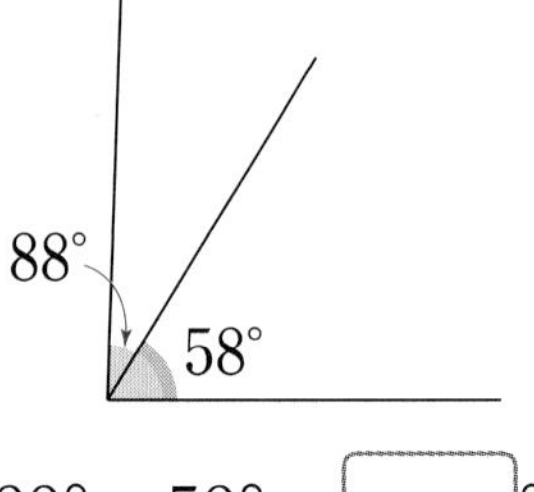

$88^\circ - 58^\circ = \square^\circ$

3

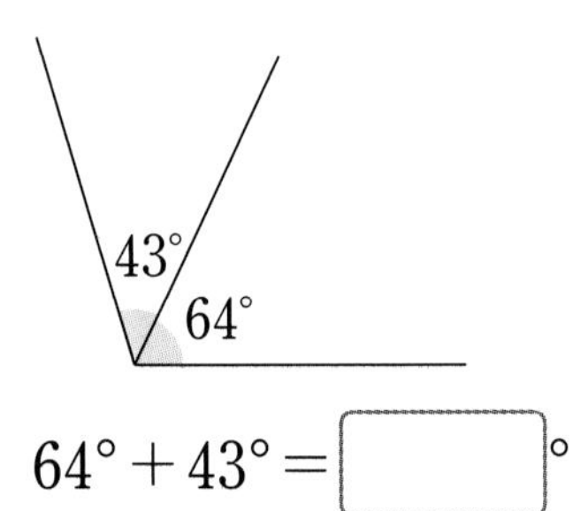

$64^\circ + 43^\circ = \square^\circ$

4

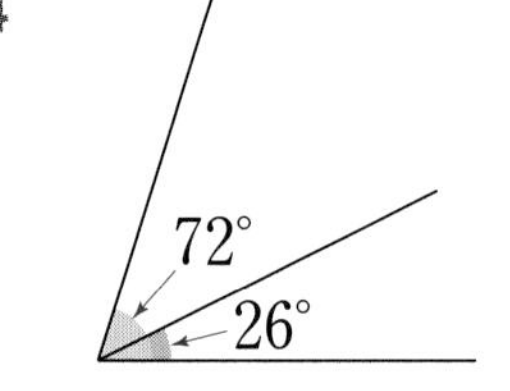

$72^\circ - 26^\circ = \square^\circ$

5

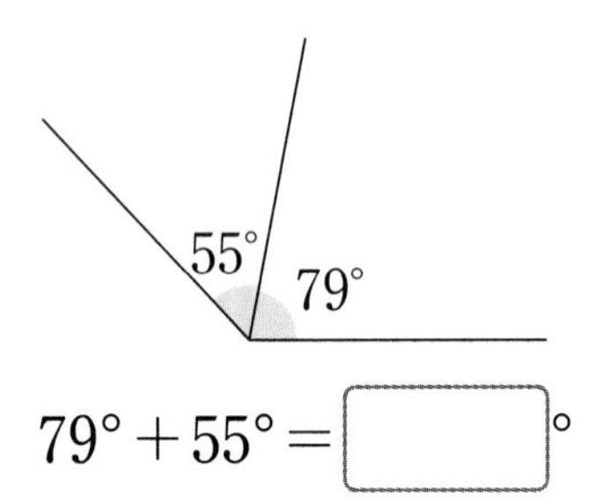

$79^\circ + 55^\circ = \square^\circ$

6

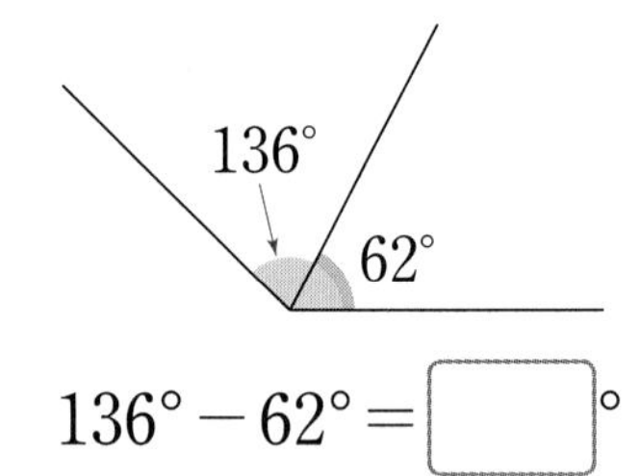

$136^\circ - 62^\circ = \square^\circ$

7

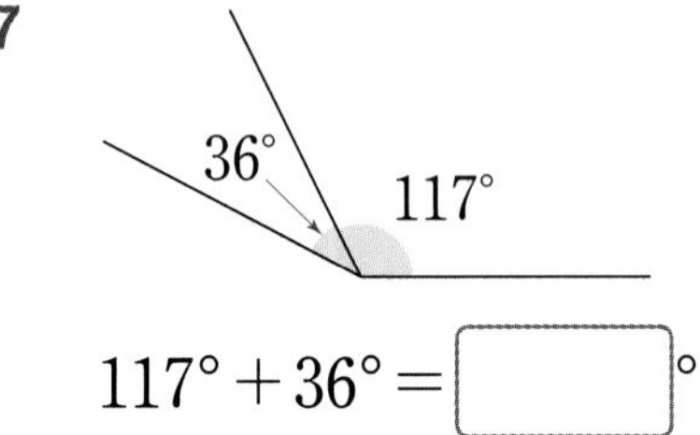

$117^\circ + 36^\circ = \square^\circ$

8

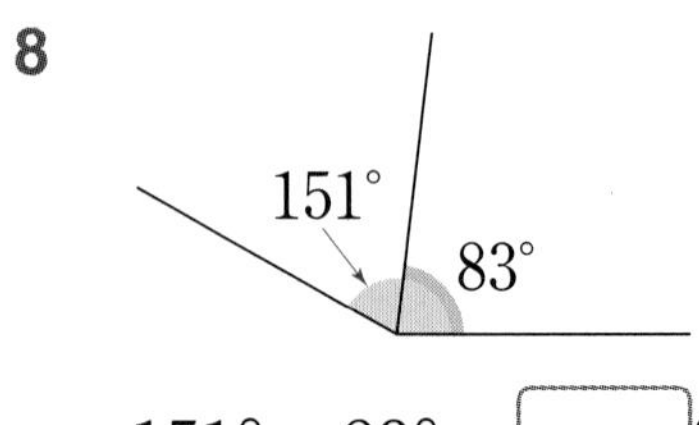

$151^\circ - 83^\circ = \square^\circ$

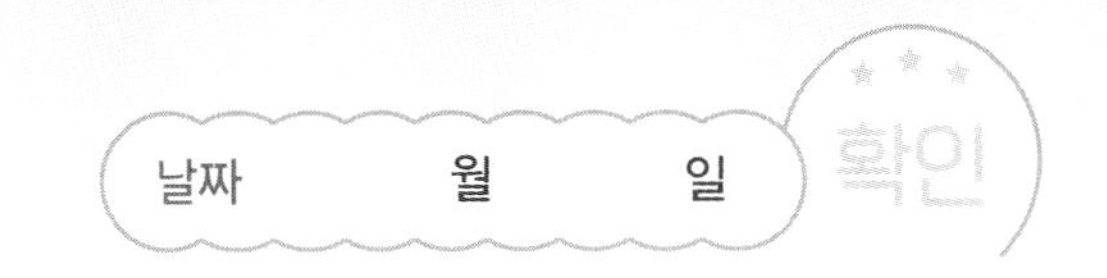

◐ ◇ 안에 두 각도의 합을 써넣으세요.

9

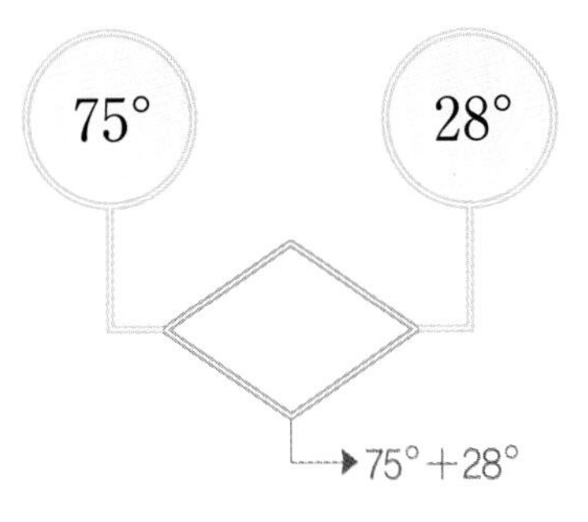

10

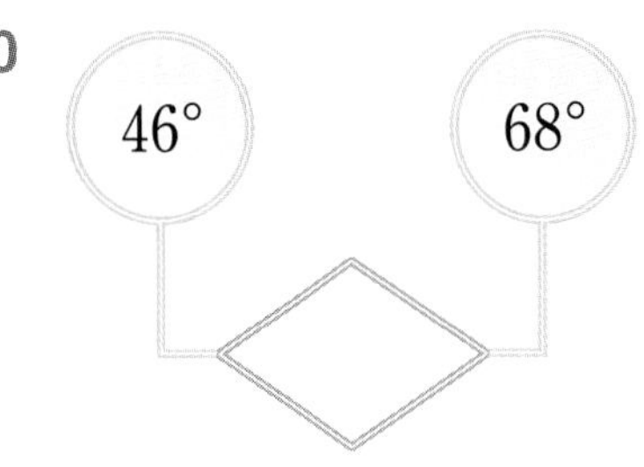

11

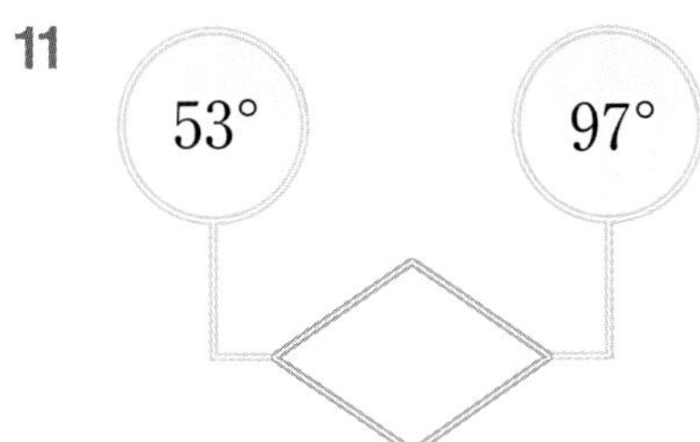

12

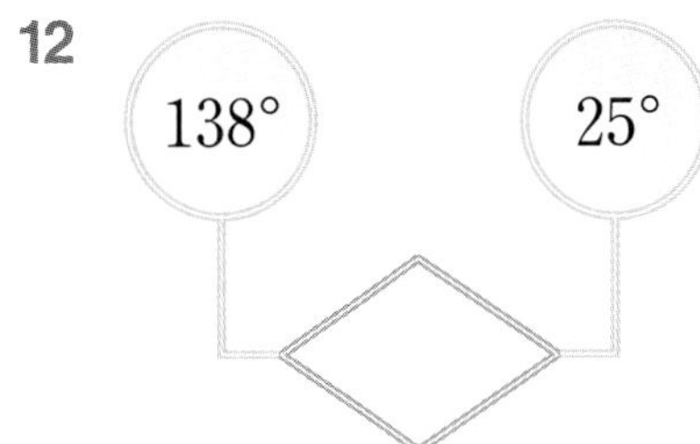

◐ ⬭ 안에 두 각도의 차를 써넣으세요.

13

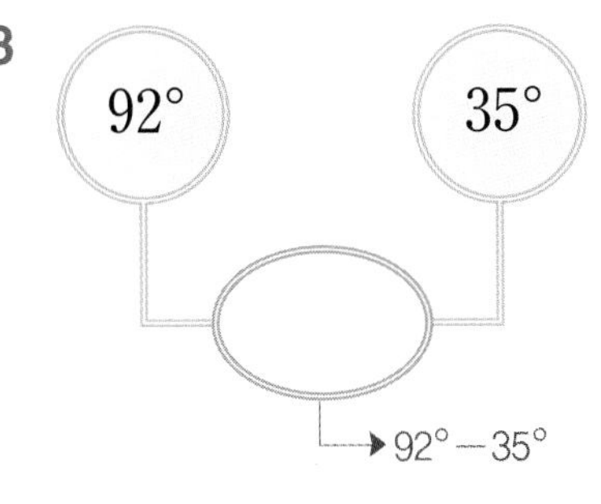

14

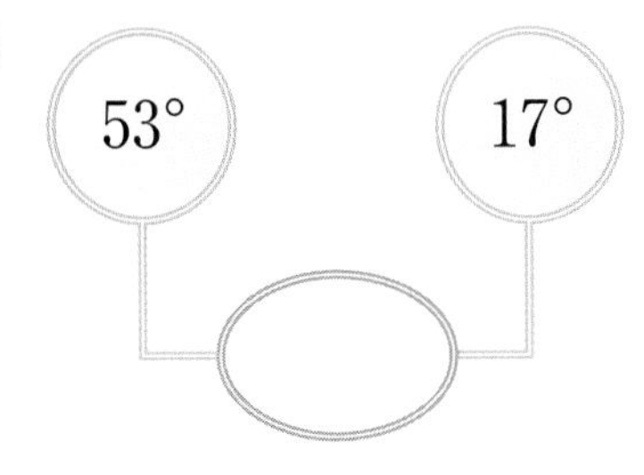

15

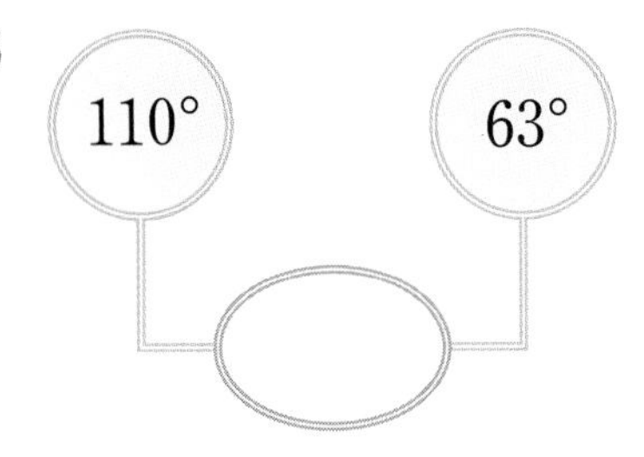

16

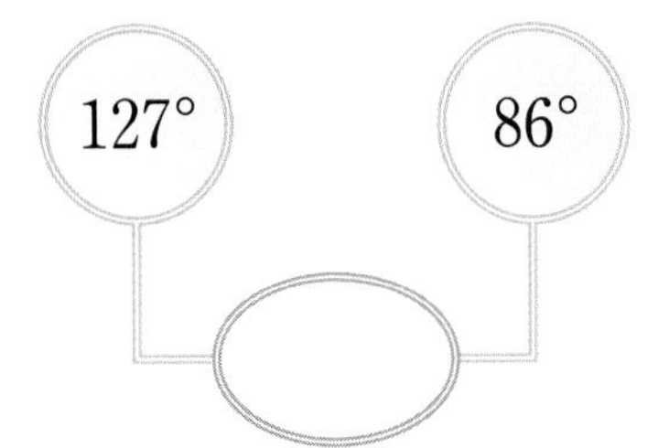

07 집중 연산 ❷

◑ 각도의 합과 차를 구하세요.

1 $48^\circ+56^\circ=\square^\circ$

$26^\circ+75^\circ=\square^\circ$

2 $52^\circ+64^\circ=\square^\circ$

$18^\circ+72^\circ=\square^\circ$

3 $92^\circ+148^\circ=\square^\circ$

$88^\circ+104^\circ=\square^\circ$

4 $120^\circ+76^\circ=\square^\circ$

$115^\circ+35^\circ=\square^\circ$

5 $145^\circ+76^\circ=\square^\circ$

$104^\circ+57^\circ=\square^\circ$

6 $76^\circ-45^\circ=\square^\circ$

$82^\circ-36^\circ=\square^\circ$

7 $92^\circ-65^\circ=\square^\circ$

$54^\circ-17^\circ=\square^\circ$

8 $127^\circ-58^\circ=\square^\circ$

$114^\circ-37^\circ=\square^\circ$

9 $135^\circ-65^\circ=\square^\circ$

$151^\circ-44^\circ=\square^\circ$

10 $270^\circ-116^\circ=\square^\circ$

$180^\circ-45^\circ=\square^\circ$

● 삼각형의 세 각의 크기를 나타낸 표입니다. 나머지 한 각의 크기를 구하여 빈칸에 써넣으세요.

11

삼각형의 세 각의 크기		
75°	55°	

→ 180° − 75° − 55°

12

삼각형의 세 각의 크기		
25°	105°	

13

삼각형의 세 각의 크기		
43°	108°	

14

삼각형의 세 각의 크기		
60°	47°	

● 사각형의 네 각의 크기를 나타낸 표입니다. 나머지 한 각의 크기를 구하여 빈칸에 써넣으세요.

15

사각형의 네 각의 크기			
45°	130°	85°	

360° − 45° − 130° − 85° ←

16

사각형의 네 각의 크기			
72°	95°	67°	

17

사각형의 네 각의 크기			
100°	125°	45°	

18

사각형의 네 각의 크기			
86°	92°	115°	

08 집중 연산 ❸

◑ ▢ 안에 알맞은 수를 써넣으세요.

1

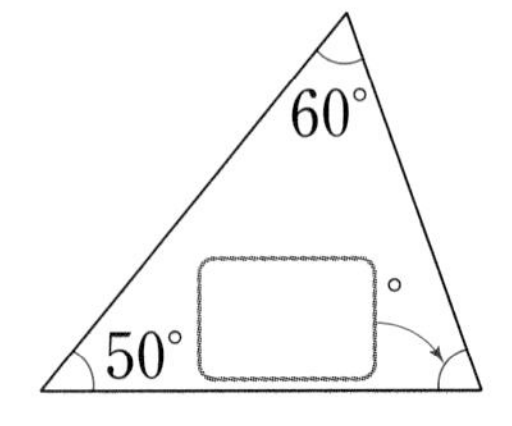

2

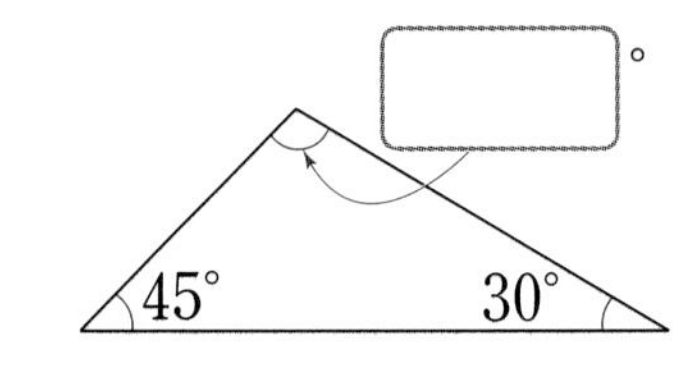

3

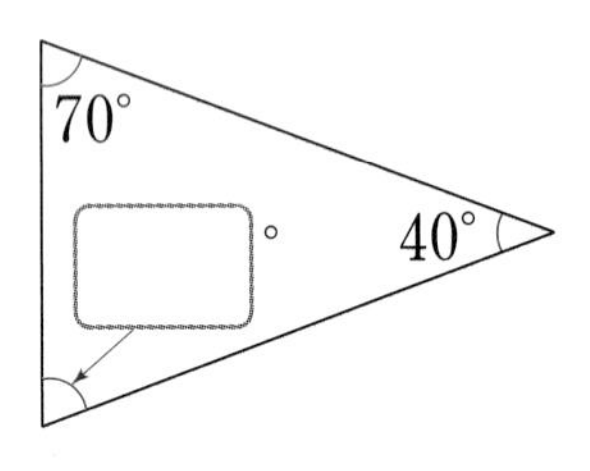

4

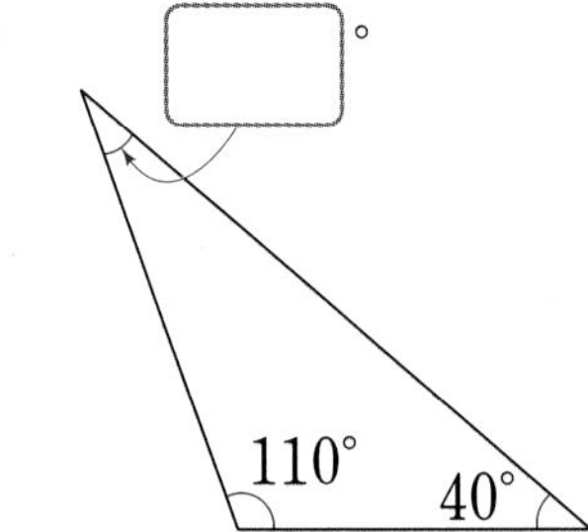

5

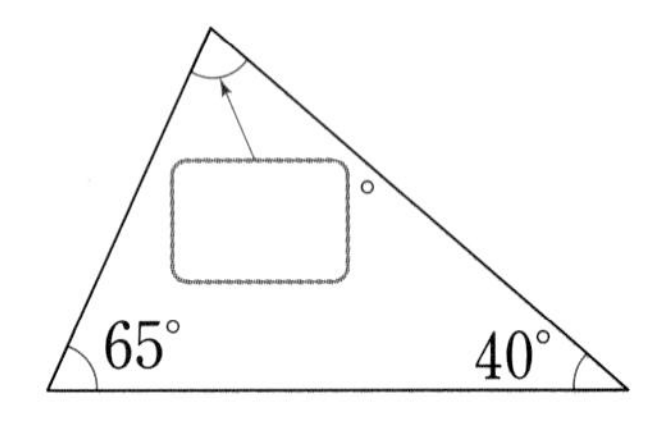

6

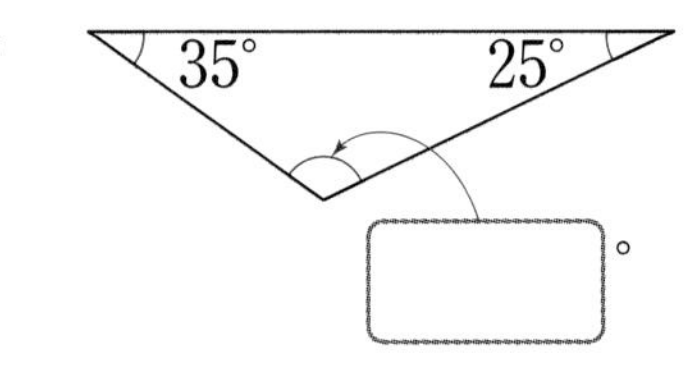

7

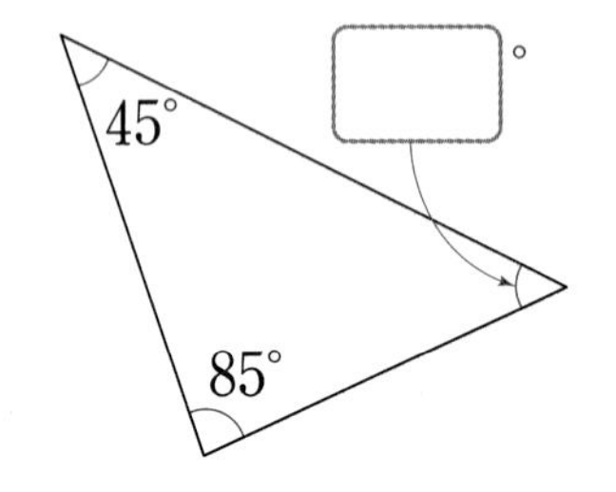

8

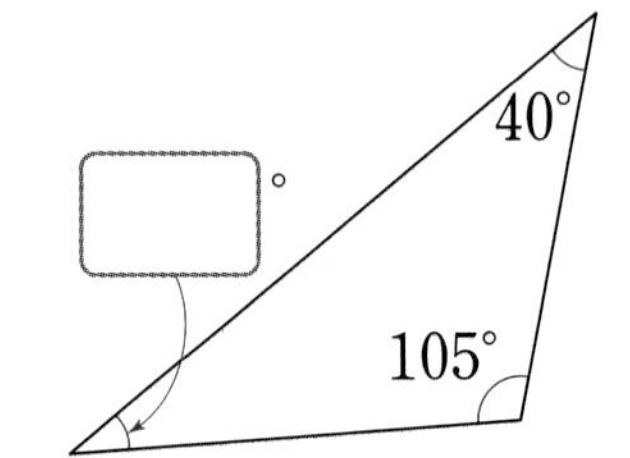

9

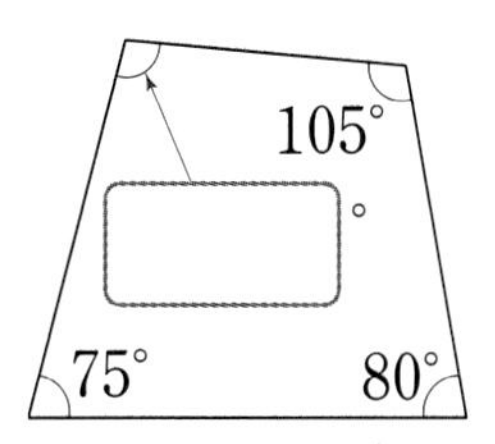

10

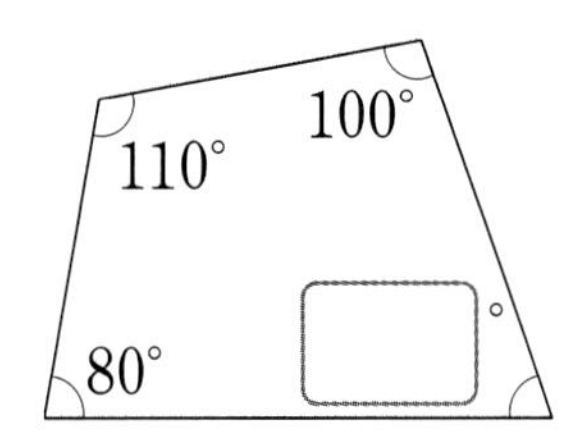

11

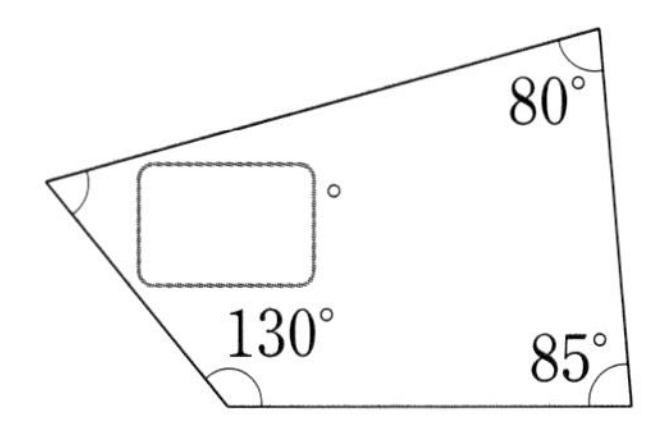

12

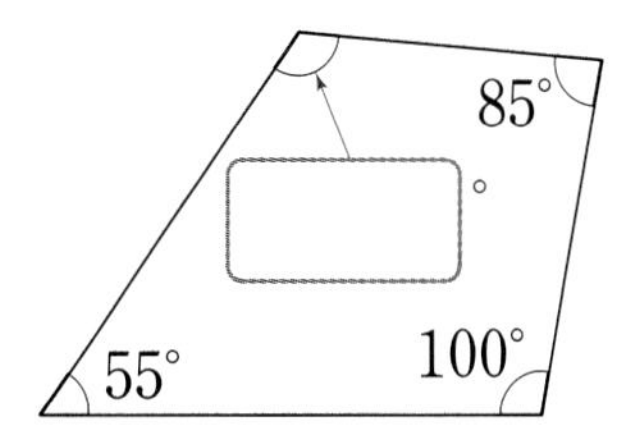

13

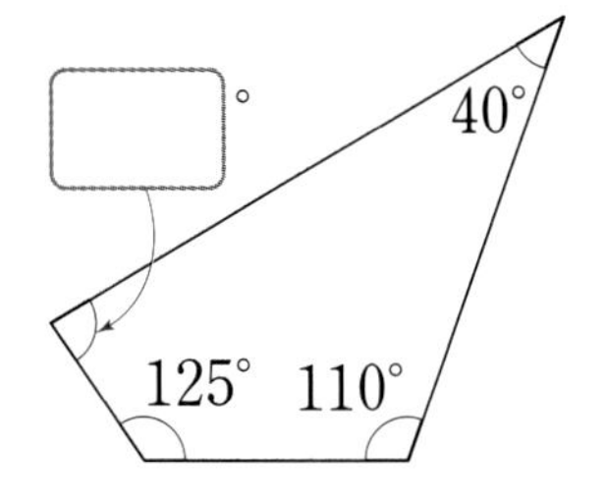

14

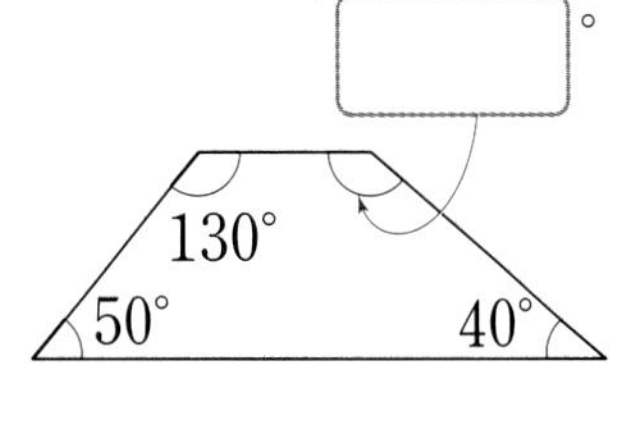

15

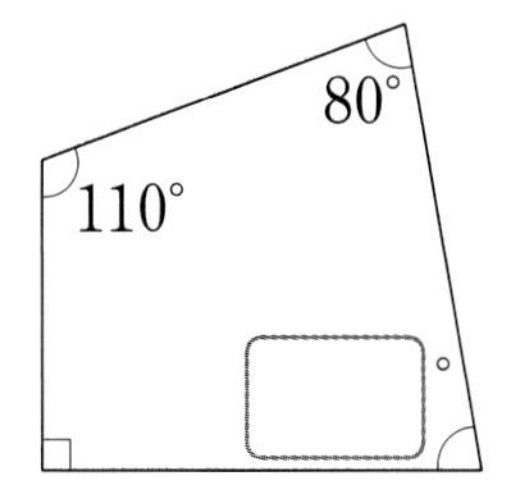

16

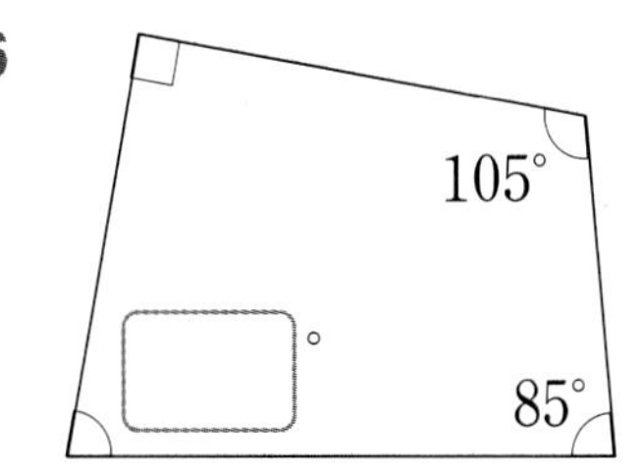

곱셈 (1)

우리
어디 가는 거야?

다 왔어!!
지금 그 말만
3번째거든?

저기다!

와~ 이런 곳에
창고가
있다니….
어때, 굉장하지?

난 사실 오래전부터
준비를 하고
있었지.
이게 뭐야?

뭐긴, 사냥에
필요한 물건들이지!

총과 총알!!
이 많은 게 다
총알이라고?
헉

총알이 많아야 동물을
많이 잡을 수 있지.
이게 모두
몇 개야?

한 상자에
200개씩 모두
30상자야.
그럼
몇 개인데?
×30

200개씩 30상자이니까 200×30을 계산하면
총알은 모두 6000개지.

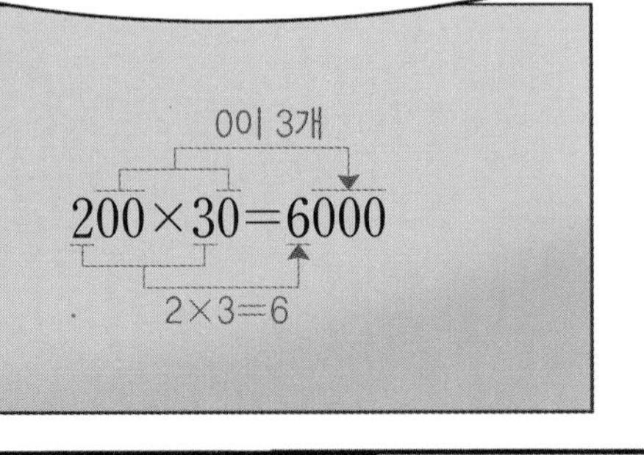
0이 3개
200×30=6000
2×3=6

헉! 총알이 6000개나
있다고?

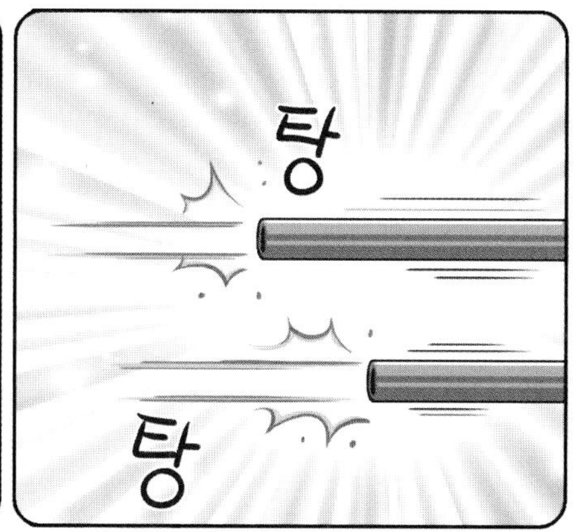

학습내용

- (몇백)×(몇십), (몇백몇십)×(몇십)
- (세 자리 수)×(몇십)
- (세 자리 수)×(두 자리 수), (두 자리 수)×(세 자리 수)
- (세 자리 수)×(몇백), (세 자리 수)×(몇백몇십)
- (세 자리 수)×(세 자리 수)
- 몇백으로 만들어 곱하기

01 (몇백)×(몇십), (몇백몇십)×(몇십)

✣ 800×30의 계산

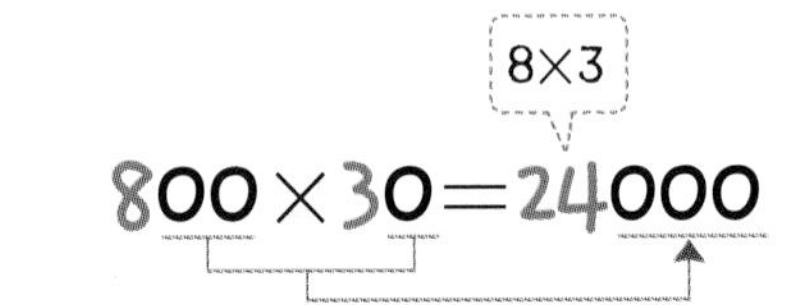

곱하는 두 수의 0의 개수의 합만큼 (몇)×(몇)의 계산 결과 뒤에 0을 붙여 써요.

✣ 850×30의 계산

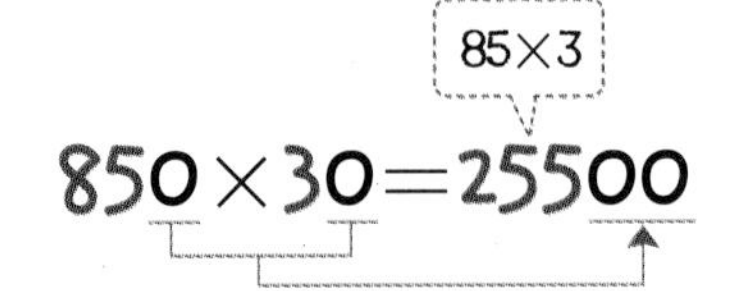

850에서 0이 한 개, 30에서 0이 한 개이므로 답은 25500이야.

◑ 계산해 보세요.

1 $100\times80=$ ☐

2 $200\times50=$ ☐

3 $600\times70=$ ☐

4 $800\times90=$ ☐

5 $570\times30=$ ☐

6 $420\times40=$ ☐

7 $740\times20=$ ☐

8 $390\times80=$ ☐

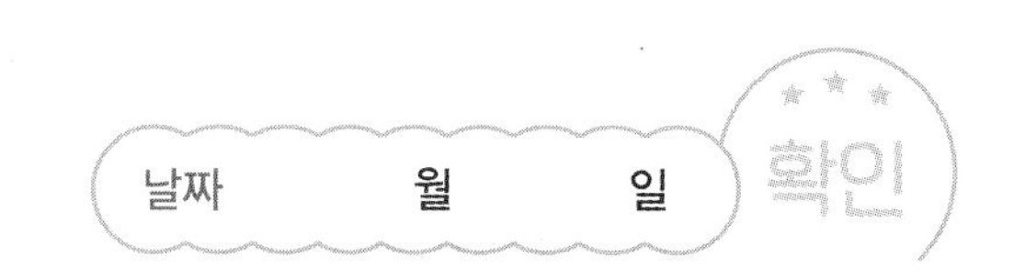

◑ 각 게임을 한 사람이 한 번 하는 데 필요한 돈을 나타낸 것입니다. 주어진 인원 수가 한 번씩 게임할 때 필요한 돈은 얼마인지 구하세요.

9 조각 맞추기 10명

➡ $150\times10=$ □ (원)

10 인형 뽑기 20명

➡ $700\times20=$ □ (원)

11 두더지 게임 20명

➡ ________________ (원)

12 자동차 게임 40명

➡ ________________ (원)

13 농구 20명

➡ ________________ (원)

14 베이비 허들 30명

➡ ________________ (원)

15 틀린 그림 찾기 30명

➡ ________________ (원)

16 뽀글 뽀글 20명

➡ ________________ (원)

02 (세 자리 수)×(몇십)(1)

✣ 182×30의 가로셈

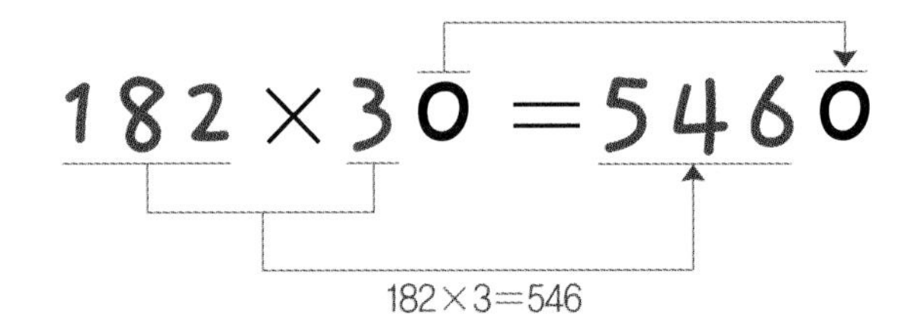

◐ 계산해 보세요.

1 $215 \times 20 =$ ☐

2 $236 \times 30 =$ ☐

3 $123 \times 50 =$ ☐

4 $389 \times 20 =$ ☐

5 $453 \times 30 =$ ☐

6 $145 \times 60 =$ ☐

7 $325 \times 70 =$ ☐

8 $284 \times 80 =$ ☐

9 $577 \times 40 =$ ☐

10 $413 \times 90 =$ ☐

● 주어진 빵 한 개를 만드는 데 필요한 밀가루의 양과 그래프를 보고 종류별로 밀가루가 몇 g 필요한지 구하세요.

만들어야 하는 빵의 수 단위: 개

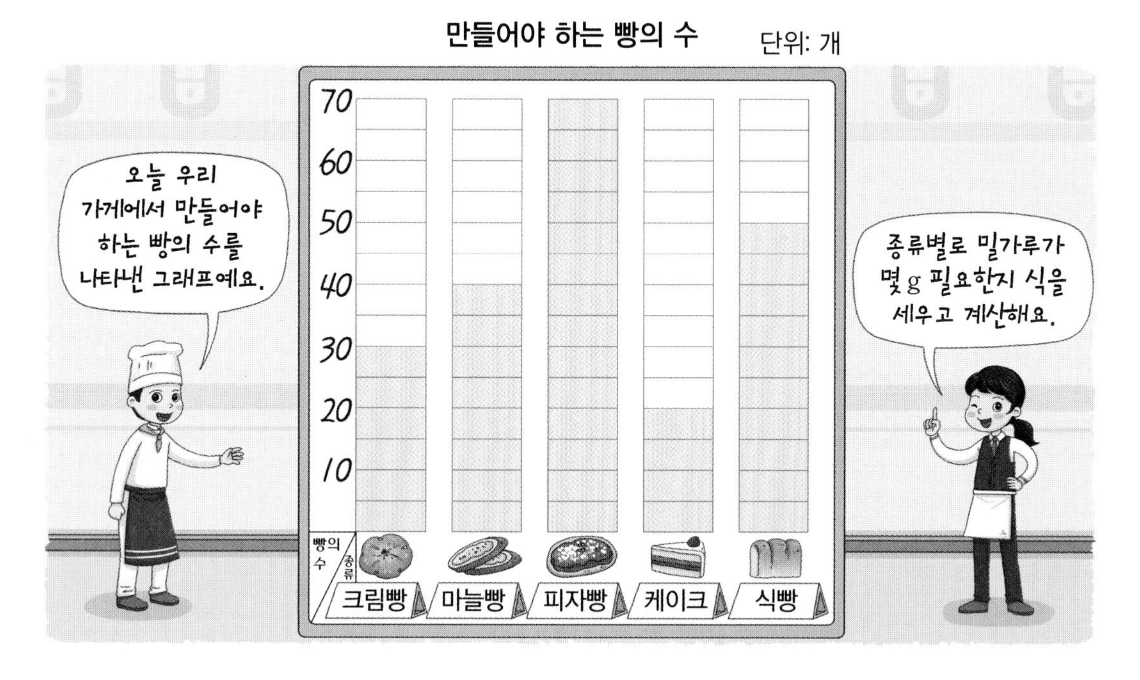

11

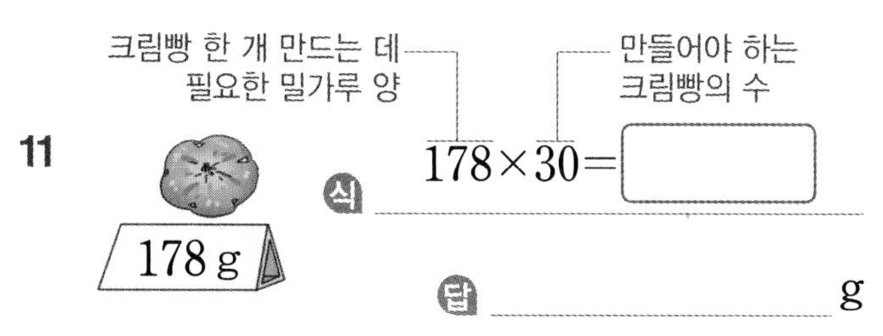

식 $178 \times 30 =$ ☐

답 ______ g

크림빵 한 개에 밀가루가 178 g 필요하므로 30개를 만들려면 밀가루가 (178×30) g 필요해요.

12 212 g

식 ______

답 ______ g

13

식 ______

답 ______ g

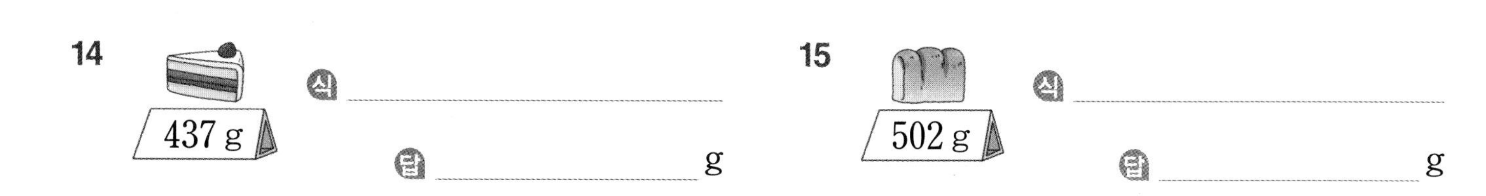

14 437 g

식 ______

답 ______ g

15 502 g

식 ______

답 ______ g

03 (세 자리 수)×(몇십) (2)

✚ 182×30의 세로셈

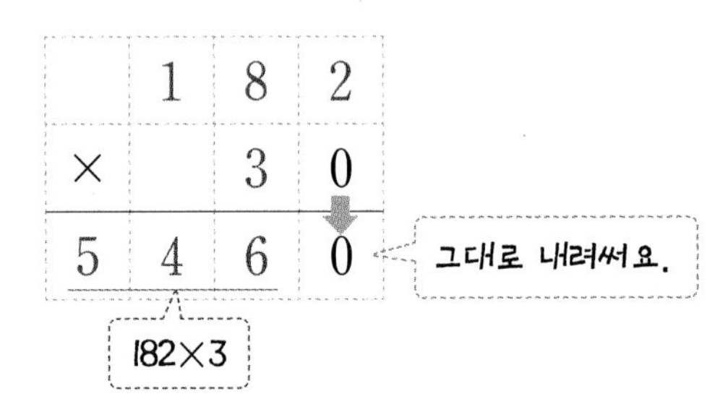

(세 자리 수)×(몇)을 계산하고 0은 그대로 내려써요.

◑ 계산해 보세요.

1. 119×30

2. 214×40

3. 325×20

4. 185×50

5. 475×40

6. 297×20

7. 258×60

8. 518×40

9. 697×40

◐ 보기 와 같이 민준이와 친구들이 줄넘기를 모두 몇 번 했는지 구하세요.

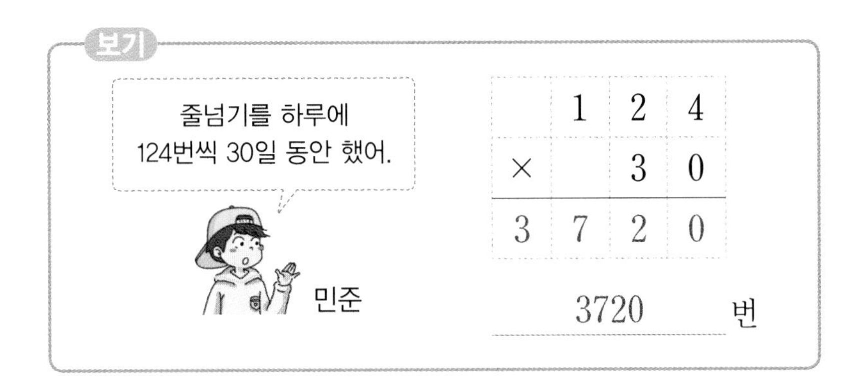

10

줄넘기를 하루에 257번씩 20일 동안 했어.

수지

		2	5	7
	×		2	0

번

11

줄넘기를 하루에 354번씩 30일 동안 했어.

명훈

		3	5	4
	×		3	0

번

12

줄넘기를 하루에 179번씩 40일 동안 했어.

지혁

		1	7	9
	×		4	0

번

13

줄넘기를 하루에 233번씩 50일 동안 했어.

지윤

		2	3	3
	×		5	0

번

14

줄넘기를 하루에 412번씩 20일 동안 했어.

라희

		4	1	2
	×		2	0

번

줄넘기를 가장 많이 한 친구는 누구일까요?

04 (세 자리 수)×(두 자리 수)

✣ 156×43의 계산

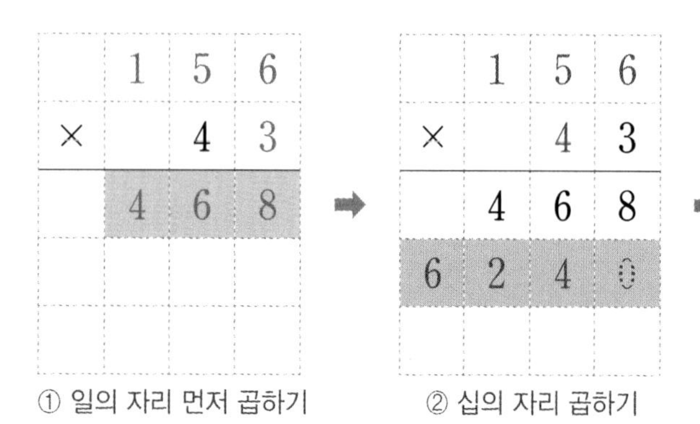

	1	5	6
×		4	3
	4	6	8
⊕ 6	2	4	0
6	7	0	8

① 일의 자리 먼저 곱하기 ② 십의 자리 곱하기 ③ 468+6240=6708

◑ 계산해 보세요.

1

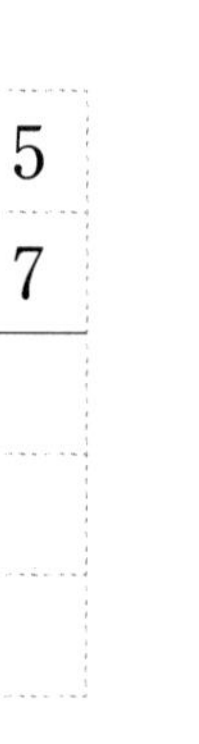

	1	9	5
×		5	7

2

	2	8	4
×		7	2

3

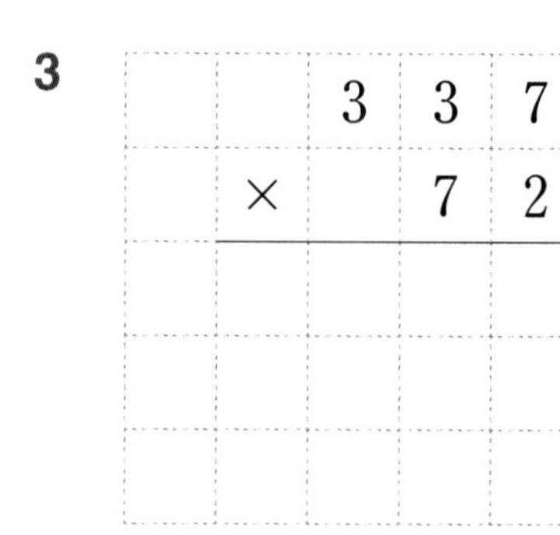

	3	3	7
×		7	2

4

	4	9	5
×		8	5

5

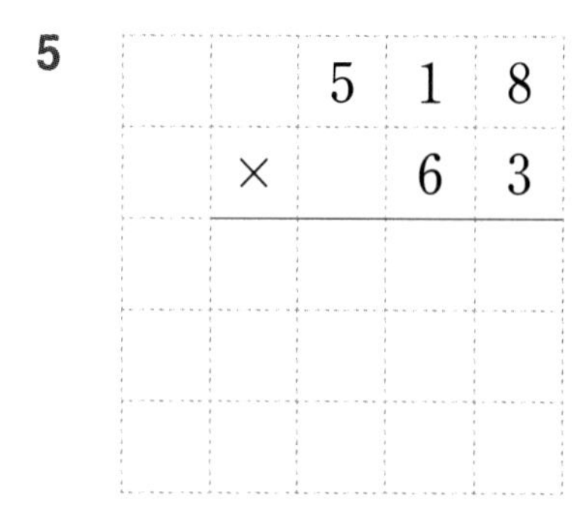

	5	1	8
×		6	3

6

	9	9	3
×		1	9

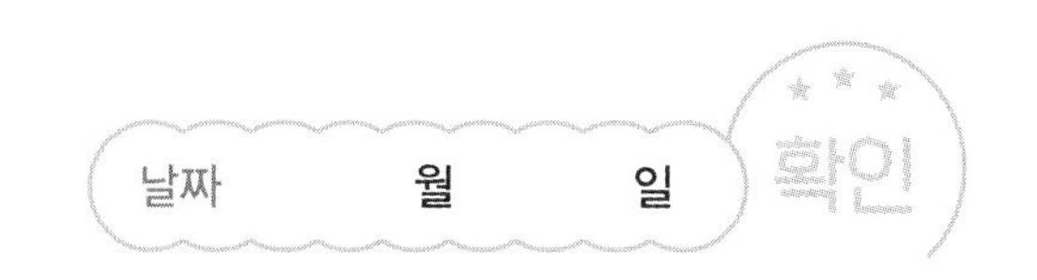

● 한 봉지가 한 달 동안 필요한 먹이의 양입니다. 보기 와 같이 1년 동안 필요한 먹이는 모두 몇 g인지 구하세요.

	2	3	5
×		1	2
	4	7	0
2	3	5	
2	8	2	0

7

g

8

g

9

g

10

g

11

g

먹이가 가장 많이 필요한 동물을 찾아 써 보세요.

05 (두 자리 수)×(세 자리 수)

✣ 37×485의 계산

			3	7
	×	4	8	5
		1	8	5
	2	9	6	0
1	4	8	0	0
1	7	9	4	5

37×5=185
37×80=2960
37×400=14800

(세 자리 수)×(두 자리 수)로 바꾸어 곱해도 결과는 같아요.

$$\begin{array}{r} 485 \\ \times\ \ 37 \\ \hline 3395 \\ 14550 \\ \hline 17945 \end{array}$$

485×7=3395
485×30=14550

◑ 계산해 보세요.

1

			1	7
	×	6	3	8

2

			2	9
	×	8	2	4

3

			3	8
	×	6	5	9

4

			4	9
	×	7	2	2

5

			5	3
	×	9	3	7

6

			6	5
	×	4	8	9

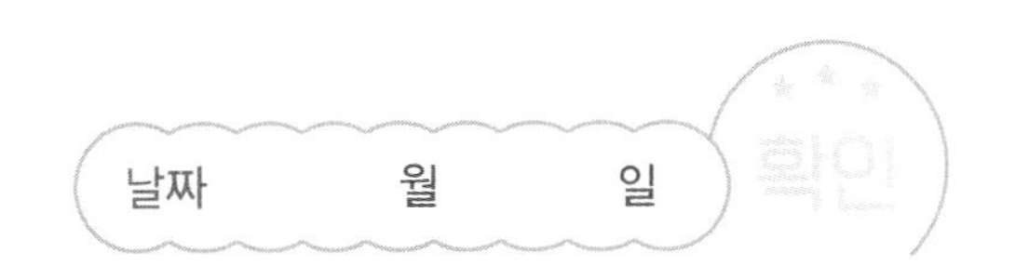

◑ 거미줄 가운데 수와 중간에 있는 수를 곱해서 거미줄 끝에 있는 □ 안에 써넣으세요.

7

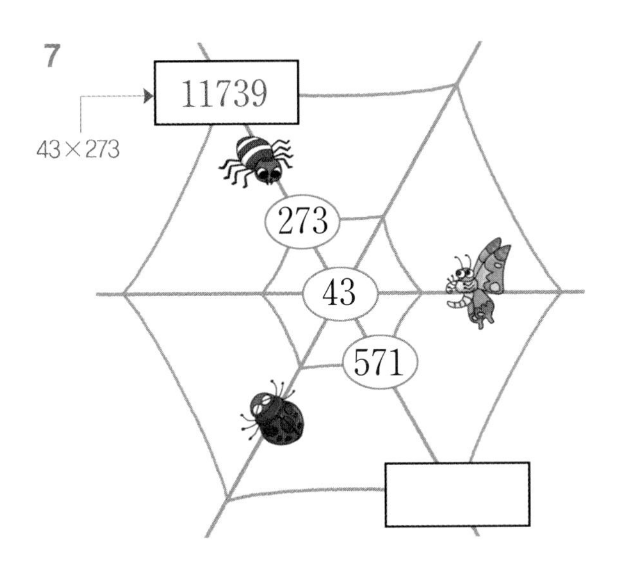

세로셈을 해 보세요.

			4	3
	×	2	7	3
		1	2	9
	3	0	1	
	8	6		
1	1	7	3	9

			4	3
	×	5	7	1

8

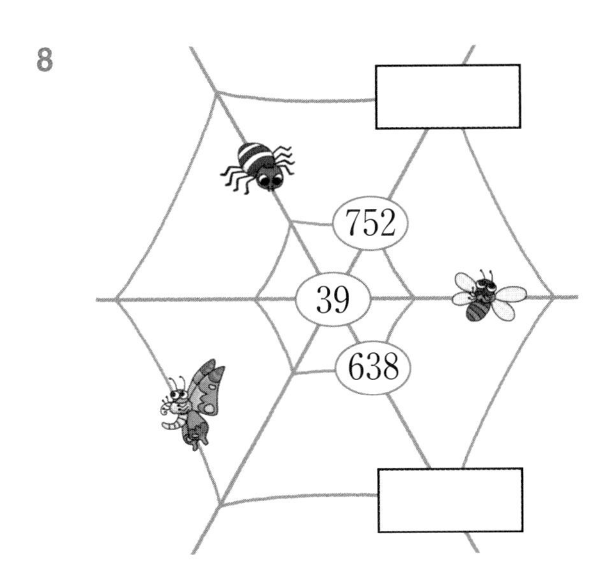

			3	9
	×	7	5	2

			3	9
	×	6	3	8

9

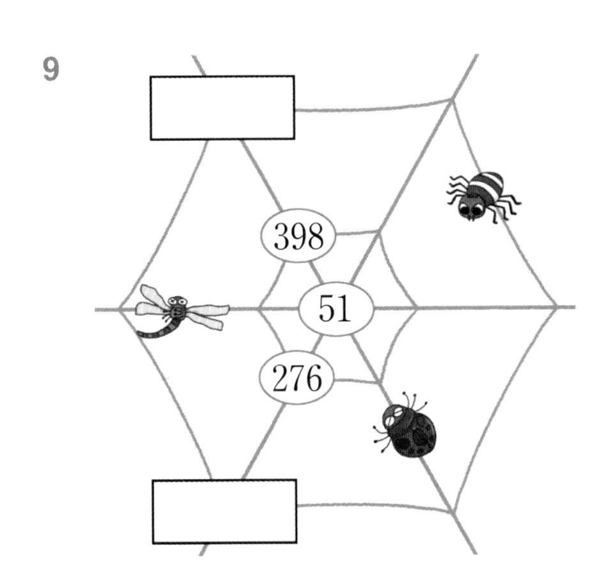

			5	1
	×	3	9	8

			5	1
	×	2	7	6

06 (세 자리 수)×(몇백)

✣ 264×300의 계산

$264 \times 3 = 792$

↓ 100배　　↓ 100배

$264 \times 300 = 79200$

0이 2개 ➡ 0이 2개

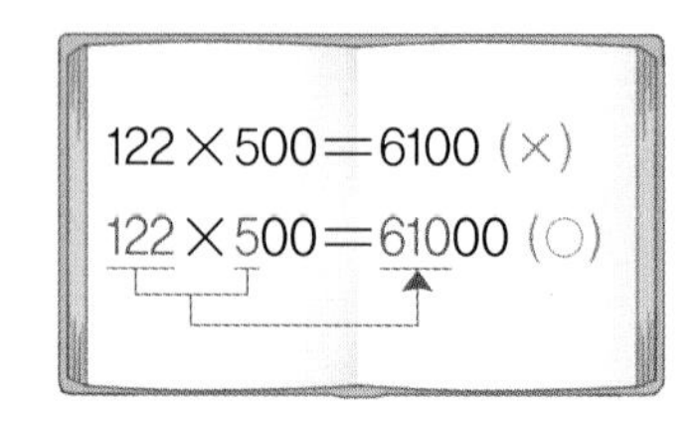

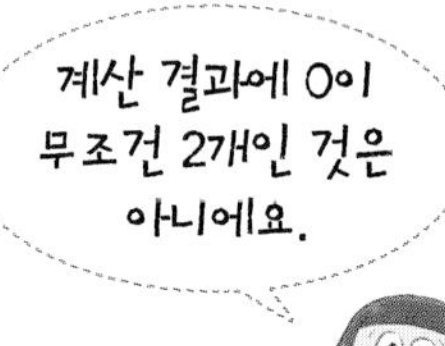

◐ 계산해 보세요.

1　127×500=□

2　314×200=□

3　454×600=□

4　278×500=□

5　382×300=□

6　802×700=□

7　552×800=□

8　223×900=□

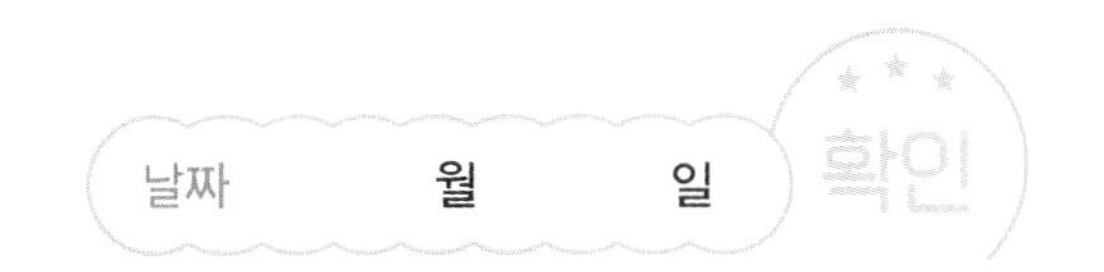

● 트럭에 다음과 같이 짐을 싣고 주어진 횟수만큼 옮긴다면 짐을 모두 몇 kg을 옮기게 되는지 구하세요.

9

300번 487 kg

식 $487 \times 300 =$ ☐

답 ______ kg

10

200번 514 kg

식 $514 \times 200 =$ ☐

답 ______ kg

11

500번 723 kg

식 ______

답 ______ kg

12

700번 369 kg

식 ______

답 ______ kg

13

600번 608 kg

식 ______

답 ______ kg

14

900번 259 kg

식 ______

답 ______ kg

07 (세 자리 수)×(몇백몇십)

✚ 543×230의 계산

			5	4	3
		×	2	3	0
	1	6	2	9	0
1	0	8	6	0	0
1	2	4	8	9	0

543×30=16290

543×200=108600

543×230은
543×23의 결과에
0을 붙인 것과 같아요.

◐ 계산해 보세요.

1

			2	1	6
		×	7	5	0

2

			4	3	7
		×	4	6	0

3

			3	5	9
		×	2	8	0

4

			7	3	2
		×	3	4	0

5

			8	0	8
		×	2	9	0

6

			6	2	4
		×	5	1	0

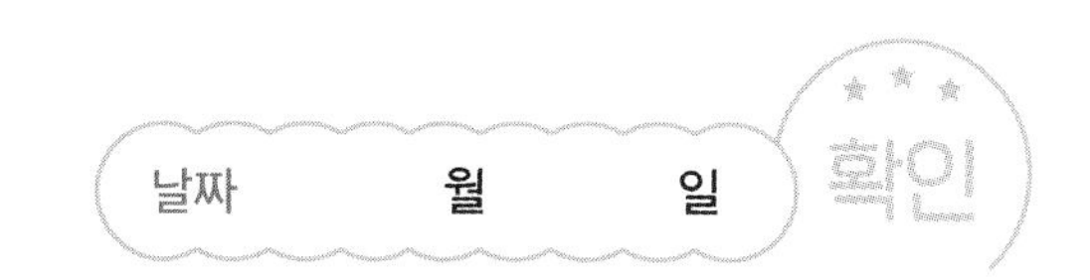

◑ 한 상자에 들어 있는 학용품의 수를 보고 학용품의 수를 모두 구하세요.

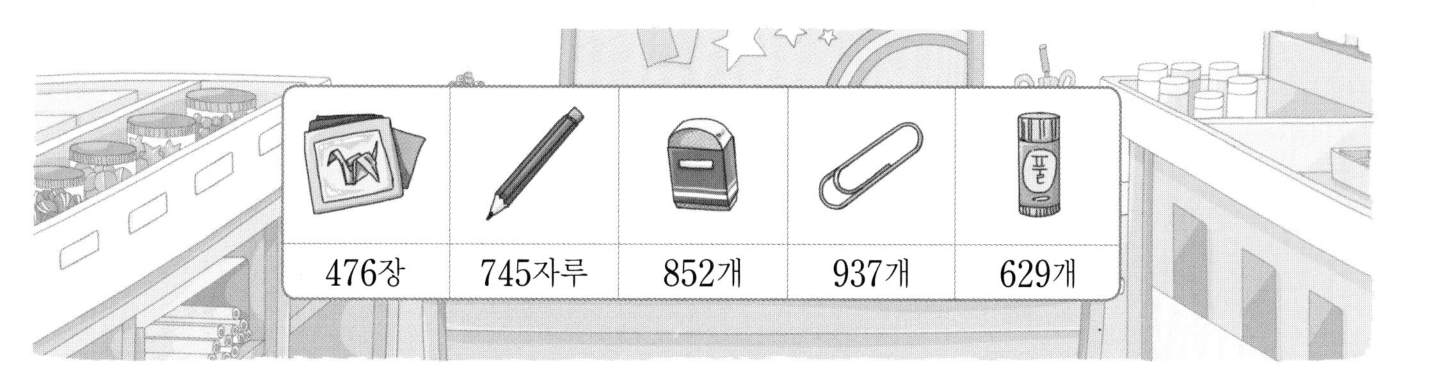

7 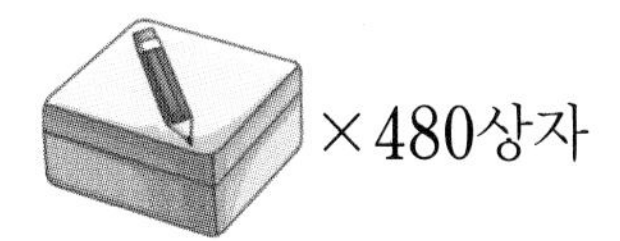 ×480상자

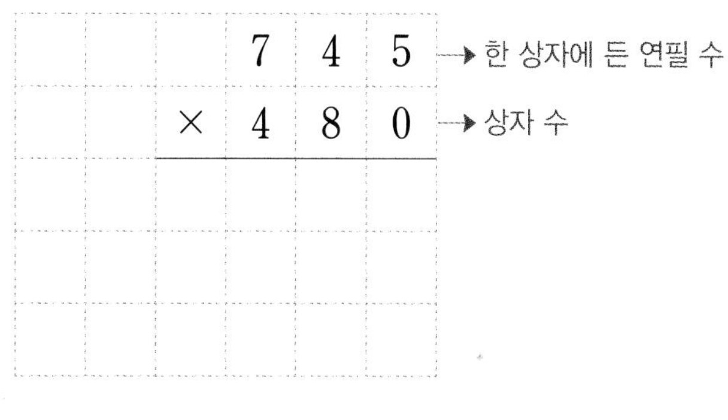

_______________ 자루

8  ×270상자

_______________ 개

9  ×520상자

_______________ 장

10 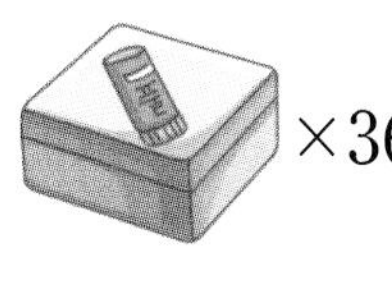 ×360상자

_______________ 개

08 (세 자리 수)×(세 자리 수)

+ 321×496의 계산

			3	2	1
		×	4	9	6
		1	9	2	6
	2	8	8	9	
1	2	8	4		
1	5	9	2	1	6

◐ 계산해 보세요.

1

			1	2	1
		×	3	2	4

2

			2	6	5
		×	2	1	6

3

			4	5	3
		×	1	3	7

4

			5	7	6
		×	2	9	8

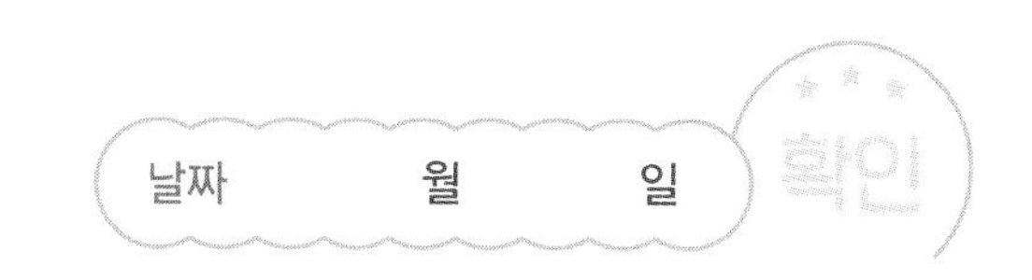

● 여러 가지 음식의 열량을 나타낸 표를 보고 주어진 양의 열량은 모두 몇 kcal인지 구하세요.

열량을 나타내는 단위로 킬로칼로리라고 읽어요.

샐러드 한 접시	389 kcal	햄버거 1개	912 kcal	볶음밥 한 접시	548 kcal
우동 한 그릇	425 kcal	떡볶이 1인분	317 kcal	도넛 1개	252 kcal

5 샐러드 278접시

$$\begin{array}{r} 389 \\ \times\ 278 \\ \hline \end{array}$$

kcal

6 햄버거 521개

kcal

7 볶음밥 126접시

kcal

8 우동 365그릇

kcal

9 떡볶이 154인분

kcal

10 도넛 465개

kcal

09 몇백으로 만들어 곱하기 (1)

✣ 256×99의 계산

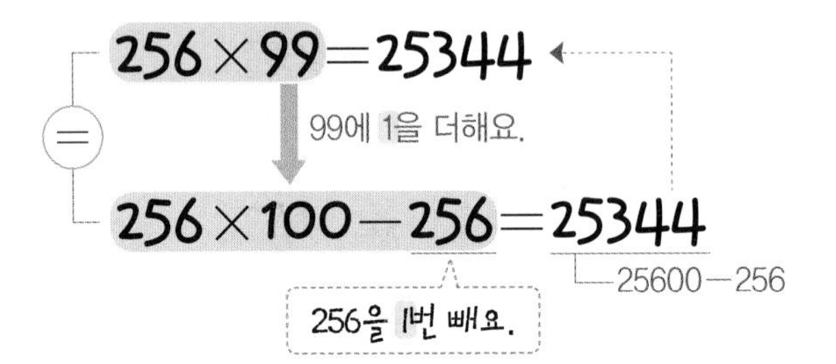

99는 100보다 1만큼
더 작은 수이므로
256×100을 계산한 값에서
256을 1번 빼면 돼요.

◐ 계산해 보세요.

1 $127 \times 99 = \square$
+1
$127 \times 100 - 127 = \square$
→ 12700−127

2 $235 \times 199 = \square$
+1
$235 \times 200 - 235 = \square$
→ 47000−235

3 $372 \times 99 = \square$
+1
$372 \times 100 - 372 = \square$

4 $186 \times 299 = \square$
+1
$186 \times \square - 186 = \square$

5 $486 \times 99 = \square$
+1
$486 \times \square - \square = \square$

6 $121 \times 399 = \square$
+1
$121 \times \square - \square = \square$

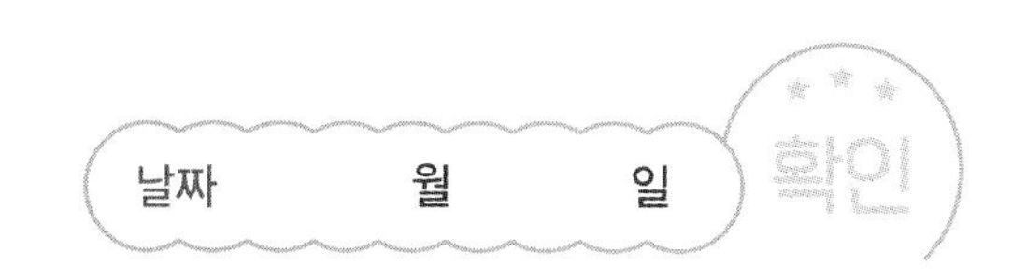

◐ 블록 하나의 길이가 다음과 같을 때 주어진 개수만큼 연결하면 모두 몇 mm가 되는지 구하세요.

7

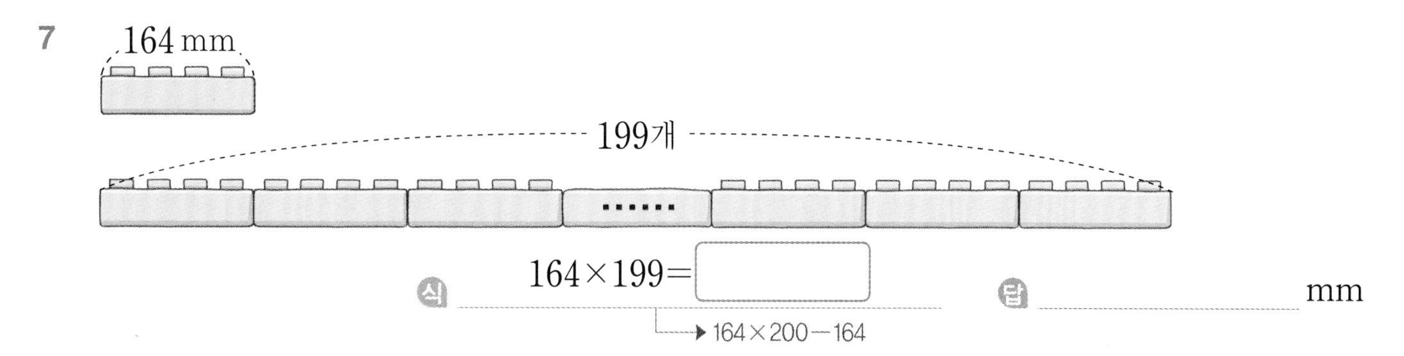

식 $164 \times 199 =$ ☐ 답 ______ mm

→ $164 \times 200 - 164$

8

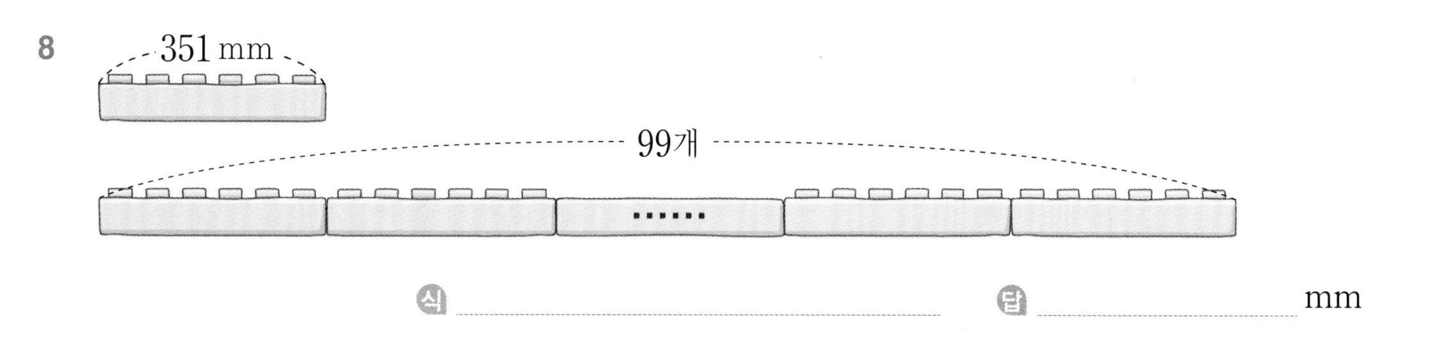

식 ______ 답 ______ mm

9

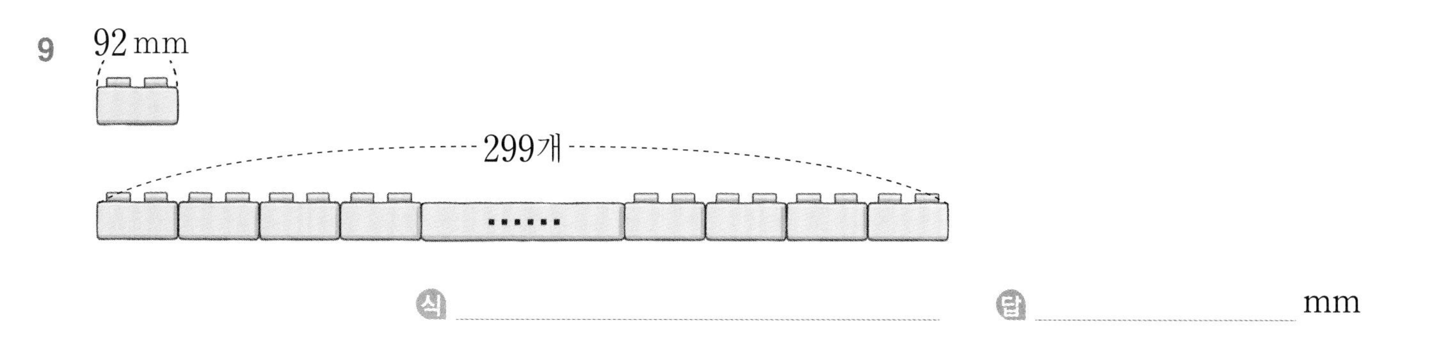

식 ______ 답 ______ mm

10

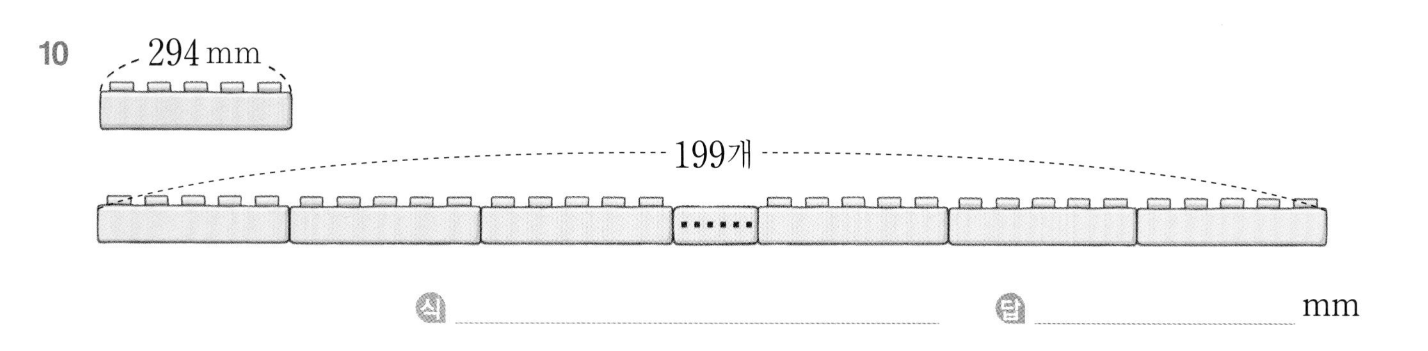

식 ______ 답 ______ mm

10 몇백으로 만들어 곱하기 (2)

✣ 123×201의 계산

201은 200보다 1만큼 더 큰 수이므로 123×200을 계산한 값에 123을 1번 더해요.

◐ 계산해 보세요.

1 $326\times101=\square$

(-1)

$326\times100+326=\square$

→ $32600+326$

2 $284\times301=\square$

(-1)

$284\times300+284=\square$

3 $234\times201=\square$

(-1)

$234\times\square+234=\square$

4 $497\times101=\square$

(-1)

$497\times\square+497=\square$

5 $124\times301=\square$

(-1)

$124\times\square+\square=\square$

6 $316\times201=\square$

(-1)

$316\times\square+\square=\square$

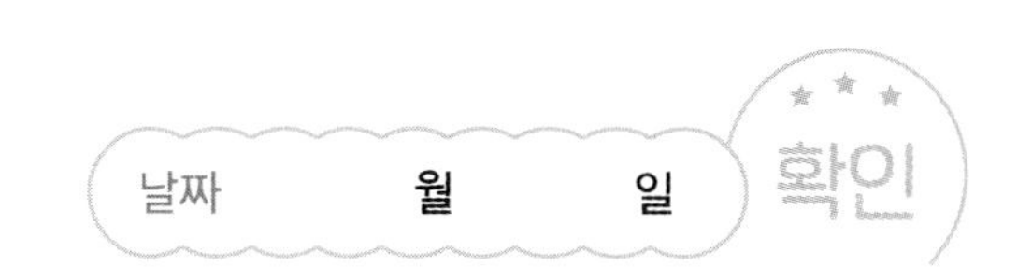

● 계산해 보세요.

7 $273\times101=$ [　　　] 리

273×100+273으로 계산하면 쉬워요.

8 $163\times201=$ [　　　] 란

9 $373\times201=$ [　　　] 홍

10 $535\times101=$ [　　　] 꽃

11 $165\times301=$ [　　　] 노

12 $263\times301=$ [　　　] 분

13 $335\times201=$ [　　　] 색

14 $265\times101=$ [　　　] 본

계산 결과가 큰 순서대로 해당 글자를 나열하면 소영이가 받은 꽃다발을 알 수 있어요.

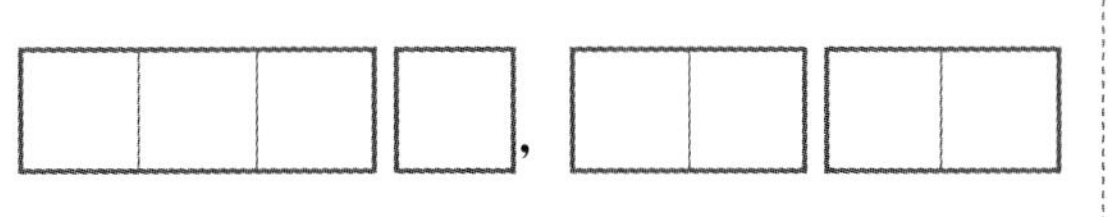

소영이가 받은 꽃다발에 ○표 하세요.

11 집중 연산 ❶

◑ 빈칸에 알맞은 수를 써넣으세요.

1

400

×30 → 12000 (→ 400×30)

×20 →

2

143

×20 →

×40 →

3

293

×16 →

×42 →

4

115

×27 →

×31 →

◑ 보기 와 같이 두 수의 곱을 빈칸에 써넣으세요.

보기

29	457
13253	

5

719	25

6

52	326

7

288	90

8

578	99

9

247	353

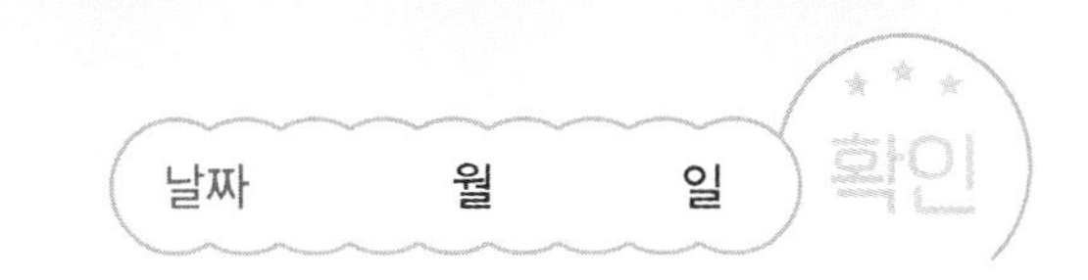

● 돛에 적힌 곱셈식을 계산하여 배에 써넣으세요.

10

11

12

13

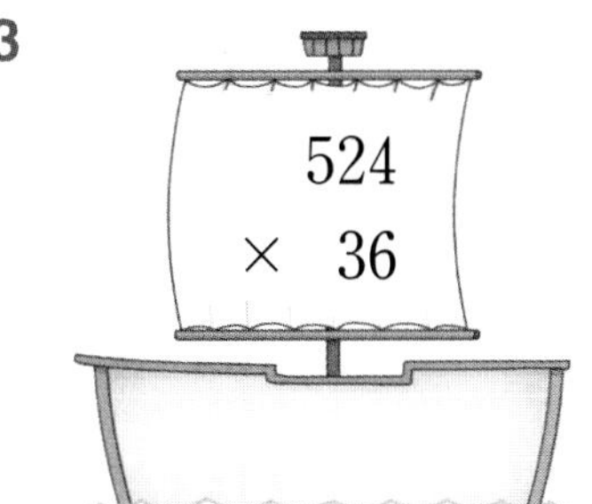

14

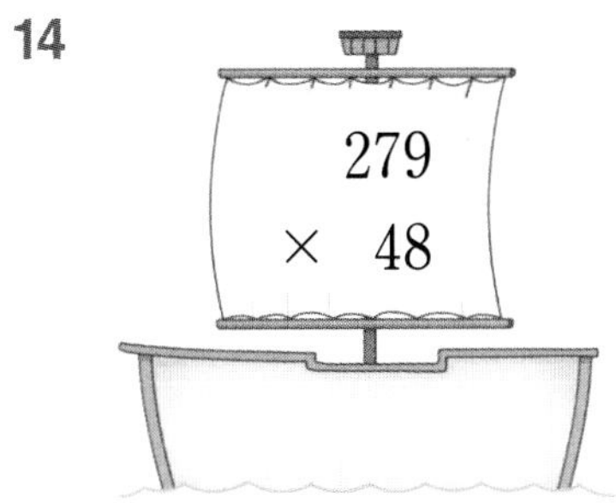

15

16

17

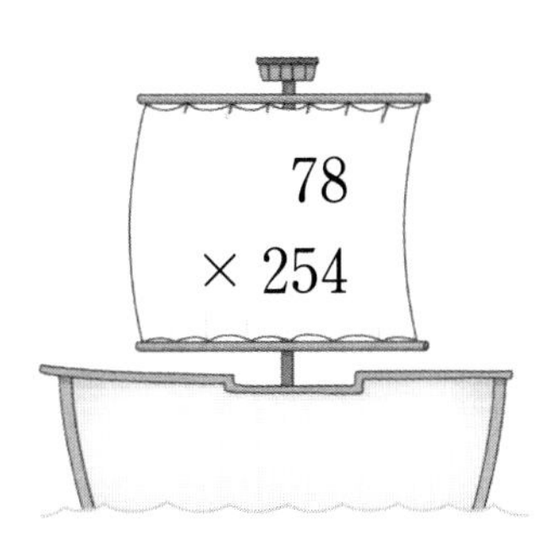

18

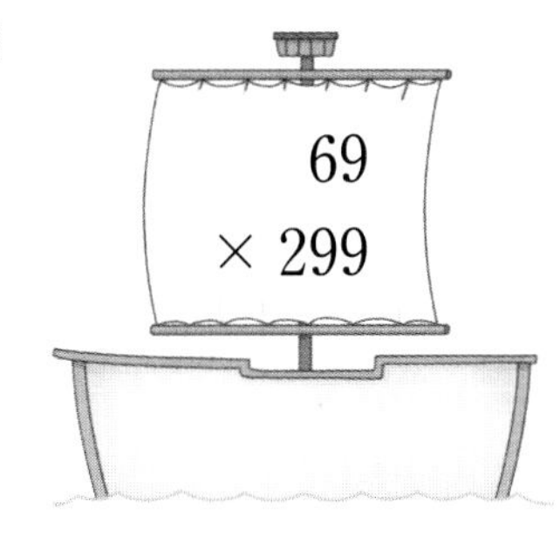

19

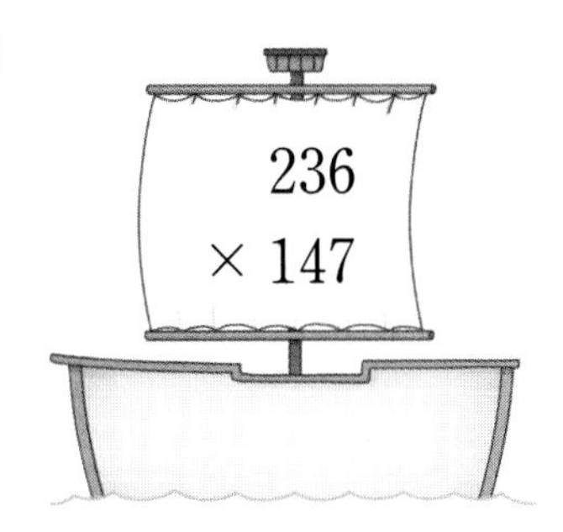

20

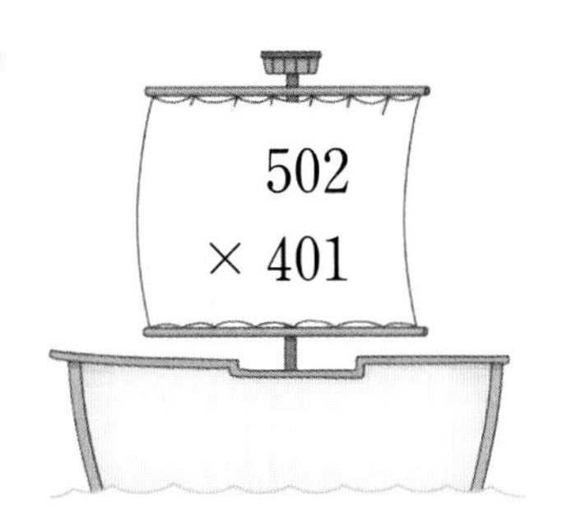

21

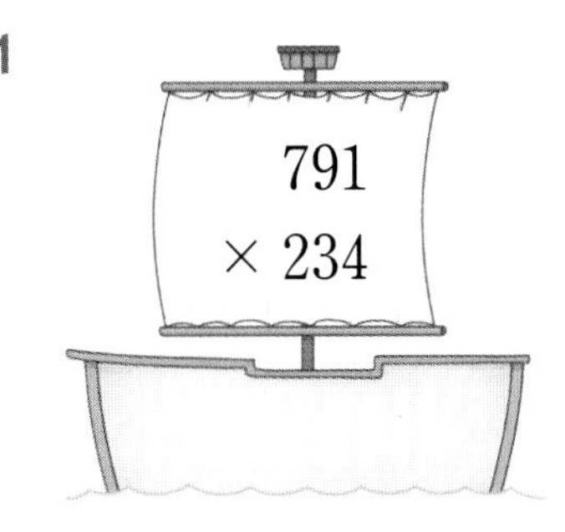

12 집중 연산 ❷

◑ 계산해 보세요.

1 $\begin{array}{r} 400 \\ \times \ 80 \\ \hline \end{array}$

2 $\begin{array}{r} 900 \\ \times \ 40 \\ \hline \end{array}$

3 $\begin{array}{r} 290 \\ \times \ 40 \\ \hline \end{array}$

4 $\begin{array}{r} 150 \\ \times \ 70 \\ \hline \end{array}$

5 $\begin{array}{r} 780 \\ \times \ 90 \\ \hline \end{array}$

6 $\begin{array}{r} 621 \\ \times \ 20 \\ \hline \end{array}$

7 $\begin{array}{r} 826 \\ \times \ 30 \\ \hline \end{array}$

8 $\begin{array}{r} 185 \\ \times \ 85 \\ \hline \end{array}$

9 $\begin{array}{r} 297 \\ \times \ 63 \\ \hline \end{array}$

10 $\begin{array}{r} 529 \\ \times \ 48 \\ \hline \end{array}$

11 $\begin{array}{r} 592 \\ \times \ 37 \\ \hline \end{array}$

12 $\begin{array}{r} 388 \\ \times \ 52 \\ \hline \end{array}$

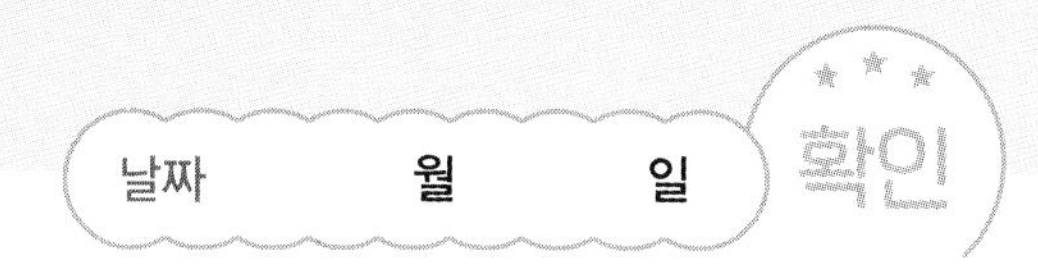

13 $\begin{array}{r} 59 \\ \times 417 \\ \hline \end{array}$

14 $\begin{array}{r} 54 \\ \times 376 \\ \hline \end{array}$

15 $\begin{array}{r} 85 \\ \times 738 \\ \hline \end{array}$

16 $\begin{array}{r} 564 \\ \times 400 \\ \hline \end{array}$

17 $\begin{array}{r} 172 \\ \times 500 \\ \hline \end{array}$

18 $\begin{array}{r} 336 \\ \times 280 \\ \hline \end{array}$

19 $\begin{array}{r} 159 \\ \times 740 \\ \hline \end{array}$

20 $\begin{array}{r} 196 \\ \times 640 \\ \hline \end{array}$

21 $\begin{array}{r} 173 \\ \times 481 \\ \hline \end{array}$

22 $\begin{array}{r} 591 \\ \times 736 \\ \hline \end{array}$

23 $\begin{array}{r} 246 \\ \times 845 \\ \hline \end{array}$

24 $\begin{array}{r} 738 \\ \times 809 \\ \hline \end{array}$

13 집중 연산 ❸

◑ 계산해 보세요.

1 300×80

300×700

2 293×60

378×40

3 450×800

270×700

4 299×23

258×42

5 531×41

529×27

6 765×40

728×36

7 27×434

76×499

8 625×73

821×99

9 147×740

276×563

10 435×48

257×39

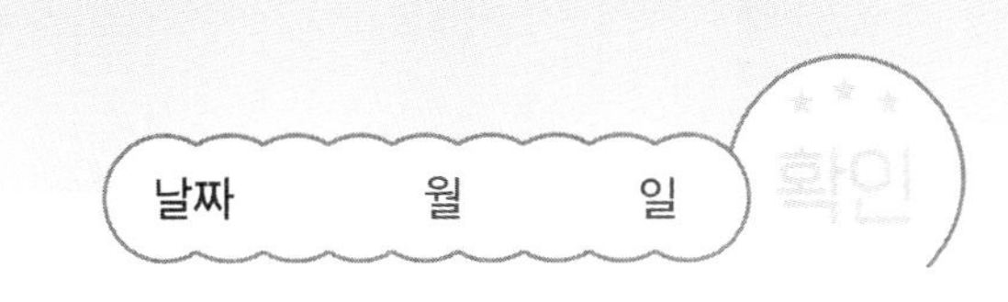

11 141×200

141×201

12 422×200

422×199

13 236×400

236×401

14 754×100

754×99

15 621×500

621×501

16 870×300

870×299

17 752×300

752×301

18 369×200

369×199

19 578×700

578×701

20 548×800

548×799

5 곱셈 (2)

자, 다시
연습해 보자.
응!

자, 조준
하고….

앗!
툭

뭐야?
왜 그래?
하늘에서 바나나가
떨어졌어!

여긴 바나나
나무가 없는데?
맛있다.
두리번
두리번

설마 저 원숭이가?
우끼 우끼

저 녀석부터
잡아야겠다!
어? 벌써?

따라와!
같이 가!
다
다
다
다

작전 성공!

그럼 시작해 볼까?

이건 뭐지?
수학 암호
자물쇠야!

수학 암호
자물쇠?
여기 암호 힌트가
있어.

$$
\begin{array}{r}
2537 \\
\times \quad 24 \\
\hline
10148 \\
5074 \\
\hline
60888
\end{array}
$$

학습내용

- 세 수의 곱셈
- (몇천)×(몇십)
- (네 자리 수)×(두 자리 수)
- 두 수의 곱에 가까운 수 찾기
- 곱의 크기 비교하기
- 곱셈에서 ▲에 알맞은 수 구하기

01 세 수의 곱셈

✣ 24×8×34의 계산

	2	4
×		8
1	9	2

	1	9	2
×		3	4
	7	6	8
5	7	6	
6	5	2	8

$$24 \times 8 \times 34 = 6528$$

(24 × 8 = 192, 192 × 34: 768, 576, 6528)

◑ 계산해 보세요.

1 36×7×23=

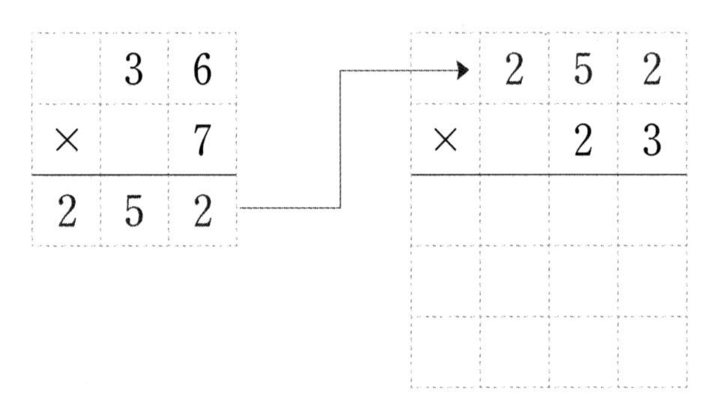

2 18×9×45=

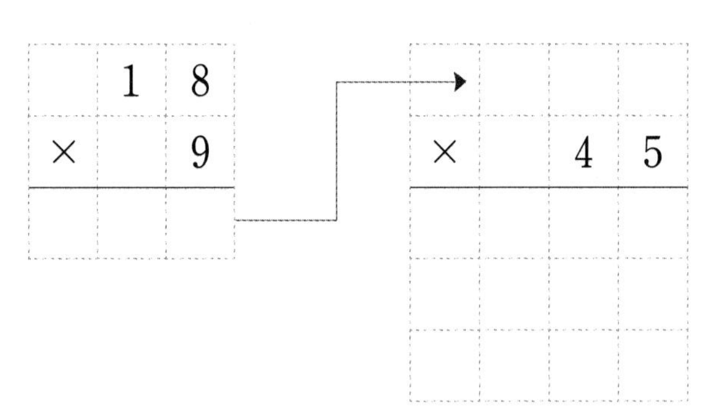

3 44×8×27=

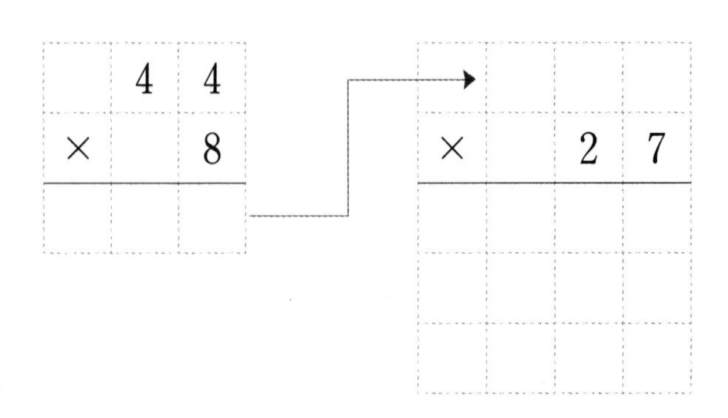

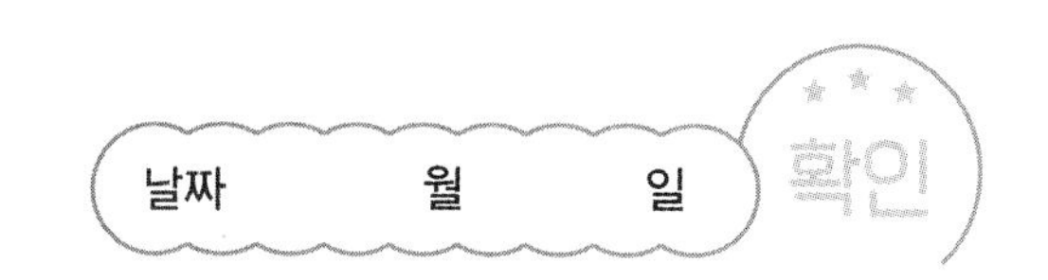

● 털실에 적힌 수에서 실을 따라 바늘까지 계산을 하려고 합니다. 실에 꿴 구슬 안의 수만큼 곱하는 규칙이 있을 때 보기 와 같이 계산해 보세요.

보기

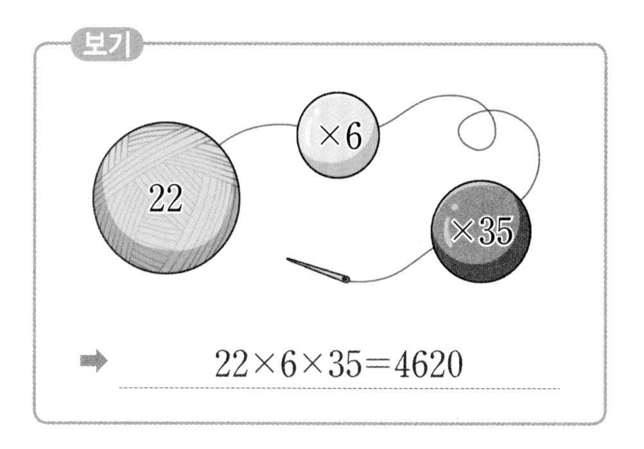

➡ $22\times6\times35=4620$

4

16
×7
×24

➡ $16\times7\times24=\square$

5

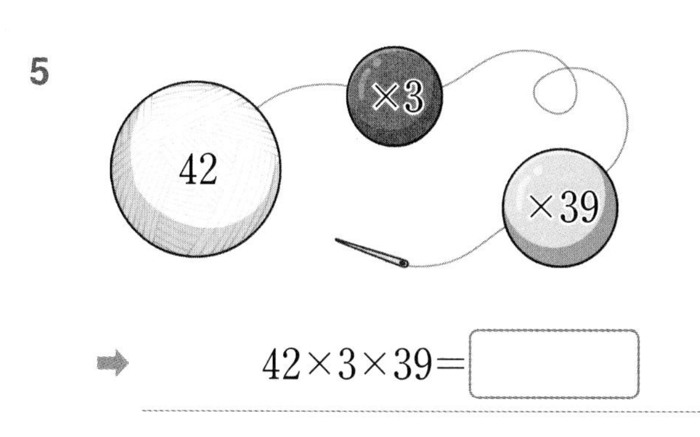

➡ $42\times3\times39=\square$

6

37
×4
×28

➡ $37\times4\times28=\square$

7

19
×8
×52

➡

8

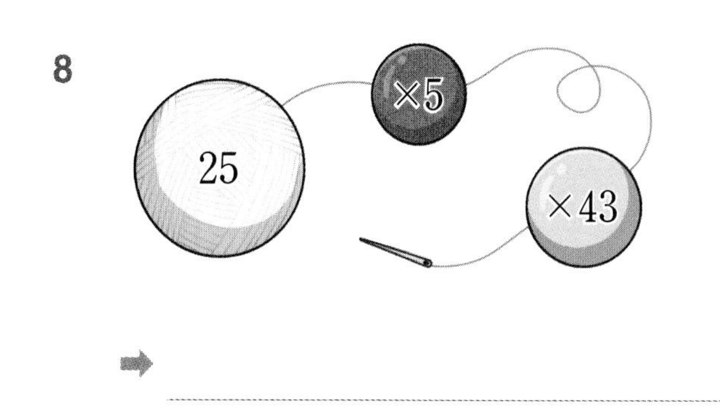

➡

02 (몇천)×(몇십)

✤ 5000×70의 계산

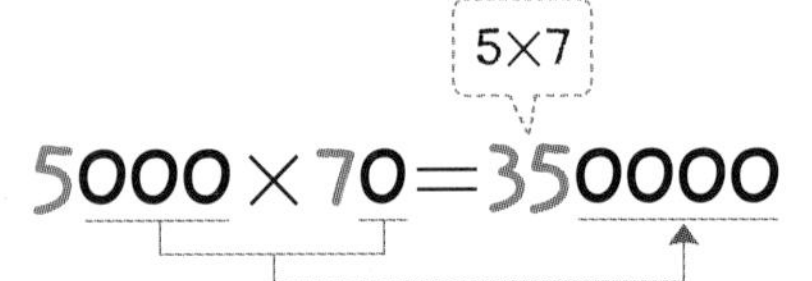

곱하는 두 수의 0의 개수의 합만큼 (몇)×(몇)의 계산 결과 뒤에 0을 붙여 써요.

		5	0	0	0
	×			7	0
3	5	0	0	0	0

5×7

◑ 계산해 보세요.

1 $4000 \times 60 =$ ☐

2 $3000 \times 80 =$ ☐

3 $5000 \times 90 =$ ☐

4 $6000 \times 50 =$ ☐

5 $8000 \times 40 =$ ☐

6 $9000 \times 70 =$ ☐

7 $2000 \times 80 =$ ☐

8 $7000 \times 70 =$ ☐

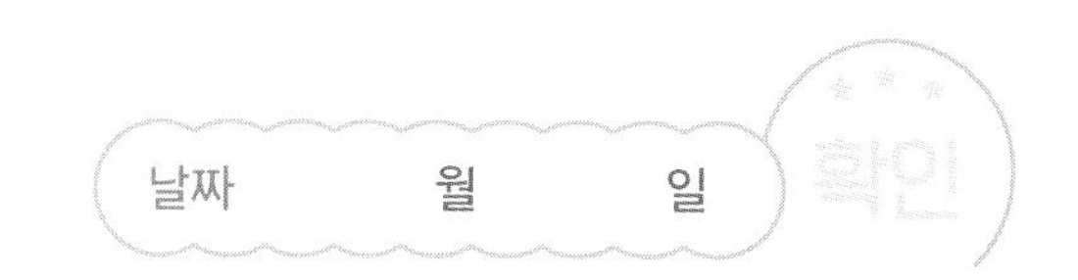

● 식품 하나의 가격이 다음과 같을 때 주어진 개수만큼 사면 모두 얼마인지 구하세요.

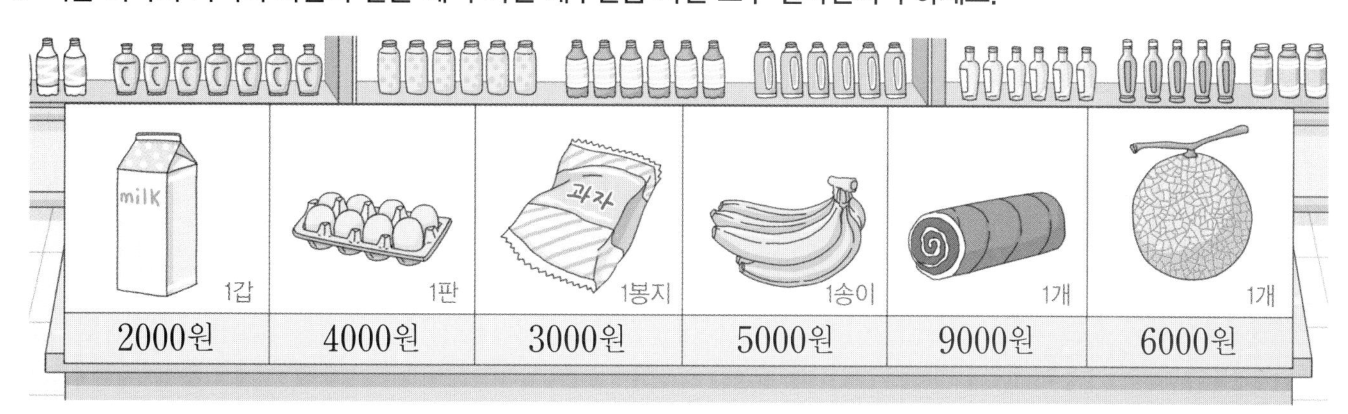

9

 ×50갑

	2	0	0	0
×			5	0

원

10

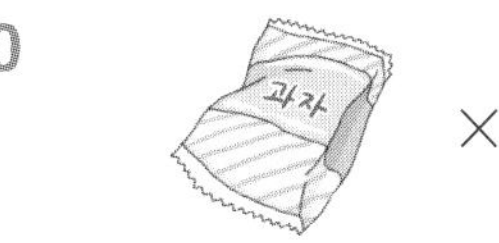 ×60봉지

	3	0	0	0
×			6	0

원

11

 ×30판

	4	0	0	0
×			3	0

원

12

 ×20개

원

13

 ×40송이

원

14

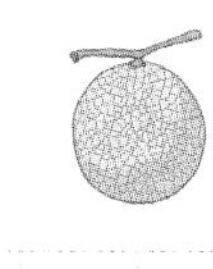 ×70개

원

03 (네 자리 수)×(두 자리 수)

✣ 2537 × 24의 계산

	2	5	3	7
×			2	4
1	0	1	4	8
5	0	7	4	
6	0	8	8	8

십의 자리, 일의 자리를 따로 곱하고 더해도 돼요.

$$= \begin{array}{r} 2537 \\ \times \quad 20 \\ \hline 50740 \end{array} + \begin{array}{r} 2537 \\ \times \quad 4 \\ \hline 10148 \end{array}$$

◐ 계산해 보세요.

1

	1	4	7	5
×			3	8

2

	1	6	5	2
×			4	1

3

	1	8	6	3
×			3	5

4

	2	9	5	2
×			1	4

5

	2	1	3	5
×			2	8

6

	2	7	6	4
×			3	2

7

	3	2	3	9
×			1	6

8

	3	1	5	7
×			2	3

9

	3	6	1	2
×			2	5

날짜 월 일 확인

◐ 계산을 하고 보기 에서 계산 결과가 적힌 얼레를 찾아 기호를 써 보세요.

얼레: 연줄, 낚싯줄을 감는 데 쓰는 기구

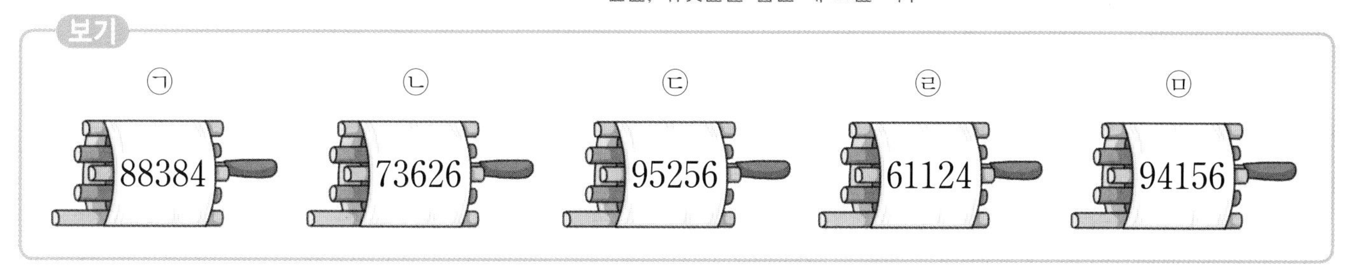

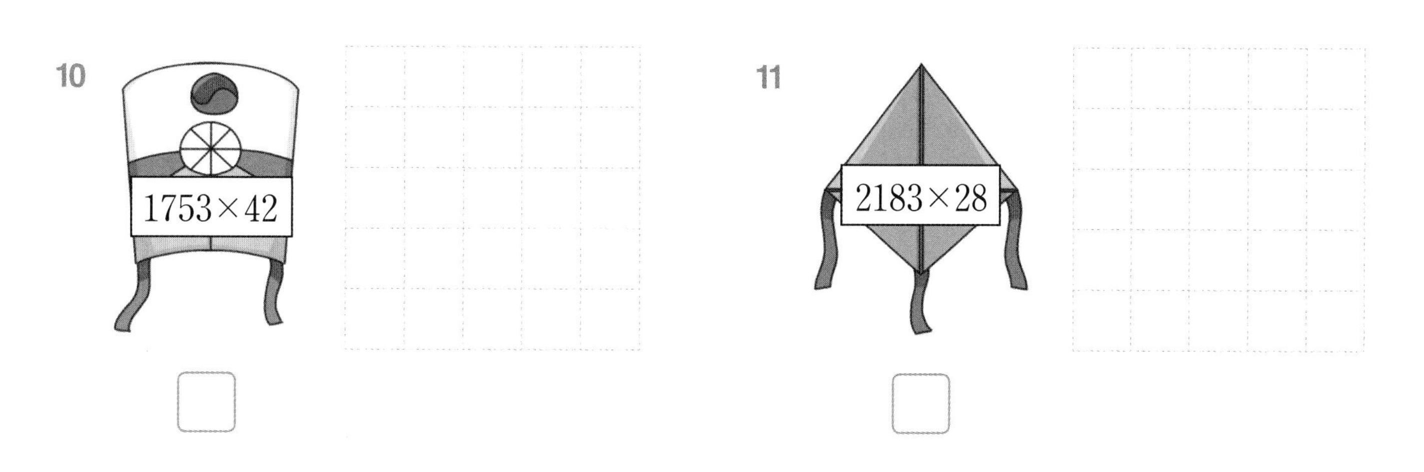

04 두 수의 곱에 가까운 수 찾기 (1)

✛ 504×49에 가장 가까운 수 찾기

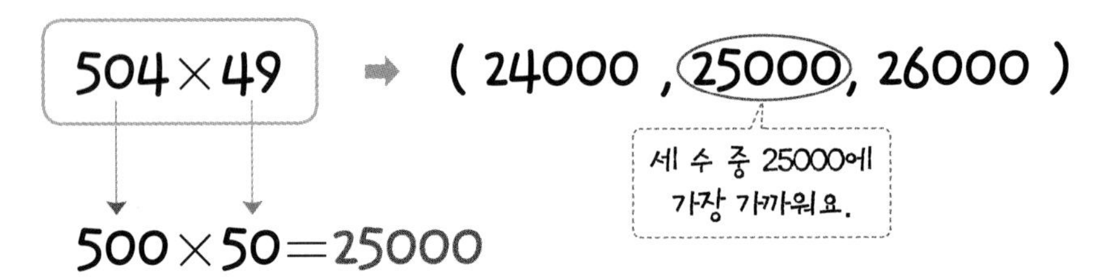

504에 가까운 수 500,
49에 가까운 수 50을 찾아
두 수의 곱을 구해요.

◐ 주어진 곱셈식의 곱에 가장 가까운 수를 찾아 ○표 하세요.

1 305×69 ➡ (20000, 21000, 22000)

2 498×72 ➡ (30000, 35000, 40000)

3 602×59 ➡ (36000, 37000, 38000)

4 795×81 ➡ (62000, 63000, 64000)

5 203×91 ➡ (16000, 17000, 18000)

6 805×49 ➡ (30000, 40000, 50000)

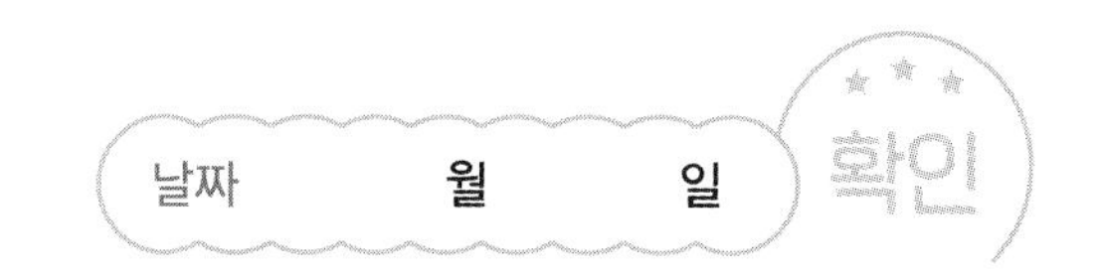

7 보라는 주어진 곱셈식의 곱에 가장 가까운 수가 적힌 길을 따라가려고 합니다. 길을 따라가면서 주울 수 있는 구슬에 ○표 하고 주운 구슬은 모두 몇 개인지 구하세요.

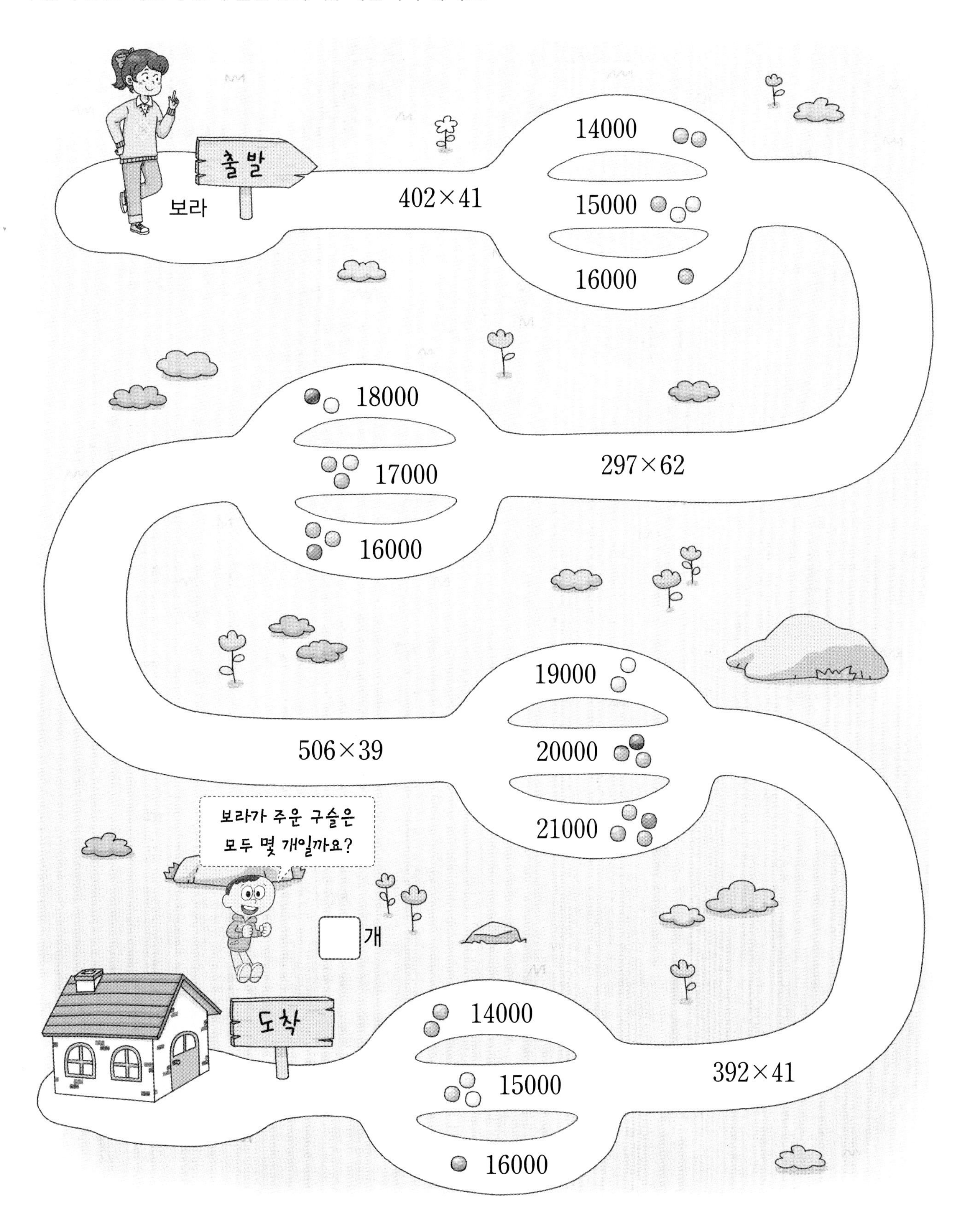

05 두 수의 곱에 가까운 수 찾기 (2)

✣ 1603×49에 가장 가까운 수 찾기

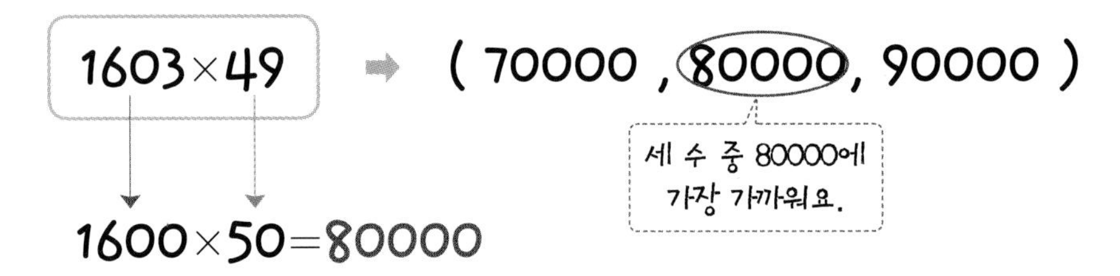

◐ 주어진 곱셈식의 곱에 가장 가까운 수를 찾아 ○표 하세요.

1 1204×51 ➡ (50000, 60000, 70000)

2 4995×49 ➡ (250000, 300000, 350000)

3 1408×49 ➡ (70000, 80000, 90000)

4 3994×21 ➡ (70000, 80000, 90000)

5 1417×69 ➡ (95000, 98000, 100000)

6 2994×31 ➡ (70000, 80000, 90000)

● 주어진 곱셈식의 곱에 가장 가까운 수를 찾아 ○표 하세요.

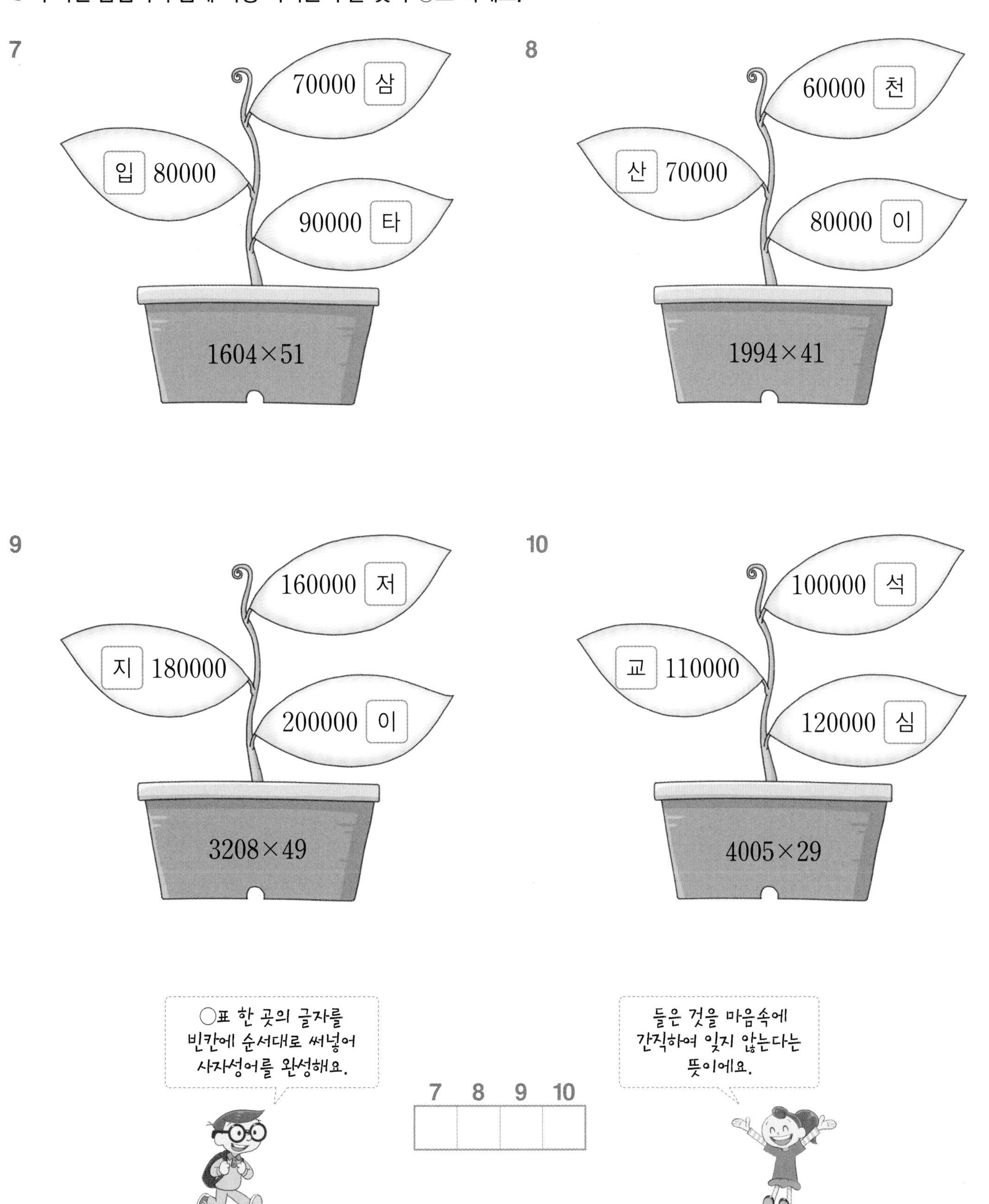

06 곱의 크기 비교하기 (1)

✚ 154×16과 2300의 크기 비교

154×16 ○ 2300

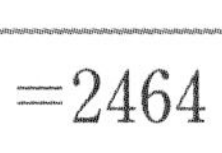

=2464

◐ 크기를 비교하여 ○ 안에 >, =, < 중 알맞은 것을 써넣으세요.

1 247×18 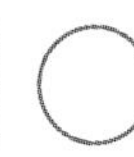 4500

2 356×25  8000

3 431×34  14000

4 178×53 ○ 9500

5 524×23  12000

6 722×36 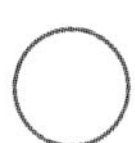 26000

7 943×28 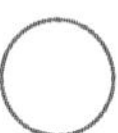 27000

8 651×43 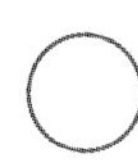 29000

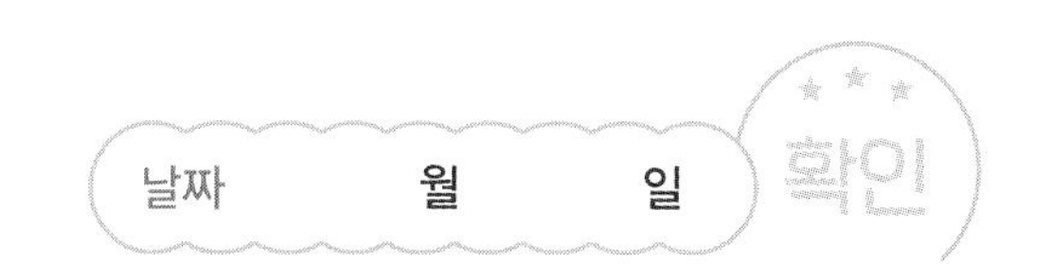

◐ 보기 와 같이 주어진 곱셈식의 곱보다 작은 수가 적힌 풍선에 모두 ×표 하세요.

보기

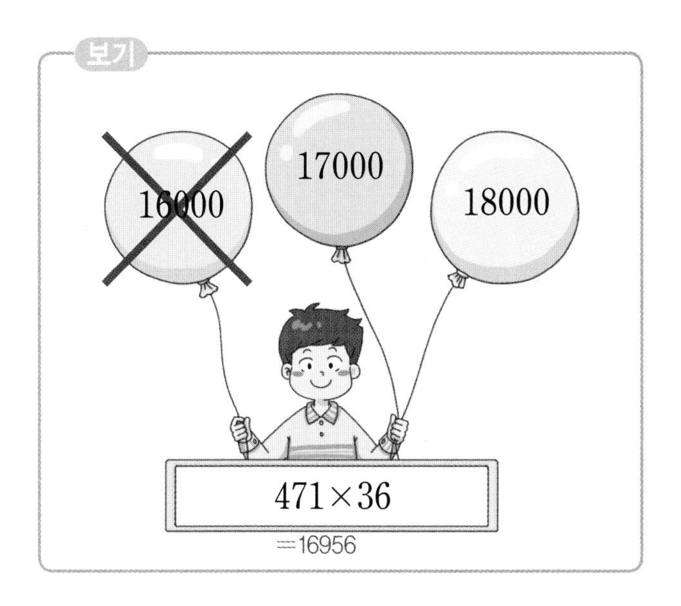

9

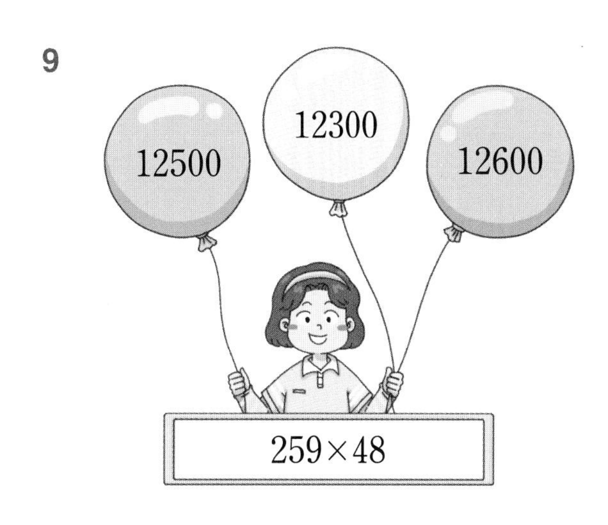

10

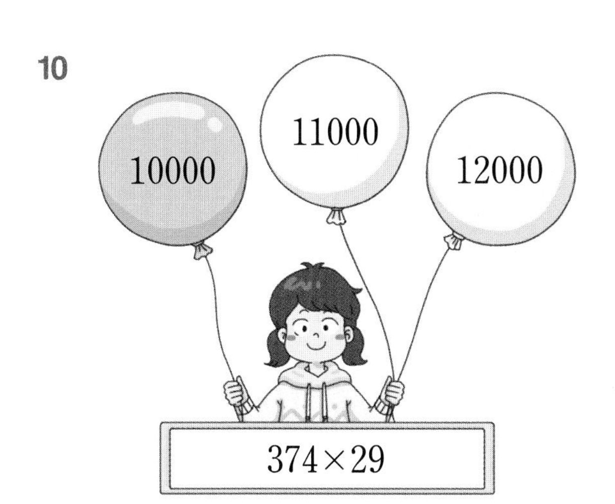

11

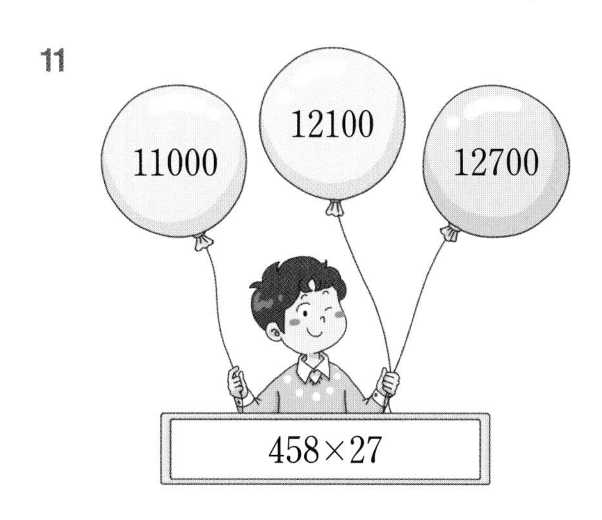

12

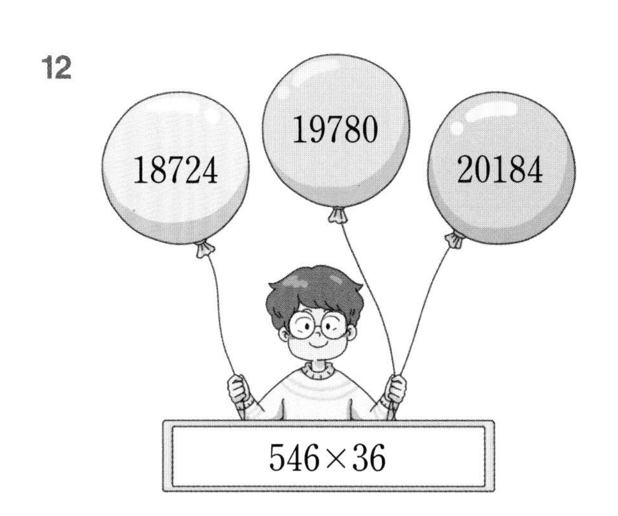

13

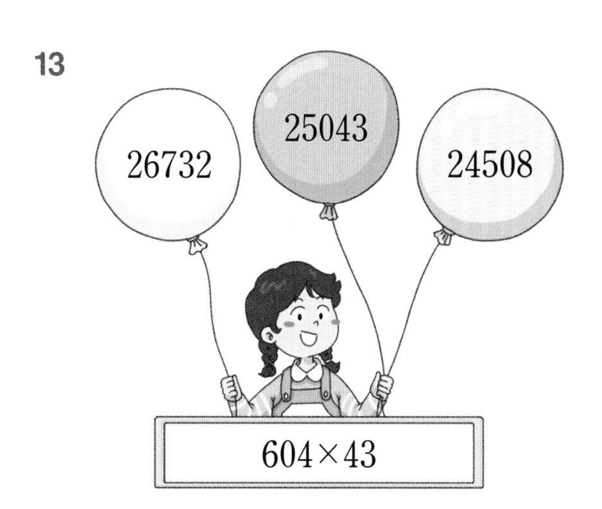

07 곱의 크기 비교하기 (2)

✣ 251×16과 142×29의 크기 비교

먼저 251×16과 142×29를 각각 계산해요.

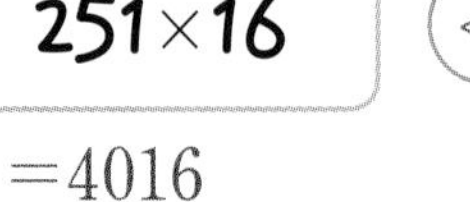

251×16 < 142×29

=4016 =4118

4016<4118이므로 142×29가 더 커요.

◐ 계산 결과를 비교하여 ◯ 안에 >, =, < 중 알맞은 것을 써넣으세요.

1 341×34  267×44

2 539×18  186×56

3 436×33  516×29

4 274×56  332×41

5 623×14  263×32

6 508×36  723×23

7 1835×24  2591×16

8 3407×35  4503×27

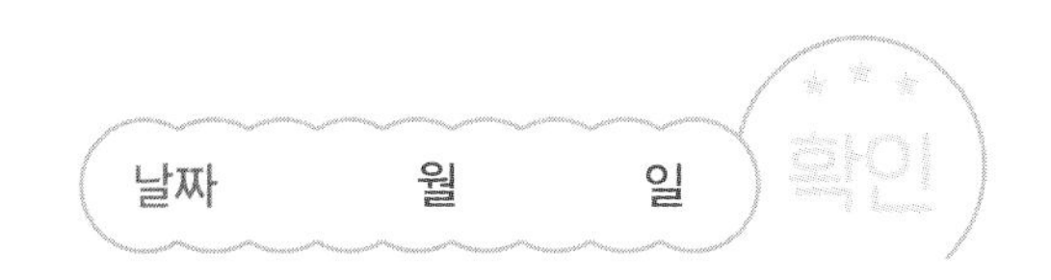

◐ 보기 와 같이 계산 결과가 더 큰 깃발에 ○표 하세요.

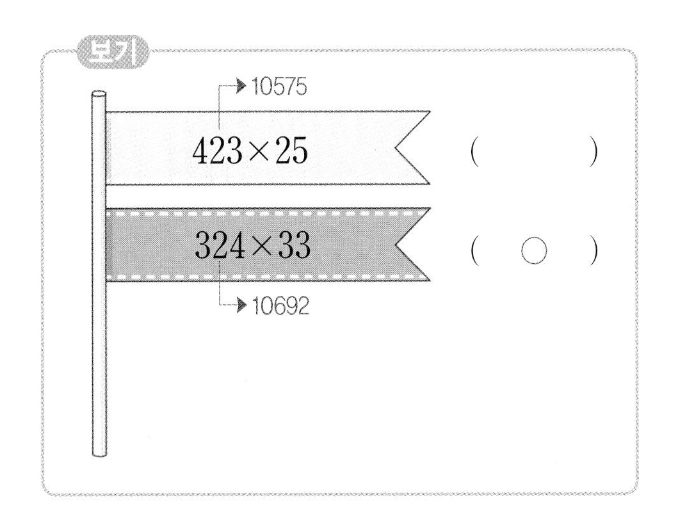

9

257×45 ( )

162×63 ( )

10

359×32 ( )

523×22 ( )

11

623×27 ( )

891×14 ( )

12

2349×37 ( )

2525×24 ( )

13

1421×54 ( )

1362×66 ( )

08 곱셈에서 ▲에 알맞은 수 구하기

✣ 251×38>9▲34에서 ▲에 알맞은 수 구하기

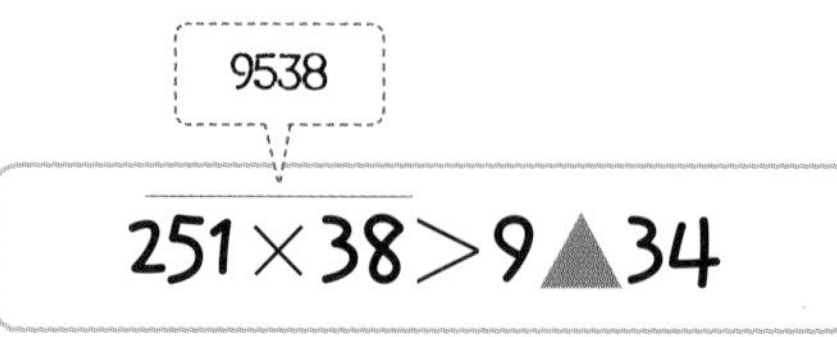

9▲34는 네 자리 수이므로 0부터 9까지의 수 중 ▲에 알맞은 수를 구해요.

➡ 9538>9▲34이므로 0부터 9까지의 수 중에서 ▲에 알맞은 수는 0, 1, 2, 3, 4, 5입니다.

◐ 0부터 9까지의 수 중에서 ▲에 알맞은 수에 모두 ○표 하세요.

1 347×16>55▲7 　 0, 1, 2, 3, 4, 5, 6, 7, 8, 9

2 453×21<9▲10 　 0, 1, 2, 3, 4, 5, 6, 7, 8, 9

3 623×45>280▲6 　 0, 1, 2, 3, 4, 5, 6, 7, 8, 9

4 504×33<1▲045 　 0, 1, 2, 3, 4, 5, 6, 7, 8, 9

5 178×63>11▲74 　 0, 1, 2, 3, 4, 5, 6, 7, 8, 9

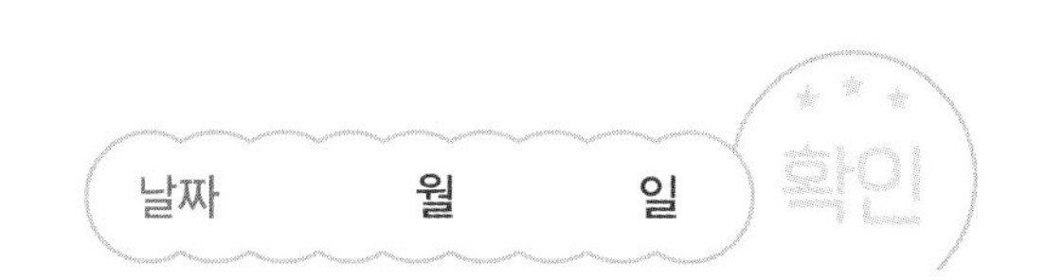

◑ 0부터 9까지의 수 중에서 ▲에 알맞은 수에 모두 ○표 하세요.

6

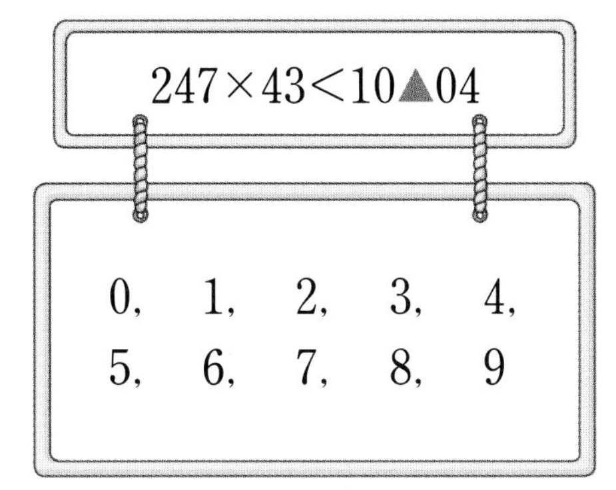

7

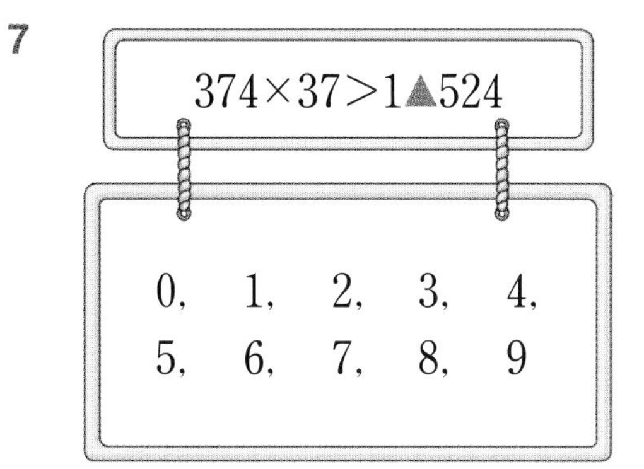

8

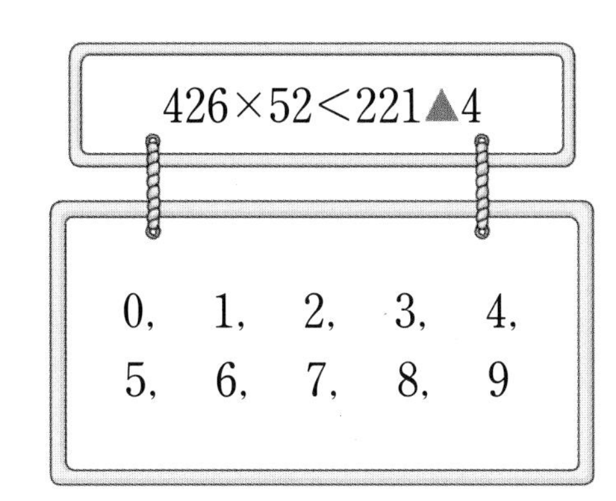

9

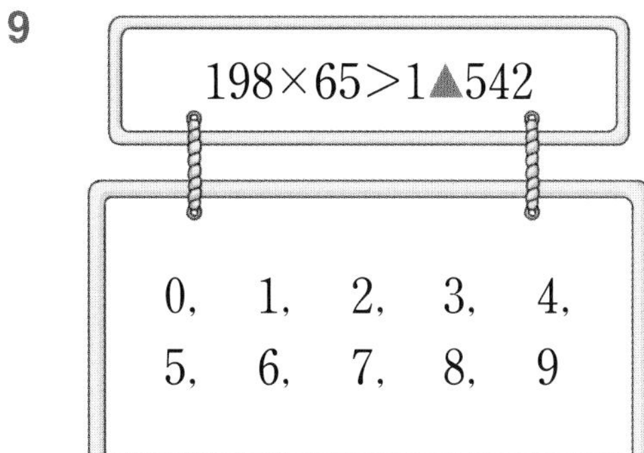

10

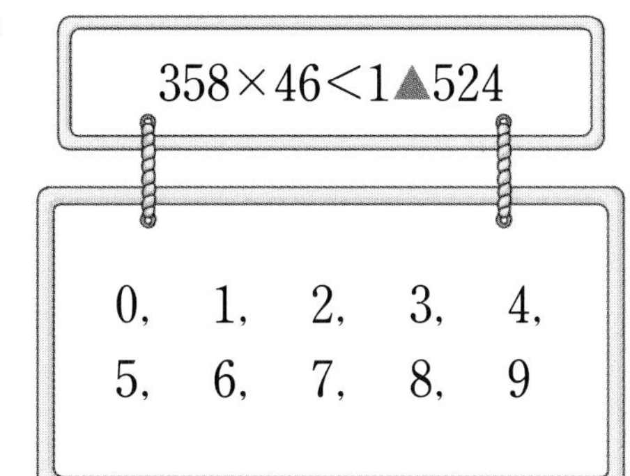

11

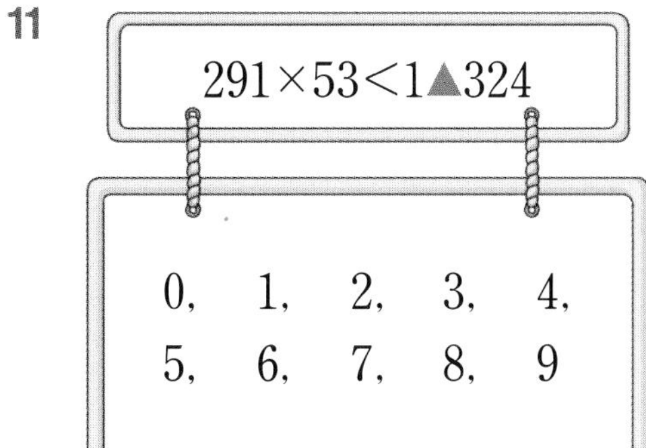

09 집중 연산 ❶

◐ 세 수의 곱을 빈칸에 써넣으세요.

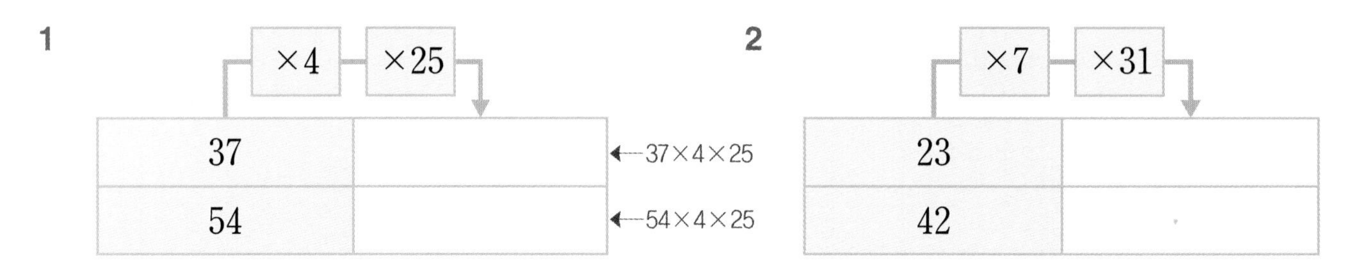

3

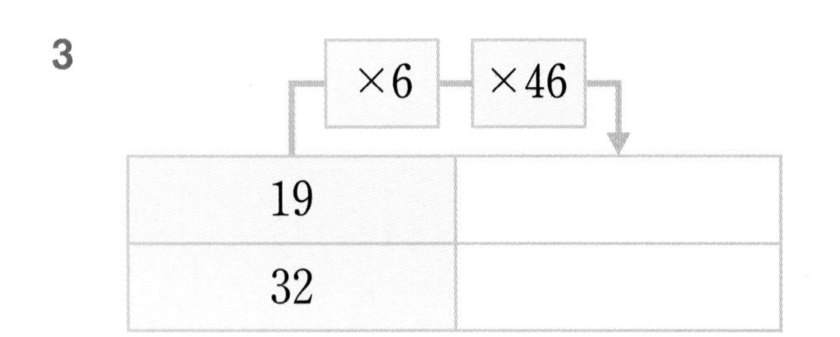

4

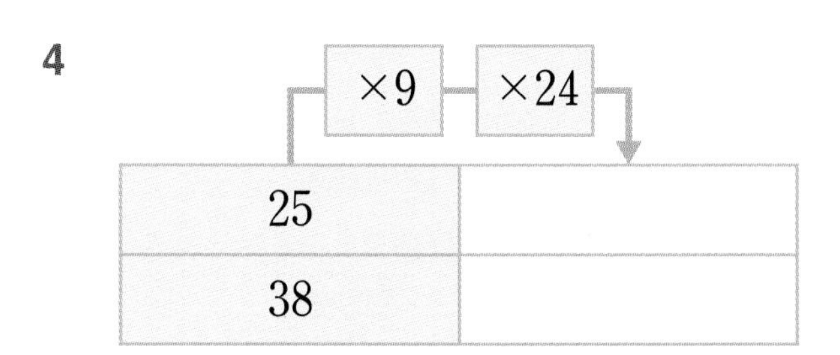

5

×5 ×19

27	
34	

6

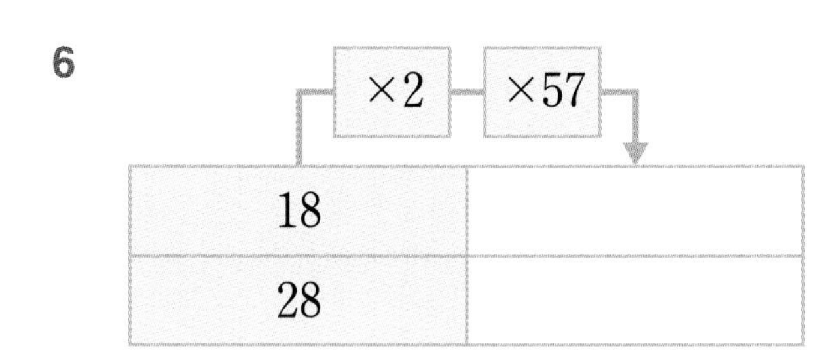

7

×8 ×35

33	
17	

8

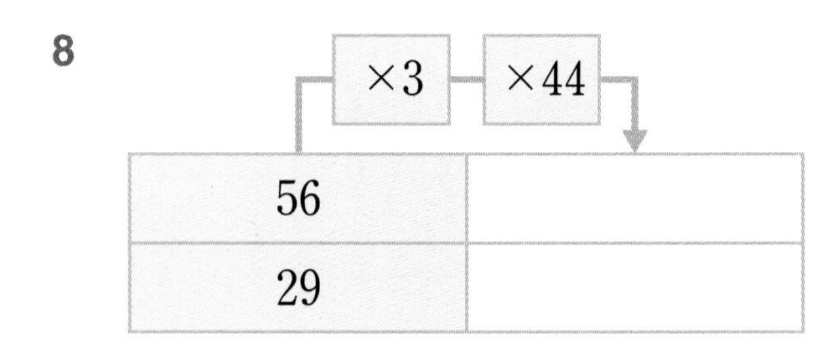

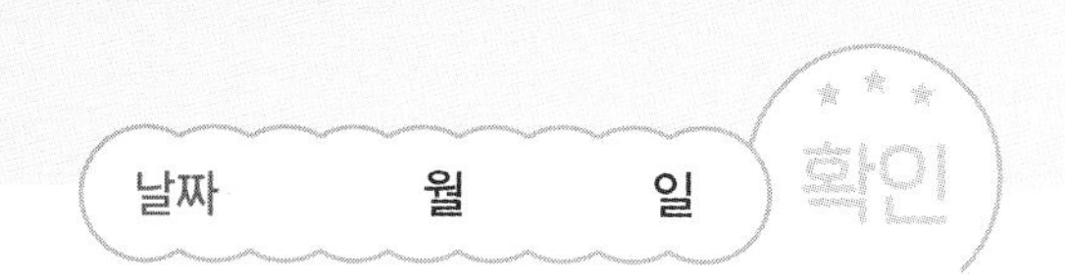

◑ 두 수의 곱을 빈칸에 써넣으세요.

9

×80

4000	
7000	

10

×38

2514	
1627	

11

×16

3254	
1769	

12

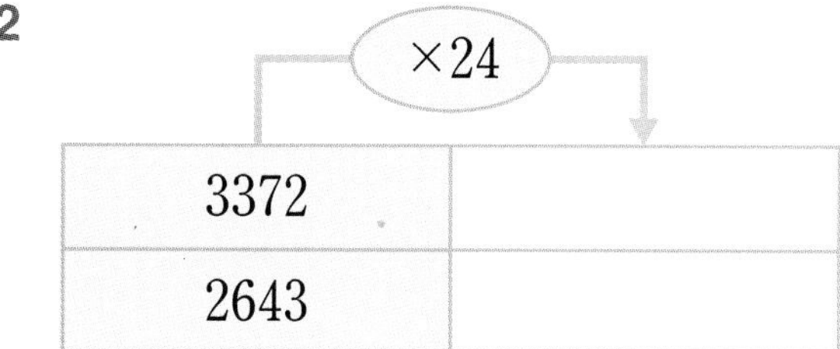

×24

3372	
2643	

13

×48

2009	
1964	

14

×17

5187	
3199	

15

×28

3521	
2999	

16

×43

1541	
2155	

10 집중 연산 ❷

◑ 주어진 곱셈식의 곱에 가장 가까운 수를 찾아 ○표 하세요.

1

204×59		
12000	13000	14000

2

398×51		
15000	20000	25000

3

507×59		
30000	31000	32000

4

489×38		
10000	15000	20000

5

819×68		
52000	54000	56000

6

1413×51		
60000	70000	80000

7

2004×29		
40000	50000	60000

8

4011×19		
80000	85000	90000

9

3102×19		
52000	62000	72000

10

2989×48		
95000	100000	150000

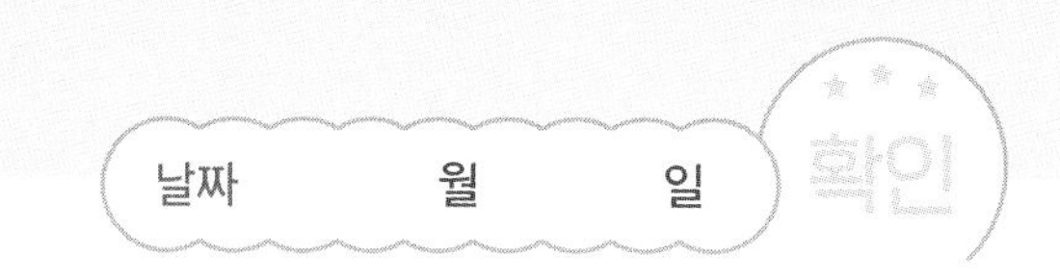

◐ 크기를 비교하여 ◯ 안에 >, =, < 중 알맞은 것을 써넣으세요.

11 325×26 ◯ 8500

12 297×16 ◯ 5000

13 436×38 ◯ 16000

14 394×56 ◯ 23000

15 548×34 ◯ 425×42

16 627×19 ◯ 362×35

17 430×26 ◯ 192×58

18 607×17 ◯ 274×39

19 553×99 ◯ 718×64

20 512×52 ◯ 416×64

11 집중 연산 ❸

◑ 계산해 보세요.

1 $\begin{array}{r} 4000 \\ \times \quad 20 \\ \hline \end{array}$

2 $\begin{array}{r} 5000 \\ \times \quad 70 \\ \hline \end{array}$

3 $\begin{array}{r} 9000 \\ \times \quad 80 \\ \hline \end{array}$

4 $\begin{array}{r} 2547 \\ \times \quad 35 \\ \hline \end{array}$

5 $\begin{array}{r} 3724 \\ \times \quad 16 \\ \hline \end{array}$

6 $\begin{array}{r} 5230 \\ \times \quad 14 \\ \hline \end{array}$

7 $\begin{array}{r} 4034 \\ \times \quad 13 \\ \hline \end{array}$

8 $\begin{array}{r} 1754 \\ \times \quad 27 \\ \hline \end{array}$

9 $\begin{array}{r} 3624 \\ \times \quad 23 \\ \hline \end{array}$

10 $\begin{array}{r} 2708 \\ \times \quad 33 \\ \hline \end{array}$

11 $\begin{array}{r} 3058 \\ \times \quad 19 \\ \hline \end{array}$

12 $\begin{array}{r} 4236 \\ \times \quad 12 \\ \hline \end{array}$

13 $25\times8\times24$
$38\times6\times15$

14 $34\times4\times33$
$72\times3\times26$

15 $53\times3\times19$
$24\times5\times37$

16 $42\times5\times21$
$36\times7\times35$

◑ 0부터 9까지의 수 중에서 ▲에 알맞은 수에 모두 ○표 하세요.

17 267×19<50▲8 | 0, 1, 2, 3, 4, 5, 6, 7, 8, 9

18 324×23>7▲33 | 0, 1, 2, 3, 4, 5, 6, 7, 8, 9

19 407×13>5▲04 | 0, 1, 2, 3, 4, 5, 6, 7, 8, 9

20 235×33<7▲33 | 0, 1, 2, 3, 4, 5, 6, 7, 8, 9

6 나눗셈 (1)

이쪽으로 가자.
다 다 다 다

여기에 숨자!
응!

우아~ 이 동굴 엄청 크다.
그치?

여기 숨어 있으면 사냥꾼 아저씨들이 찾기 힘들 거야.

혹시 이 동굴 안에 무서운 동물이 살고 있지 않을까?

여기 살던 곰 가족이 얼마 전 다른 곳으로 이사 갔어.
휴~ 다행이다.
꼬르륵

너 배고파?
응, 조금….

잠깐 여기 있어! 내가 나가서 먹을 것 좀 구해올게.
아니야, 괜찮아.

너 설마 혼자 있으면 무서워서 그래?
아니거든!

봉봉도 찾아야 하니 금방 다녀올게.
아…

좀 으스스한데.

휴~ 그건 120÷20을 계산하면 돼.
120÷20의 몫은 6이니까 상자 6개가 필요하지.

```
      6 ← 몫: 6
20)120
   120  ← 20×6
     0 ← 나머지: 0
```

학습내용

- 나머지가 없는 (몇백몇십)÷(몇십)
- 몫이 한 자리 수인 (몇백몇십)÷(몇십)
- 몫이 두 자리 수인 (몇백몇십)÷(몇십)
- (두 자리 수)÷(몇십)
- 몫이 한 자리 수인 (세 자리 수)÷(몇십)
- 몫이 두 자리 수인 (세 자리 수)÷(몇십)

01 나머지가 없는 (몇백몇십)÷(몇십)

✤ $240 \div 80$의 계산

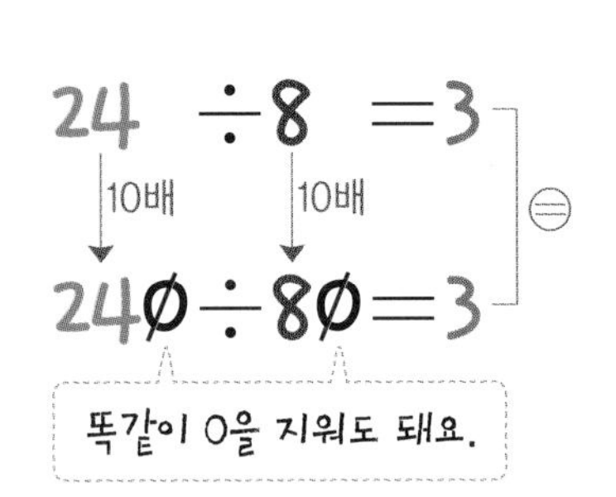

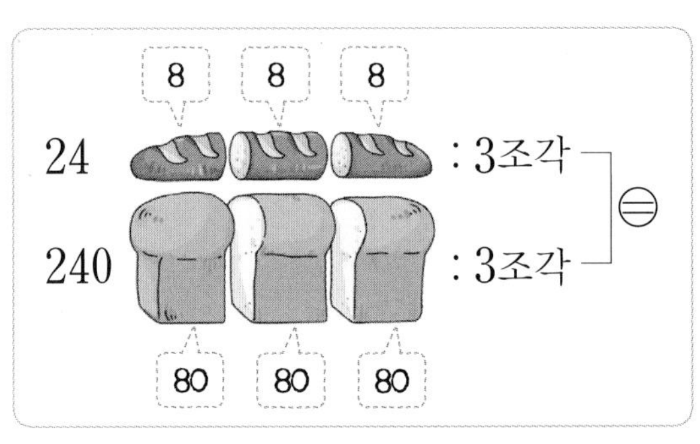

◑ 계산해 보세요.

1 $120 \div 40 =$ ☐

2 $250 \div 50 =$ ☐

3 $150 \div 30 =$ ☐

4 $480 \div 60 =$ ☐

5 $560 \div 80 =$ ☐

6 $720 \div 90 =$ ☐

7 $280 \div 20 =$ ☐

8 $680 \div 40 =$ ☐

9 $460 \div 20 =$ ☐

10 $870 \div 30 =$ ☐

팥죽 속에 넣어 먹는 것으로 동글동글하게 만들어요.

● 반죽을 똑같이 나누어 주어진 개수만큼 새알심을 만들었을 때 새알심 한 개의 무게는 몇 g인지 구하세요.

11

480 g을 40개

식 $480 \div 40 = \square$

답 ______ g

12

180 g을 20개

식 $180 \div 20 = \square$

답 ______ g

13

280 g을 40개

식 ______

답 ______ g

14

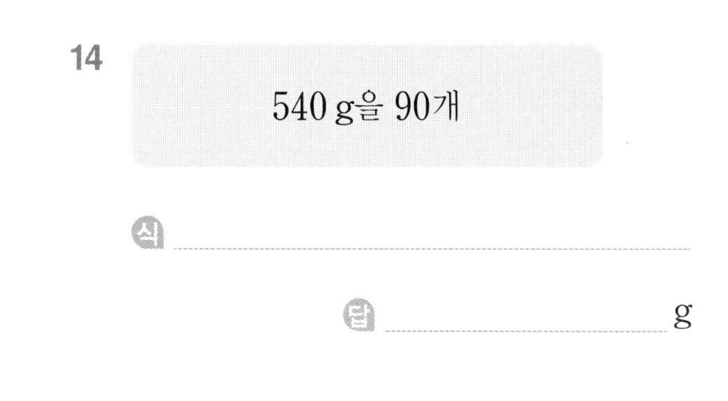

540 g을 90개

식 ______

답 ______ g

15

520 g을 40개

식 ______

답 ______ g

16

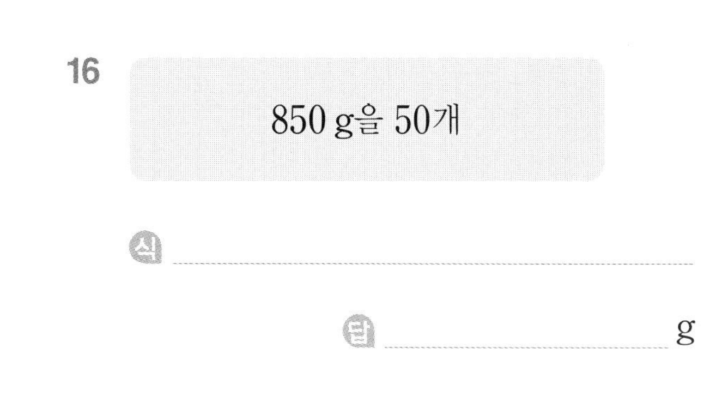

850 g을 50개

식 ______

답 ______ g

17

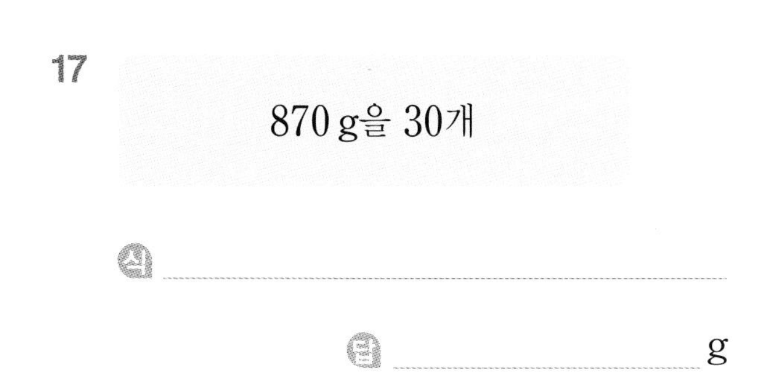

870 g을 30개

식 ______

답 ______ g

18

840 g을 70개

식 ______

답 ______ g

02 몫이 한 자리 수인 (몇백몇십)÷(몇십)

✤ 370÷40의 계산

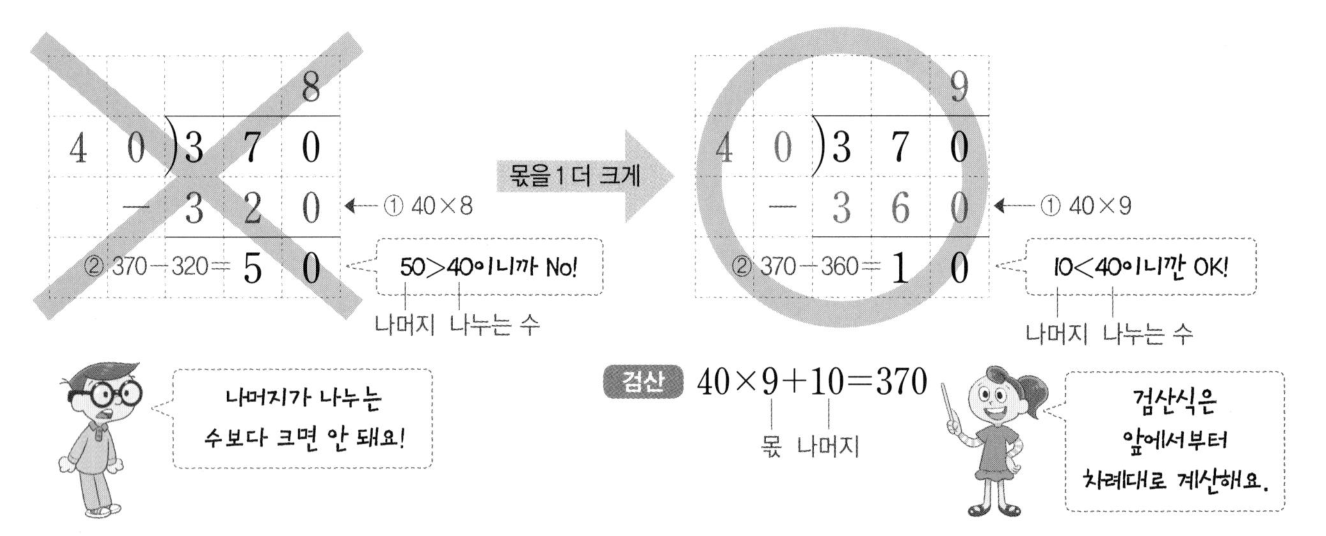

◑ 계산해 보세요.

1
20)130

2
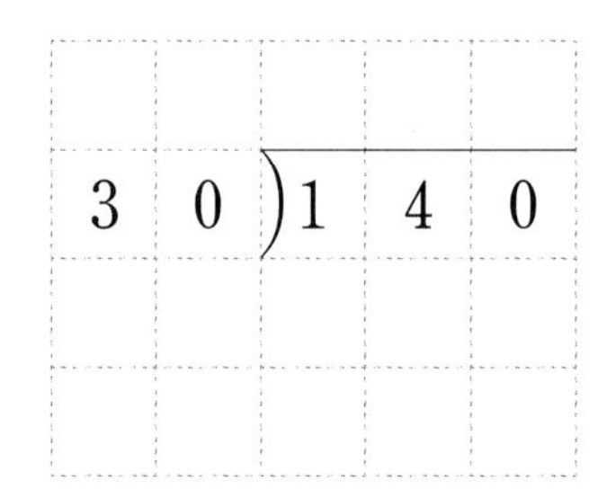
30)140

3
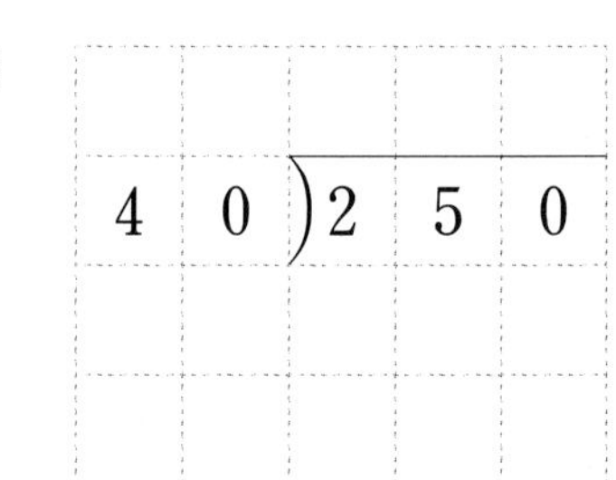
40)250

4
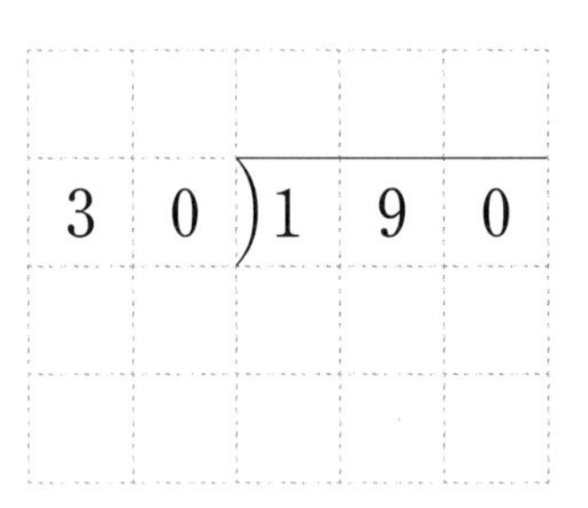
30)190

5
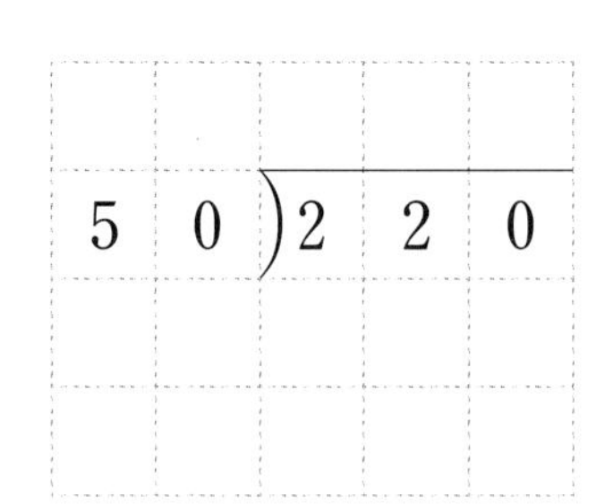
50)220

6
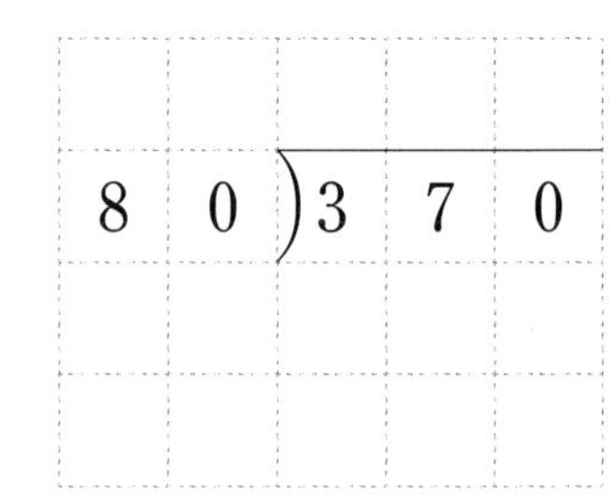
80)370

7
60)270

8
40)310

9
70)580

◐ 친구들이 과일을 접시에 똑같이 나누어 담으려고 합니다. 과일을 한 접시에 몇 개씩 담고 몇 개가 남는지 계산을 하고 검산해 보세요.

10

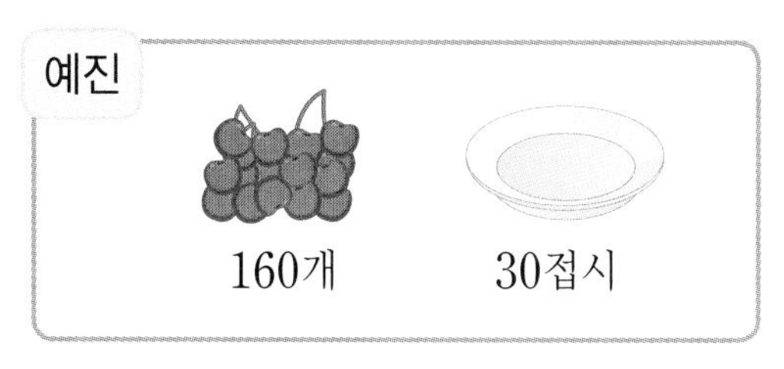

한 접시에 담아야 하는 과일의 수

식 $160 \div 30 = \square \cdots \square$ 남는 과일의 수

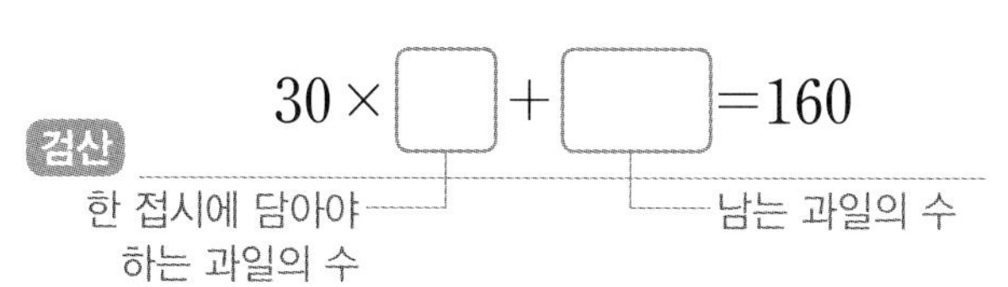

11

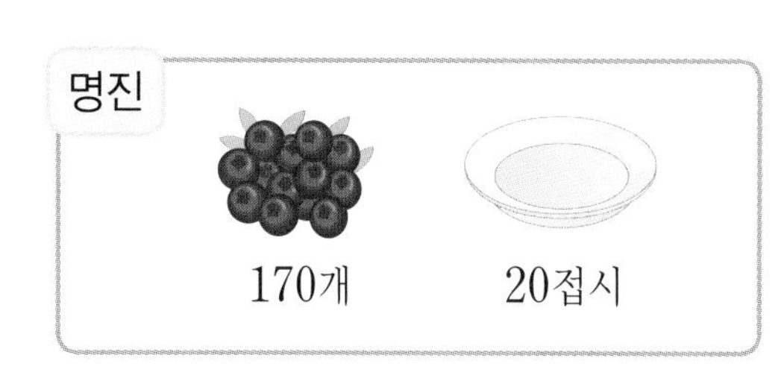

식 $170 \div 20 = \square \cdots \square$

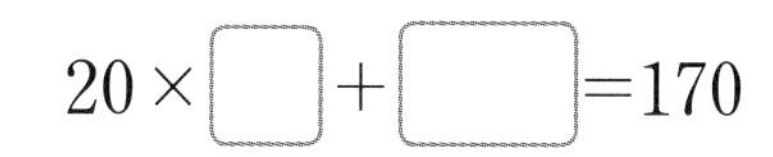

12

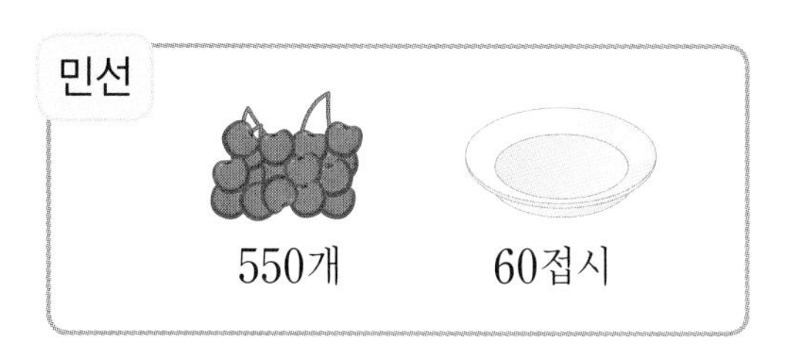

식

검산

13

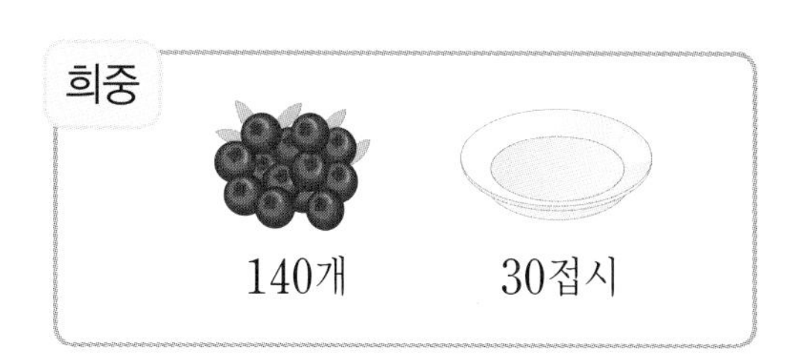

식

검산

14

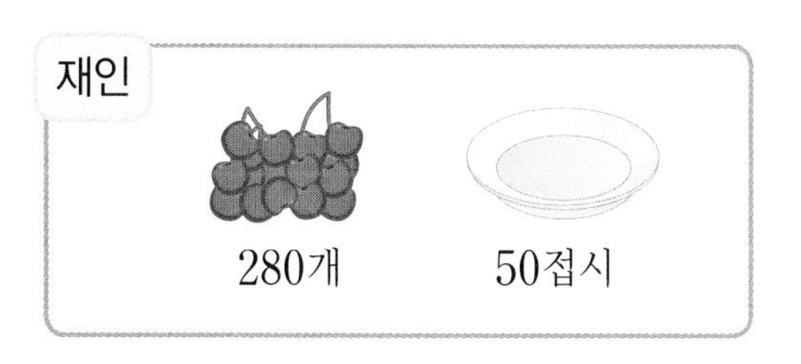

식

검산

15

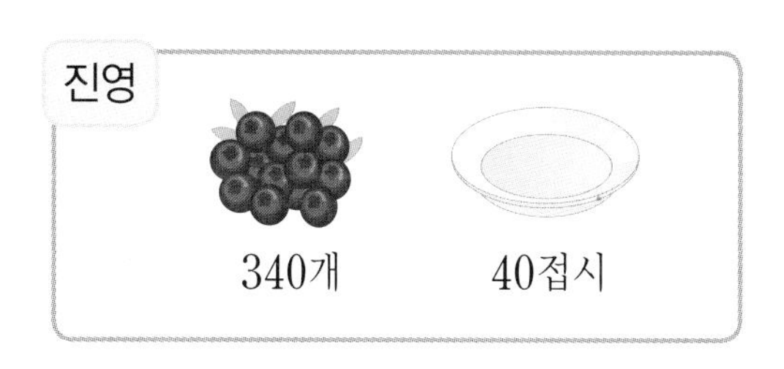

식

검산

접시에 담지 못한 과일이 가장 많은 친구는 누구일까요?

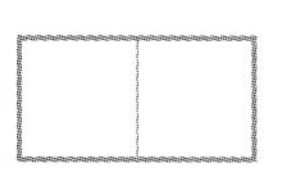

03 몫이 두 자리 수인 (몇백몇십)÷(몇십)

✣ 790÷30의 계산

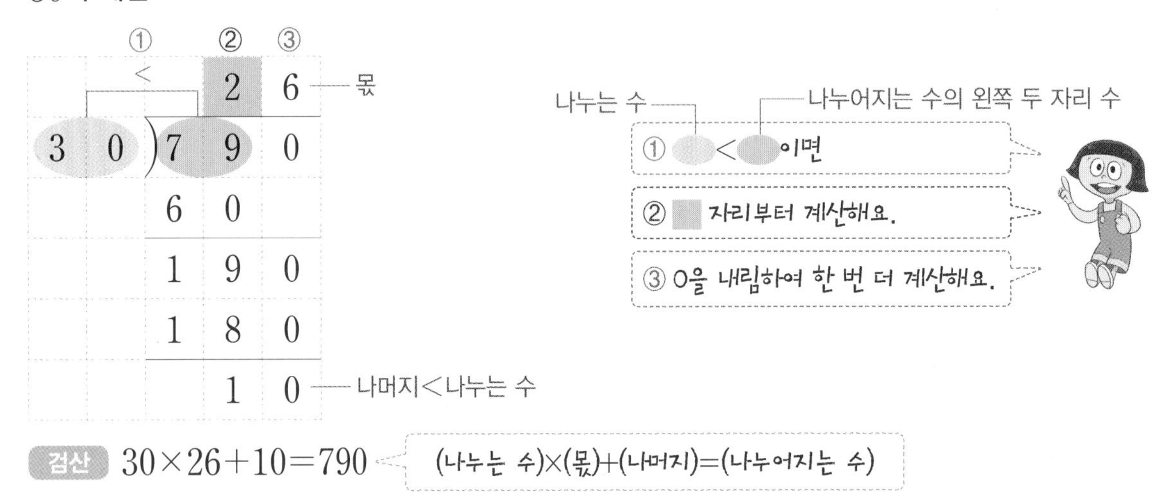

검산 $30\times26+10=790$

◐ 계산해 보세요.

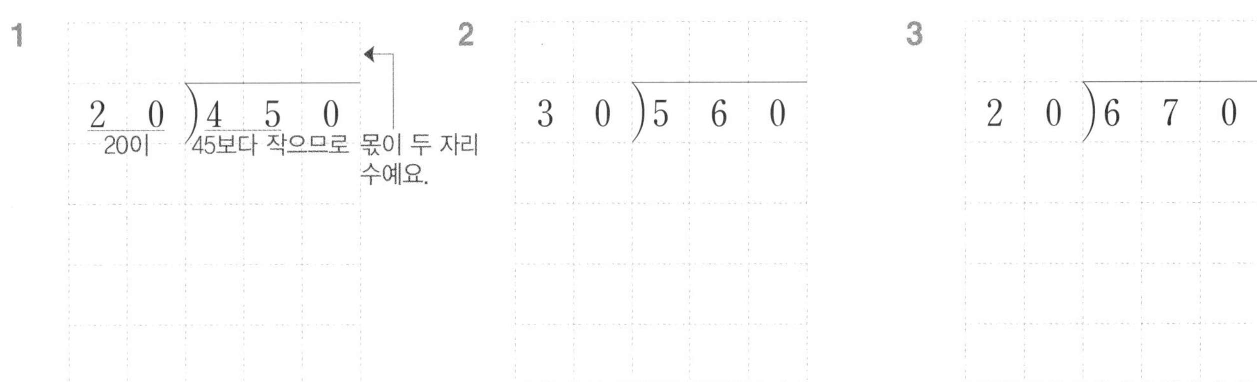

4 $60\overline{)950}$

5 $70\overline{)890}$

6 $30\overline{)850}$

● 계산을 하고 검산해 보세요.

7

$20\overline{)530}$

몫 [ ]

나머지 [ ] 면

검산

8

$80\overline{)950}$

몫 [ ]

나머지 [ ] 신

검산

9

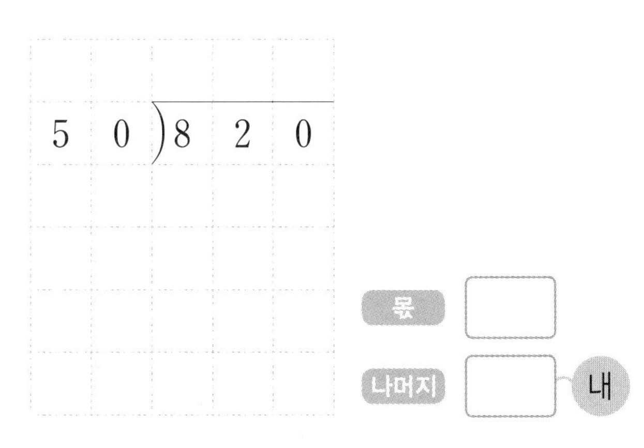

$50\overline{)820}$

몫 [ ]

나머지 [ ] 내

검산

10

$70\overline{)940}$

몫 [ ]

나머지 [ ] 화

검산

11

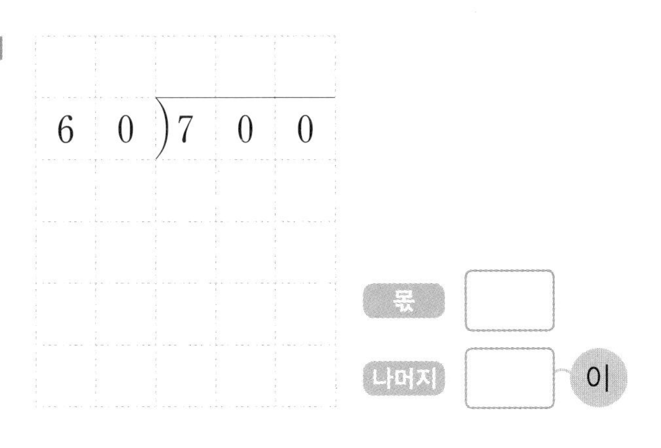

$60\overline{)700}$

몫 [ ]

나머지 [ ] 이

검산

12

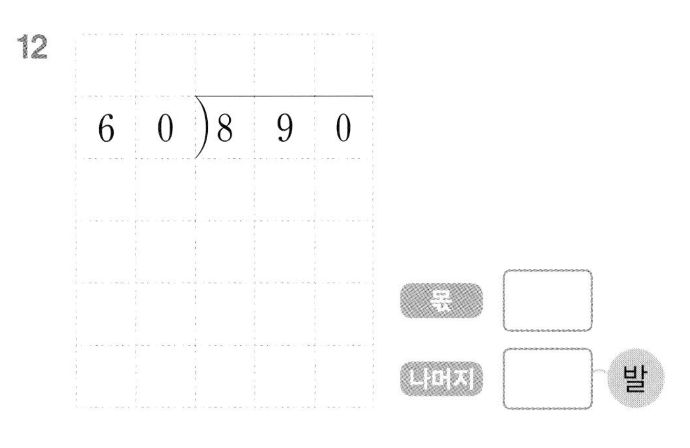

$60\overline{)890}$

몫 [ ]

나머지 [ ] 발

검산

나머지의 크기를 비교하여 큰 순서대로
글자를 써넣어 만든 수수께끼의
답은 무엇일까요?

수수께끼

[ ][ ][ ] [ ][ ][ ]?

04 (두 자리 수)÷(몇십)

✢ 78÷30의 계산

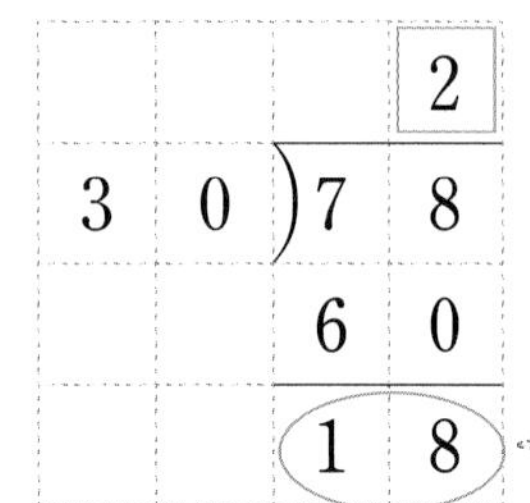

18<30이므로 OK!

나머지는 나누는 수보다 항상 작아요.

몫 2 나머지 18

검산 $30 \times \boxed{2} + (18) = 78$ 앞에서부터 차례대로 계산!

◑ 계산을 하고 검산해 보세요.

1

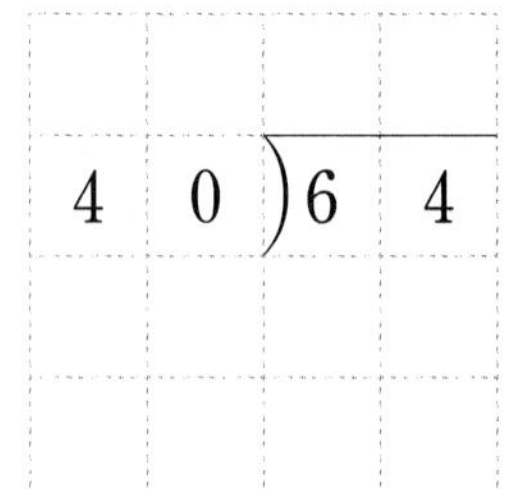

검산 $40 \times \square + \square = 64$

2

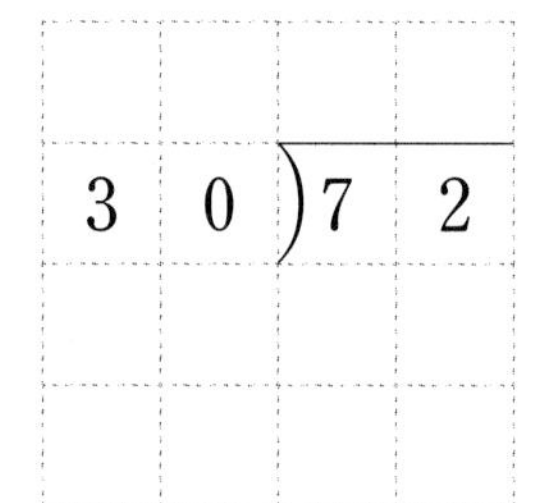

검산 $30 \times \square + \square = 72$

3

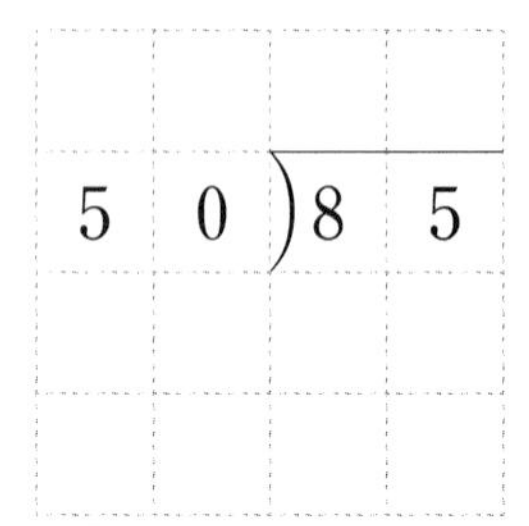

검산

4

$20\overline{)88}$

검산

5

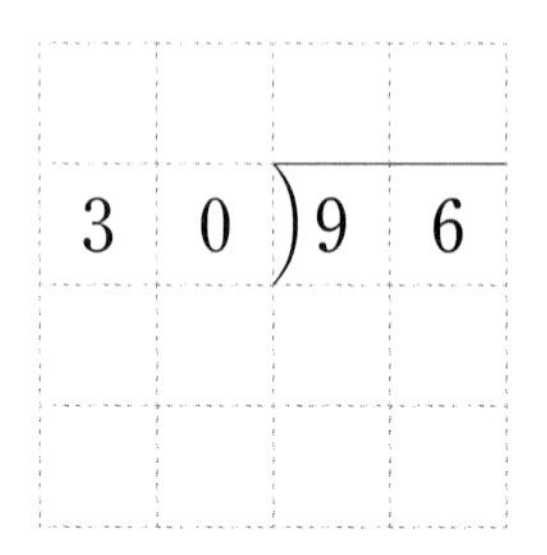

검산

6

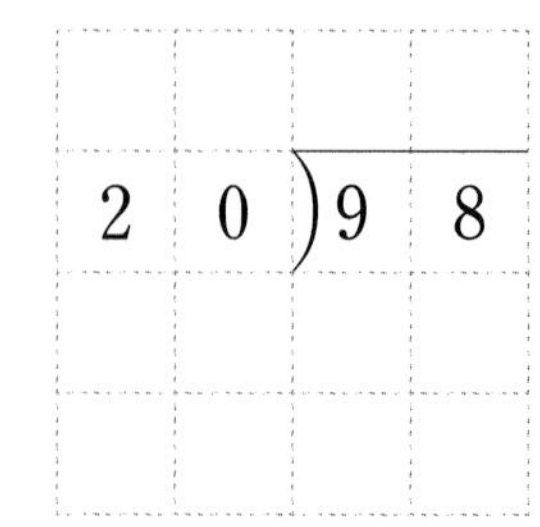

검산

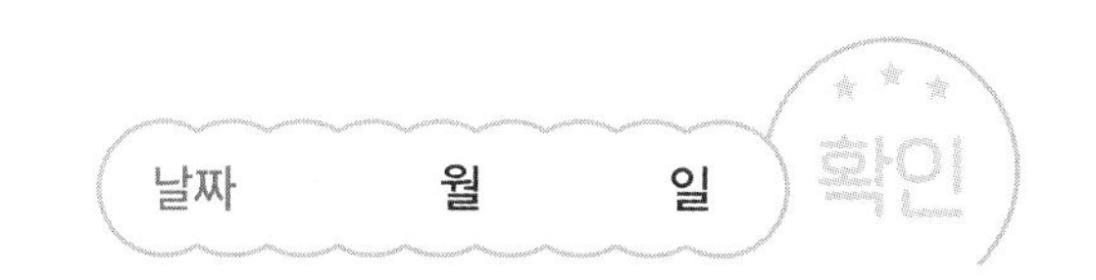

7 현준이는 바르게 계산한 식이 적힌 곳에 놓인 간식을 먹으려고 합니다. 현준이가 먹을 간식에 모두 ○표 하세요.

05 몫이 한 자리 수인 (세 자리 수)÷(몇십)

✚ 294÷30의 계산

```
      9
30)294
   270
    24
```

$294 \div 30 = 9 \cdots 24$ (9: 몫, 24: 나머지)

세로셈으로 바꿔서 계산해도 돼요.

나머지는 항상 나누는 수보다 작아야 해요! (24<30)

검산 $30 \times 9 + 24 = 294$

◐ 계산해 보세요.

1 $372 \div 40 = \square \cdots \square$

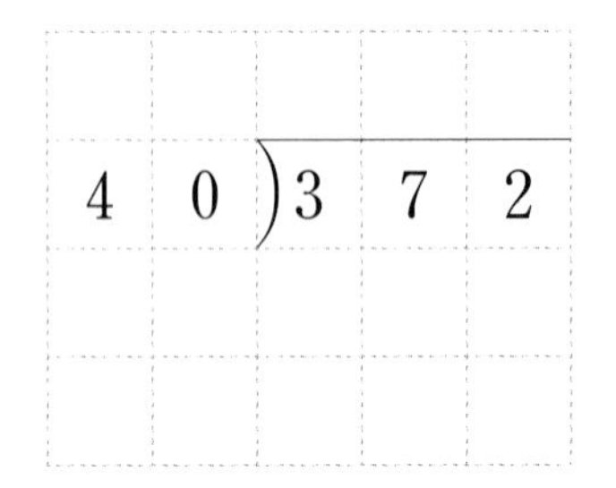

2 $277 \div 50 = \square \cdots \square$

3 $183 \div 30 = \square \cdots \square$

4 $527 \div 60 = \square \cdots \square$

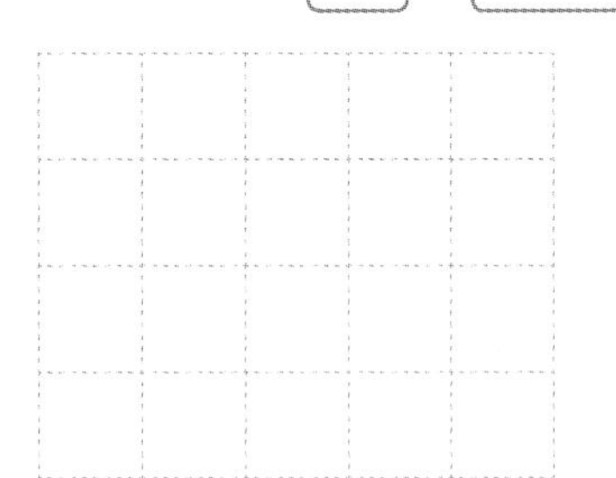

5 $283 \div 80 = \square \cdots \square$

6 $424 \div 70 = \square \cdots \square$

● 주어진 털실로 뜨개질을 하려고 합니다. 각 물건을 몇 개까지 만들 수 있고 털실이 몇 m 남는지 구하세요.

하나 만드는 데 필요한 털실의 길이	스웨터 90 m	목도리 50 m	모자 30 m

7 196 m로 모자 만들기

$30\overline{)196}$

□개까지 만들고 □ m 남음

8 281 m로 목도리 만들기

$50\overline{)281}$

□개까지 만들고 □ m 남음

9 348 m로 스웨터 만들기

□개까지 만들고 □ m 남음

10 298 m로 모자 만들기

□개까지 만들고 □ m 남음

11 493 m로 목도리 만들기

□개까지 만들고 □ m 남음

12 624 m로 스웨터 만들기

□개까지 만들고 □ m 남음

06 몫이 두 자리 수인 (세 자리 수)÷(몇십)

✣ 457÷30의 계산

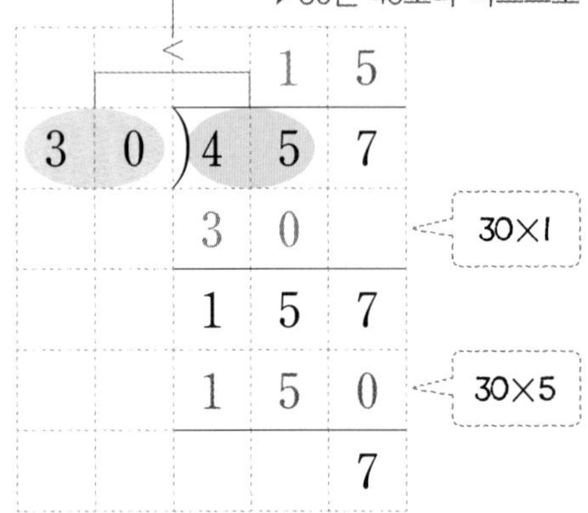

$457 \div 30 = \boxed{15} \cdots 7$

몫　나머지

검산 $30 \times \boxed{15} + 7 = 457$

검산을 하여 나누어지는 수가 나오지 않으면 계산이 잘못된 거예요.

◐ 계산해 보세요.

1

40) 521

←몫

←나머지

2

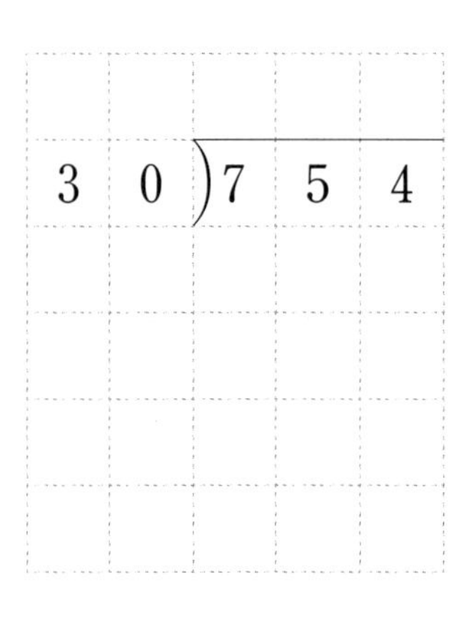

3

20) 883

4

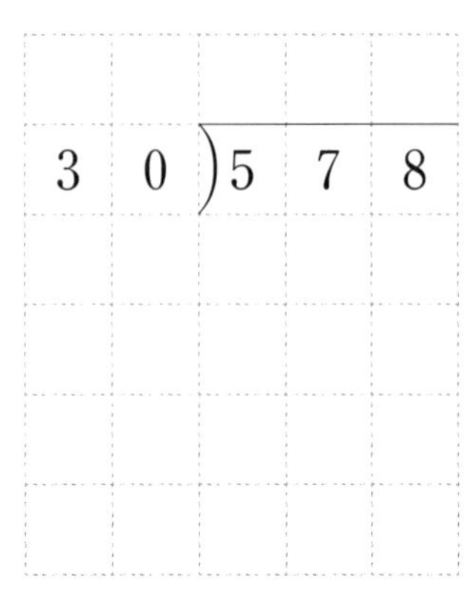

5

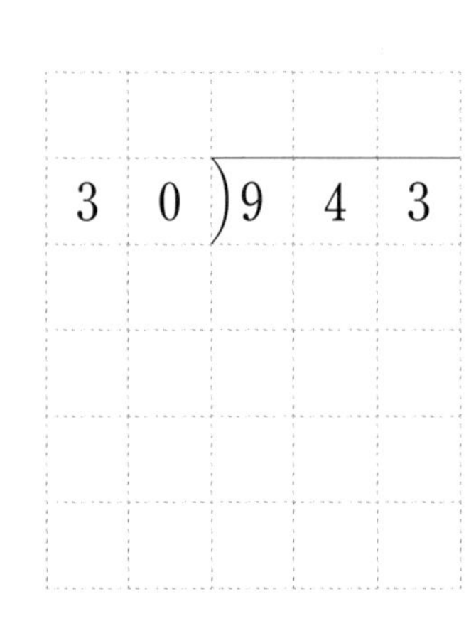

6

20) 894

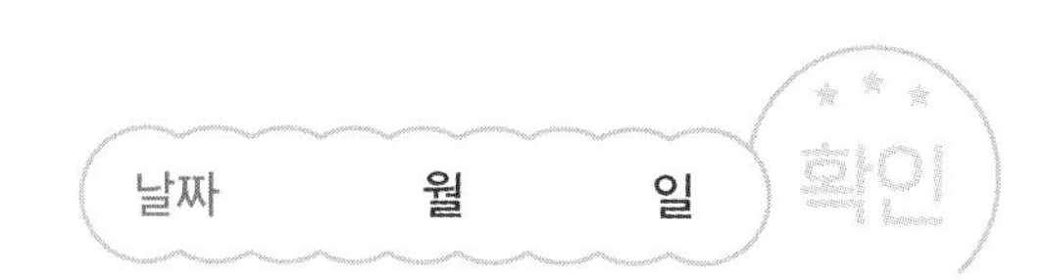

◑ 계산을 하고 검산해 보세요.

7 $647 \div 50 = \square \cdots \square$

검산 $50 \times \square + \square = 647$

8 $297 \div 20 = \square \cdots \square$

검산 $20 \times \square + \square = 297$

9 $759 \div 40 = \square \cdots \square$

검산

10 $815 \div 30 = \square \cdots \square$

검산

11 $586 \div 30 = \square \cdots \square$

검산

12 $943 \div 60 = \square \cdots \square$

검산

13 $467 \div 40 = \square \cdots \square$

검산

14 $718 \div 30 = \square \cdots \square$

검산

나머지는 항상 나누는 수보다 작음을 주의하여 계산해요.

07 집중 연산 ❶

◐ ▢ 안에 알맞은 수를 써넣으세요.

1

80 80

0 80 160 240

➡ $160 \div 80 = \square$

2

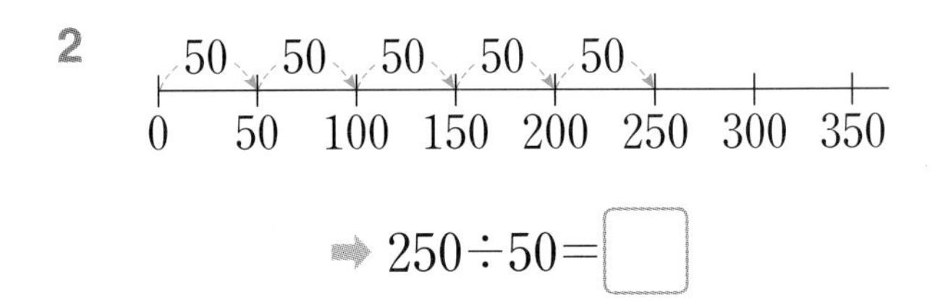

➡ $250 \div 50 = \square$

3

20 20 4

0 10 20 30 40 50 60

➡ $44 \div 20 = \square \cdots \square$

4

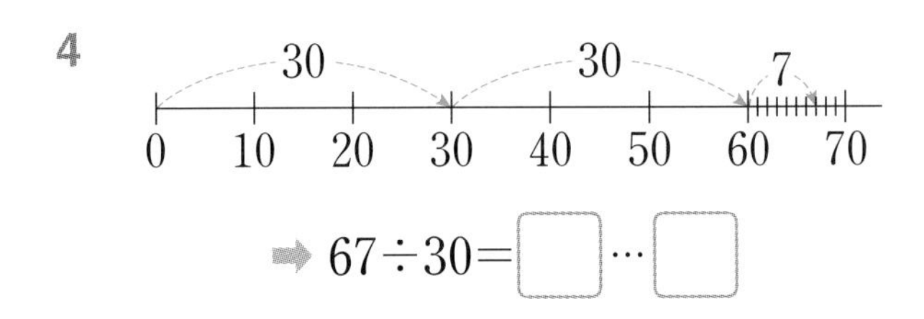

➡ $67 \div 30 = \square \cdots \square$

5

20 20 8

0 10 20 30 40 50 60

➡ $48 \div 20 = \square \cdots \square$

6

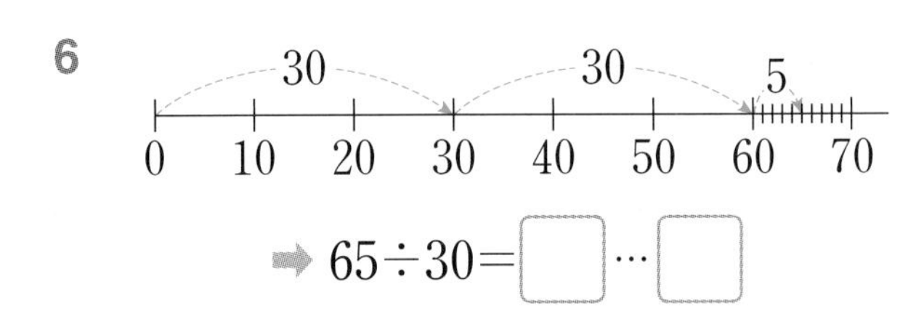

➡ $65 \div 30 = \square \cdots \square$

◐ 계산을 하고 ▭ 안에 몫을, ◯ 안에 나머지를 써넣으세요.

7

540 ➡ ÷60 ➡ ▭ … ◯

8

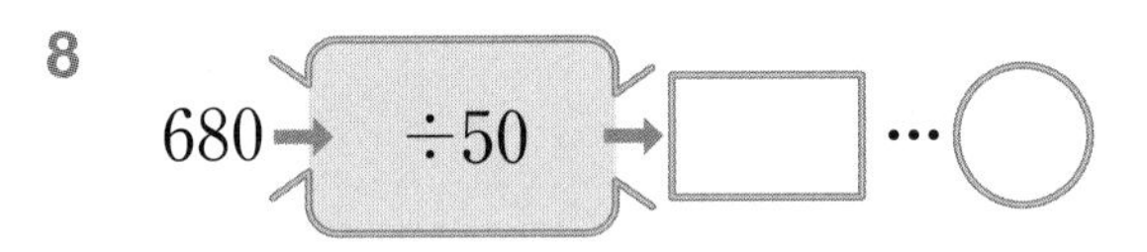

9

476 ➡ ÷80 ➡ ▭ … ◯

10

981 ➡ ÷40 ➡ ▭ … ◯

11

815 ➡ ÷80 ➡ ▭ … ◯

12

752 ➡ ÷20 ➡ ▭ … ◯

날짜 월 일 확인

● 계산을 하고 □ 안에 몫을, ◇ 안에 나머지를 써넣으세요.

13

560 ÷ 70

□ … ◇

14

15

462 ÷ 50

□ … ◇

16

17

674 ÷ 60

□ … ◇

18

19

20

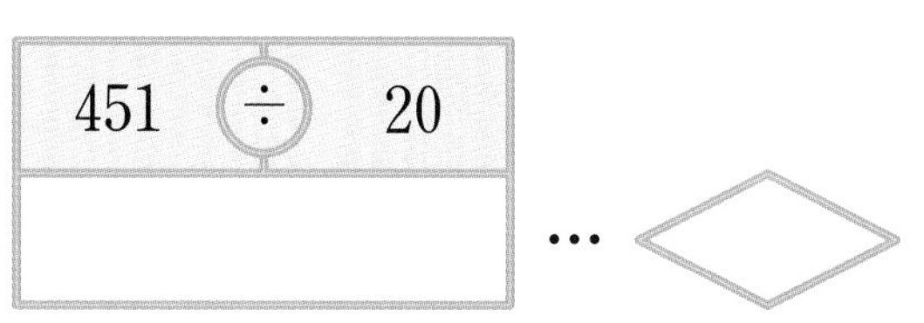

21

22

08 집중 연산 ❷

◑ 화살표를 따라가며 계산을 하고 □ 안에 몫을, ◯ 안에 나머지를 써넣으세요.

1

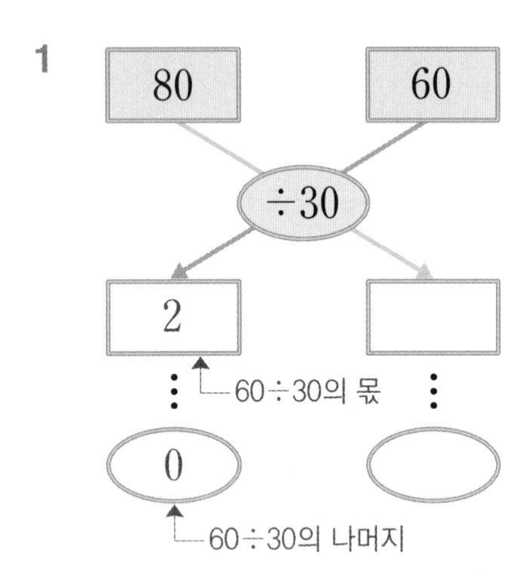

2

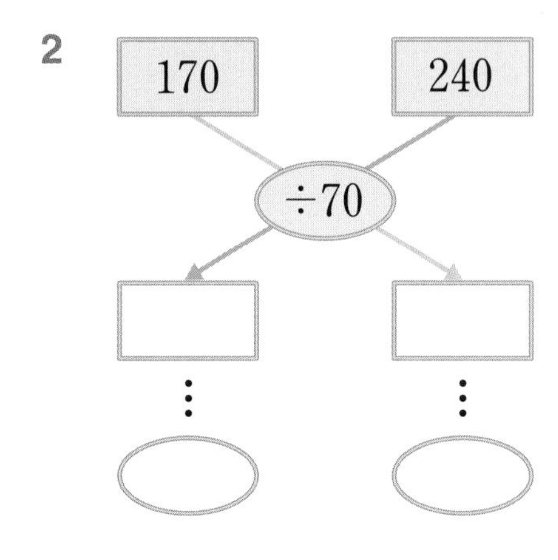

3

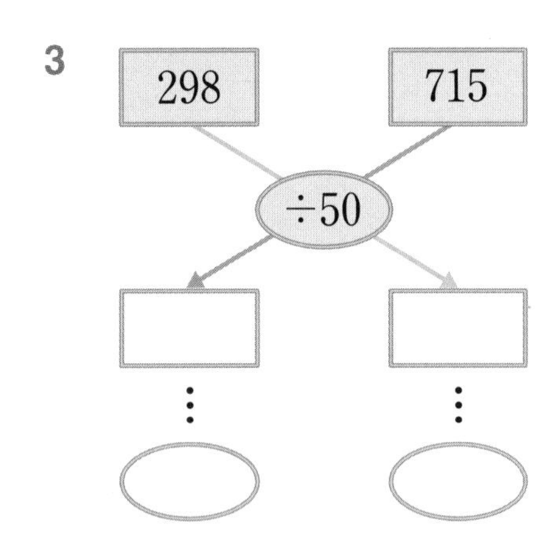

4

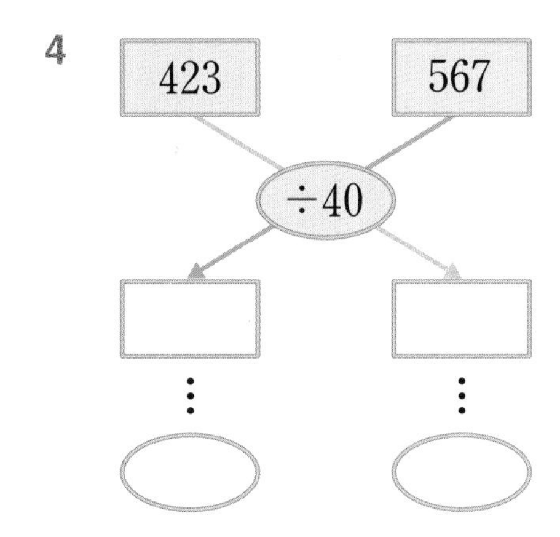

5

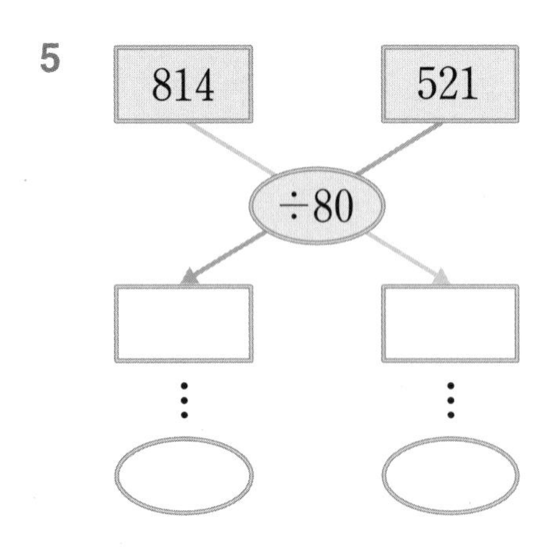

6

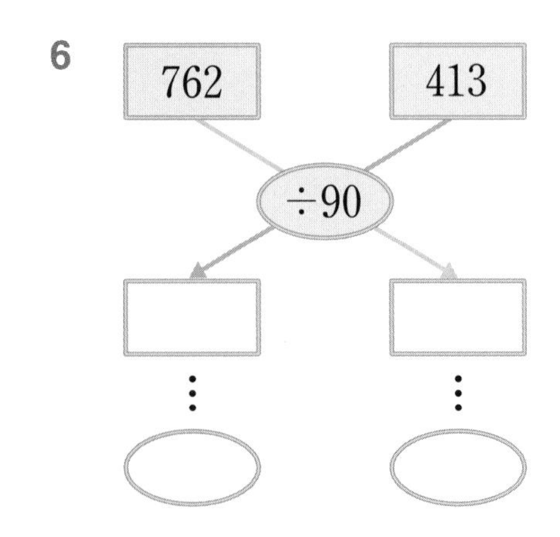

◑ 가운데 수를 바깥 수로 나누어 몫과 나머지를 빈칸에 알맞게 써넣으세요.

7

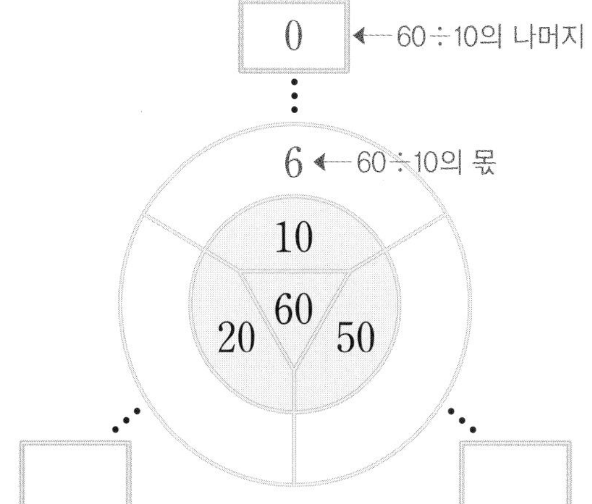

8

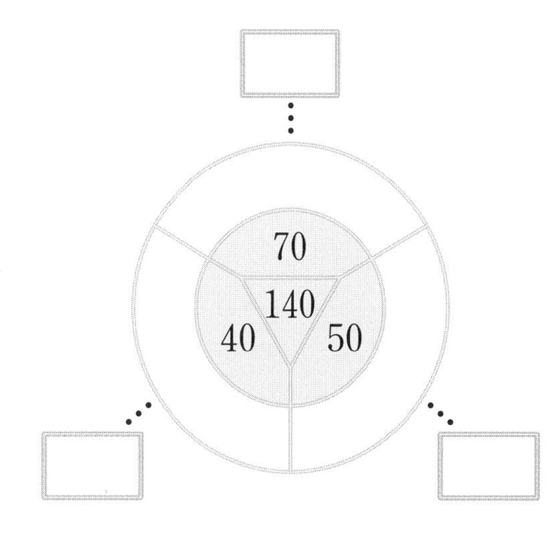

9

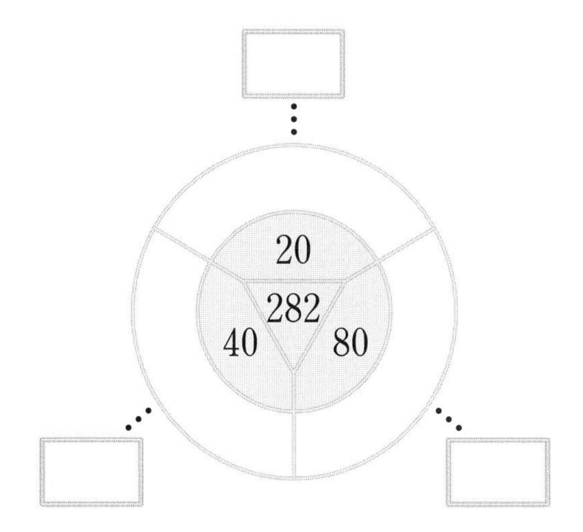

10

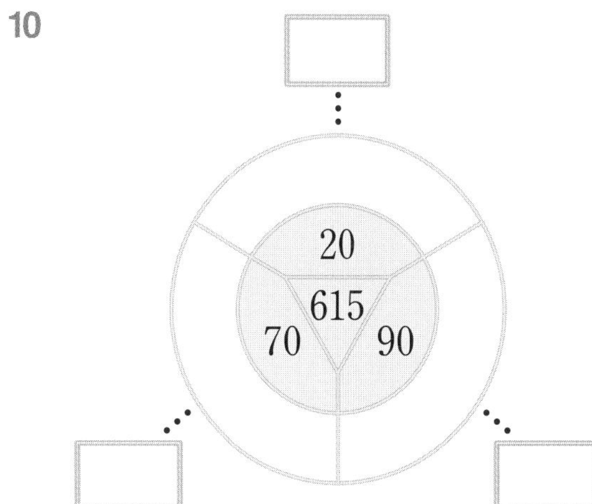

11

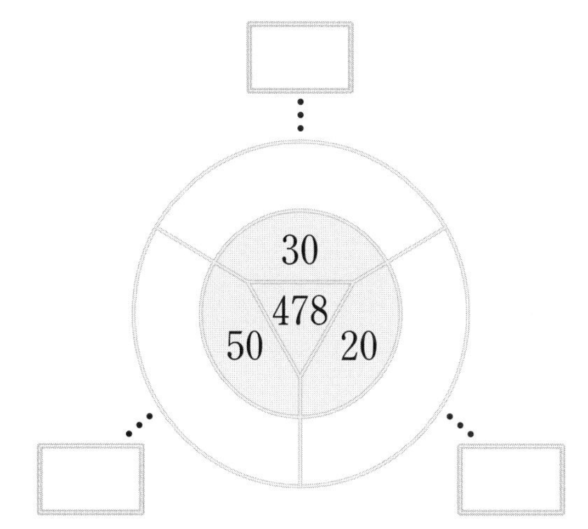

12

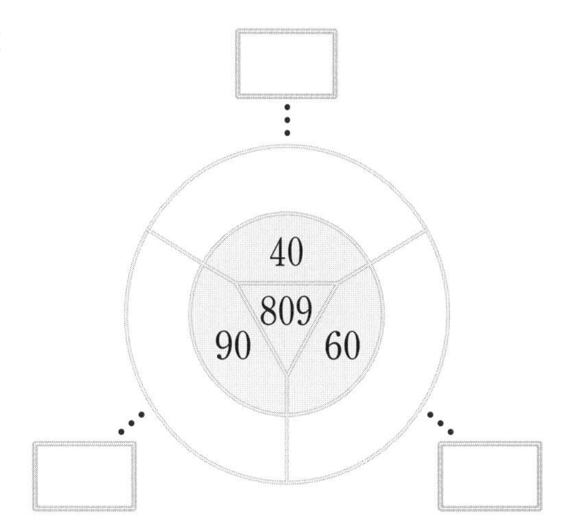

09 집중 연산 ❸

◑ 계산해 보세요.

1
$30\overline{)60}$

2
$40\overline{)320}$

3
$70\overline{)490}$

4
$40\overline{)92}$

5
$90\overline{)840}$

6
$80\overline{)524}$

7
$20\overline{)78}$

8
$50\overline{)276}$

9
$60\overline{)283}$

10
$20\overline{)470}$

11
$50\overline{)560}$

12
$30\overline{)680}$

13
$60\overline{)807}$

14
$20\overline{)357}$

15
$40\overline{)894}$

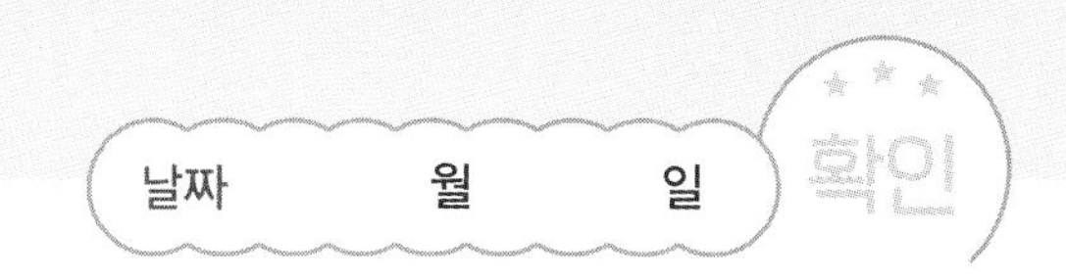

16 $80 \div 40$

$80 \div 30$

17 $60 \div 30$

$60 \div 40$

18 $70 \div 20$

$84 \div 20$

19 $93 \div 40$

$77 \div 30$

20 $640 \div 30$

$725 \div 30$

21 $530 \div 40$

$612 \div 40$

22 $420 \div 70$

$450 \div 70$

23 $720 \div 80$

$610 \div 80$

24 $454 \div 30$

$715 \div 50$

25 $658 \div 20$

$904 \div 40$

나눗셈 (2)

휴~
큰일 날뻔했네.

그런데 토리는
어디로 간 거야?

토리야~.

봉봉은
어딜 간 거야?

앗! 저기 있다.

봉봉, 거기서 뭐해?

우끼 우끼
끼끼~
바나나를
너희 가족에게 나누어
주려고 한다고?

그런데 뭐가
고민이야?
꾸꾸꾸~
끼끼끼~.

바나나는 183개이고
너희 가족은 14마리인데
한 마리에게 몇 개씩
줘야 하냐고?
끼 끼

흠….
꾸~

그냥 너 혼자 먹어!
바나나는 다른 곳에도
많이 있잖아!
끄응~

이 바보야!

$$\begin{array}{r} 13 \\ 14\overline{)183} \\ 14 \\ \hline 43 \\ 42 \\ \hline 1 \end{array}$$

13 ← 몫: 13

1 ← 나머지: 1

학습내용

- 나머지가 없는 (두 자리 수)÷(두 자리 수)
- 나머지가 있는 (두 자리 수)÷(두 자리 수)
- 몫이 한 자리 수인 (세 자리 수)÷(두 자리 수)
- 몫이 두 자리 수인 (세 자리 수)÷(두 자리 수)
- (세 자리 수)÷(두 자리 수)

01 나머지가 없는 (두 자리 수)÷(두 자리 수)

✣ 96 ÷ 32의 계산

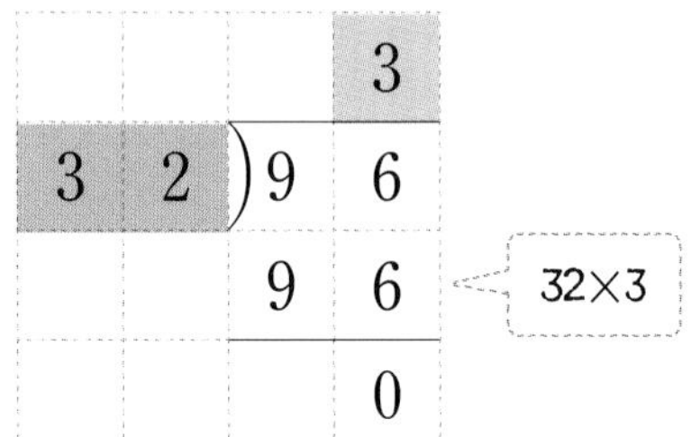

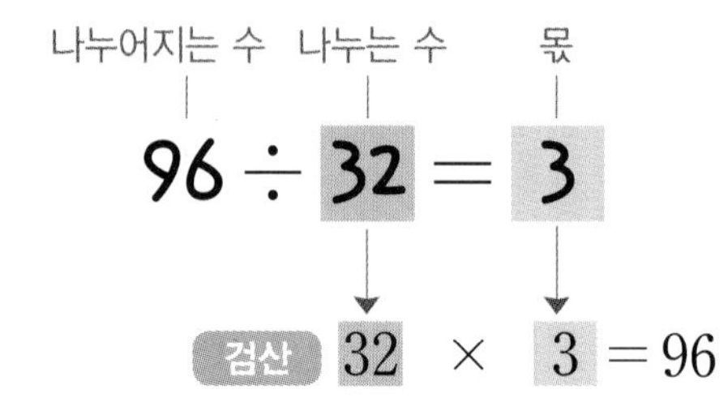

◑ 계산해 보세요.

1. $21\overline{)84}$

2. $17\overline{)68}$

3. $27\overline{)81}$

4. $16\overline{)64}$

5. $25\overline{)75}$

6. $11\overline{)55}$

7. $24\overline{)96}$

8. $46\overline{)92}$

9. $15\overline{)90}$

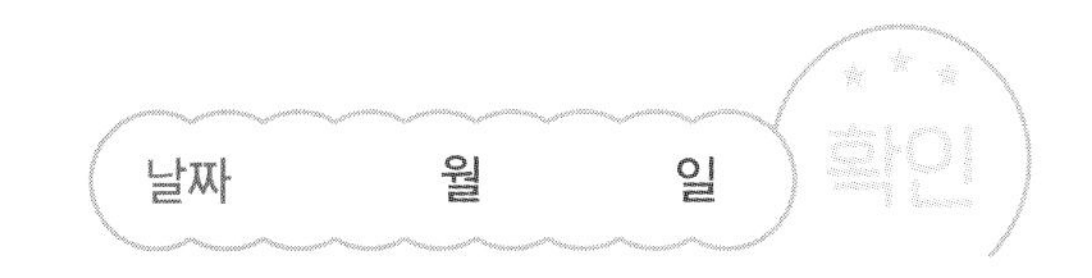

◑ 몫이 같은 친구끼리 짝꿍을 하려고 합니다. 계산을 하고 짝꿍의 이름을 적어 보세요.

10 명진

$34\overline{)68}$

11 소정

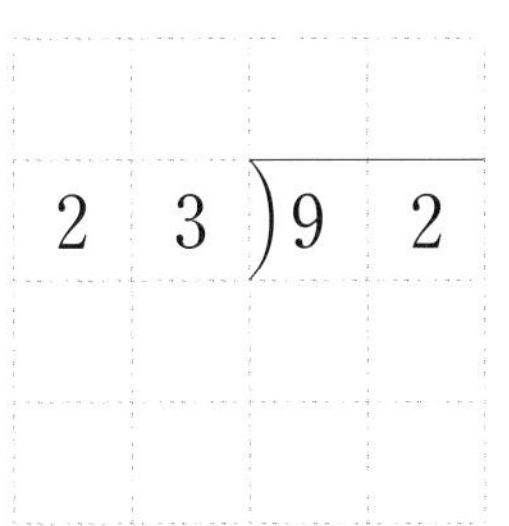

$23\overline{)92}$

12 준호

$31\overline{)93}$

13 윤수

$13\overline{)78}$

14 예진

$26\overline{)78}$

15 성희

$49\overline{)98}$

16 민선

$19\overline{)76}$

17 희연

$16\overline{)96}$

짝꿍의 이름을 적어 보세요.

• 짝꿍 정하기 •

윤수 — ☐

민선 — ☐

준호 — ☐

명진 — ☐

02 나머지가 있는 (두 자리 수)÷(두 자리 수)

65÷21의 계산

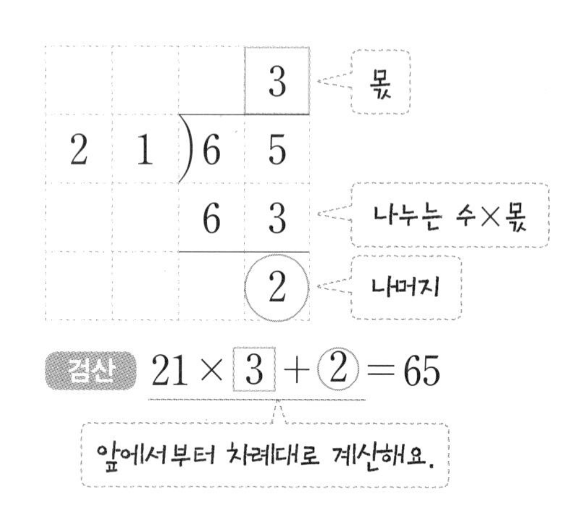

● 계산해 보세요.

1. 42)88

2. 22)55

3. 31)97

4. 25)92

5. 24)76

6.

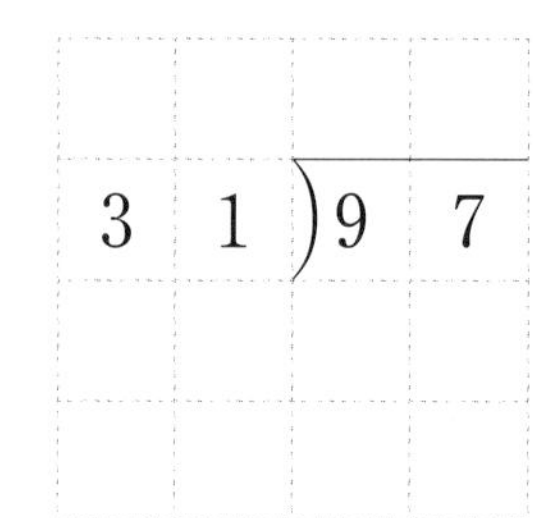

7.

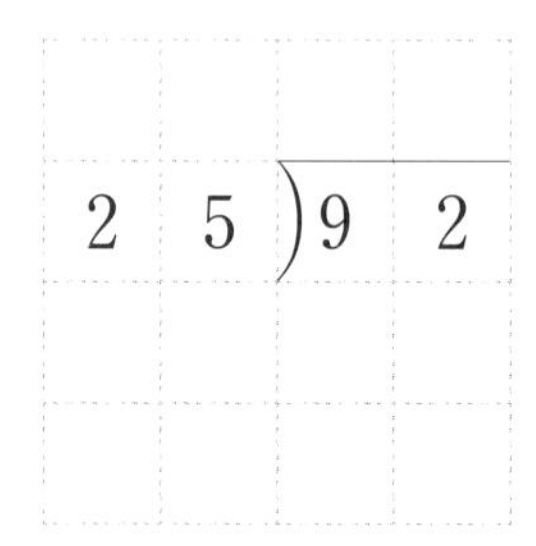

8.

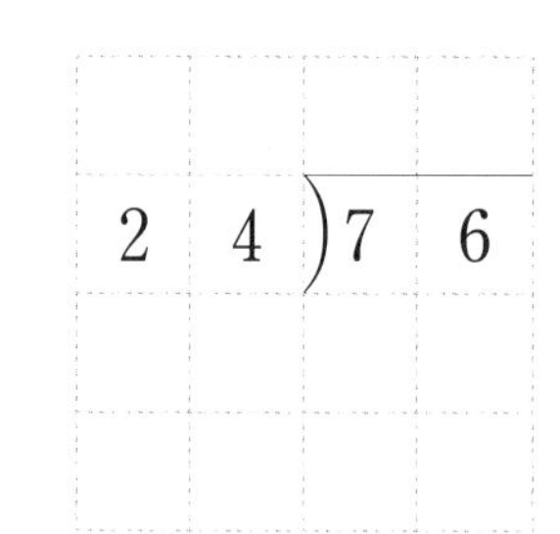

9.

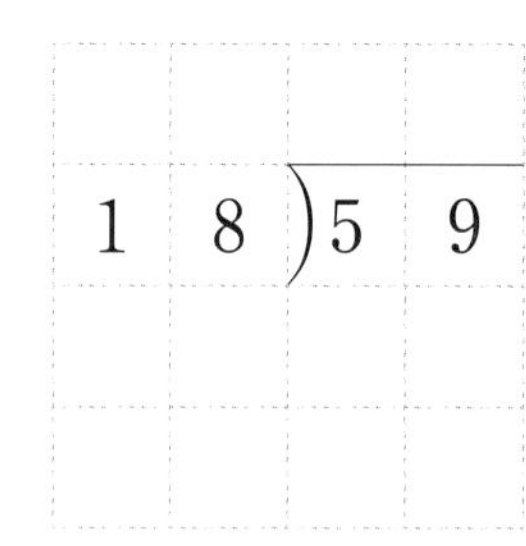

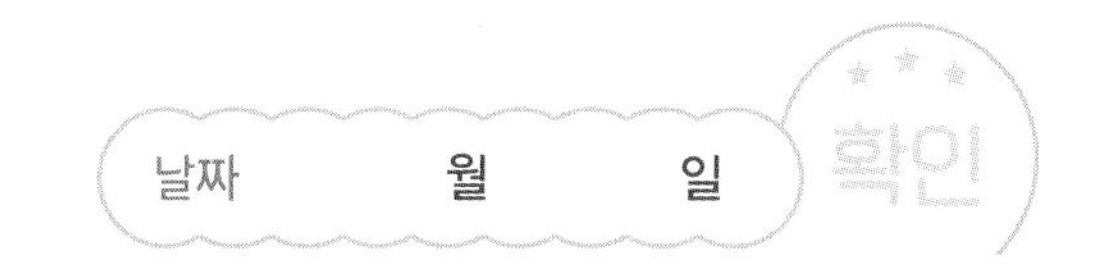

◐ 바르게 계산한 식이 적힌 과자만 먹을 수 있습니다. 보기 와 같이 계산이 맞으면 ○표, 틀리면 ×표 하고 과자를 모두 몇 개 먹을 수 있는지 써 보세요.

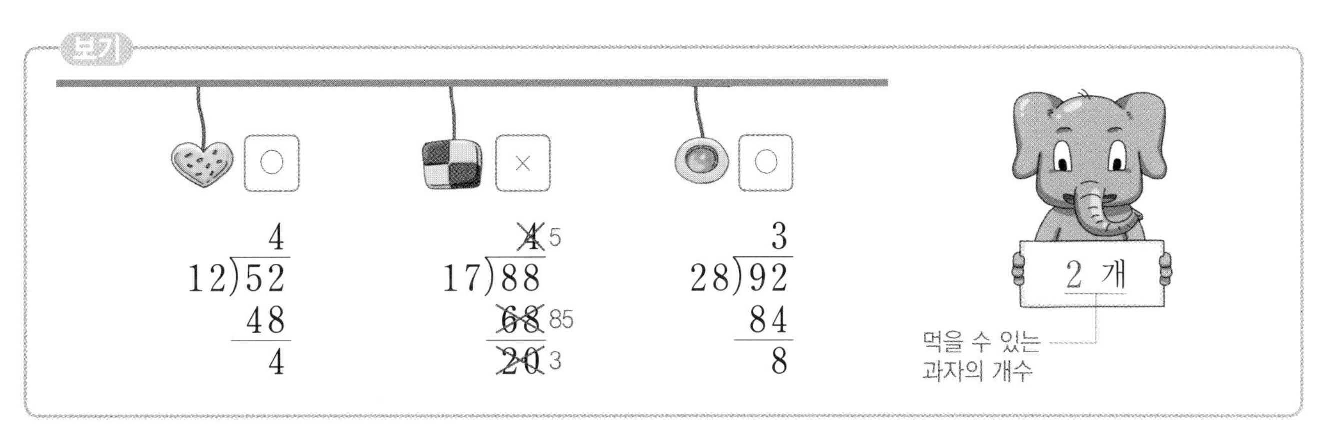

10

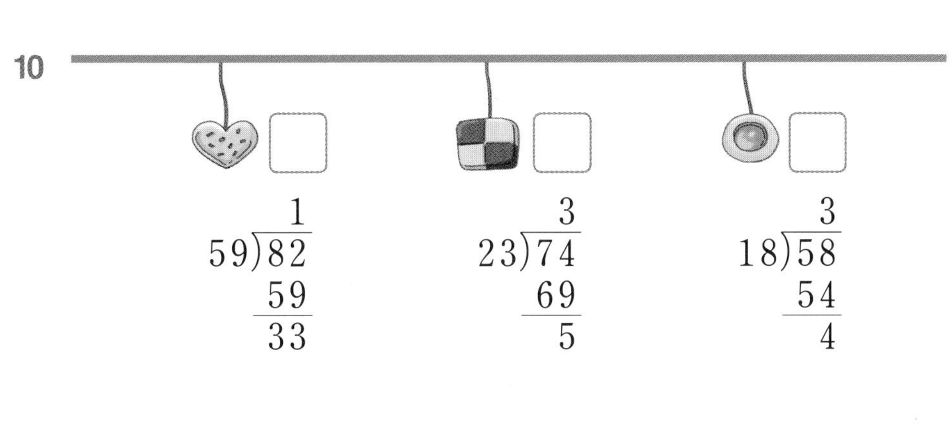

11

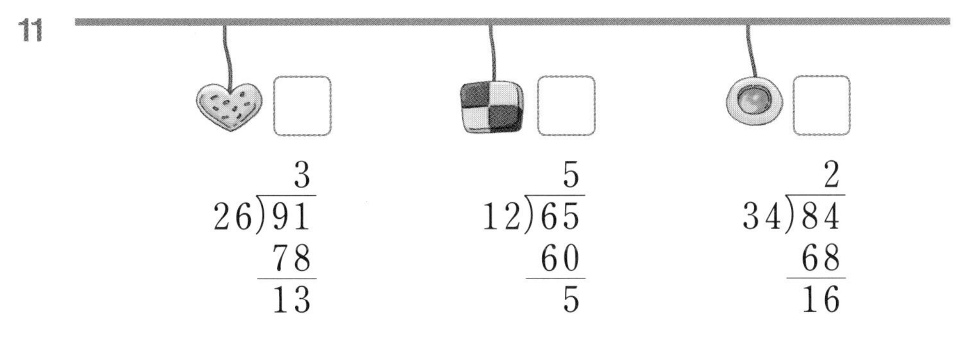

12

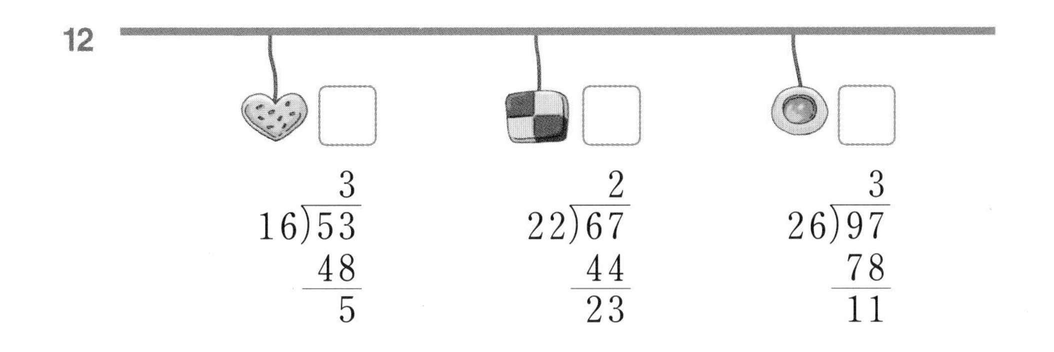

03 몫이 한 자리 수인 (세 자리 수)÷(두 자리 수) (1)

✚ 315÷63의 계산

				5
6	3	)3	1	5
		3	1	5
				0

몫 5 나머지 0 (없음)

$315 \div 63 = 5$

검산 $63 \times 5 = 315$

◐ 계산해 보세요.

1 $32 \overline{)128}$

2 $71 \overline{)355}$

3 $24 \overline{)192}$

4 $54 \overline{)324}$

5 $68 \overline{)204}$

6 $91 \overline{)364}$

7 $86 \overline{)602}$

8 $39 \overline{)351}$

9 $92 \overline{)552}$

◑ 강아지들이 사료를 쉬지 않고 같은 빠르기로 주어진 시간 동안에 먹은 양입니다. 1초 동안 먹은 사료의 양을 나눗셈으로 알아보세요.

10 32초에 128 g

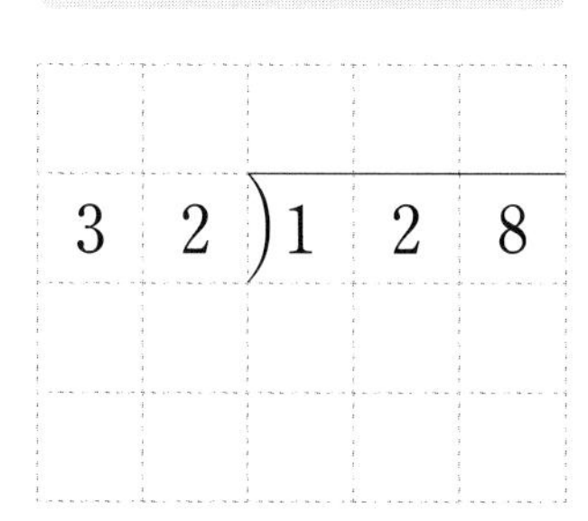

□ g

11 98초에 588 g

□ g

12 38초에 266 g

□ g

13 52초에 156 g

□ g

14 73초에 584 g

□ g

15 26초에 234 g

□ g

16 81초에 405 g

□ g

17 65초에 390 g

□ g

04 몫이 한 자리 수인 (세 자리 수)÷(두 자리 수) (2)

✤ 125÷41의 계산

$$41\overline{)125} \div 41 = 3 \cdots 2$$

```
        3
41)125
   123
     2
```

검산 $41 \times 3 + 2 = 125$

검산은
(나누는 수)×(몫)+(나머지)
=(나누어지는 수)로 할 수 있어요.
검산식은 앞에서부터 차례대로
계산해요.

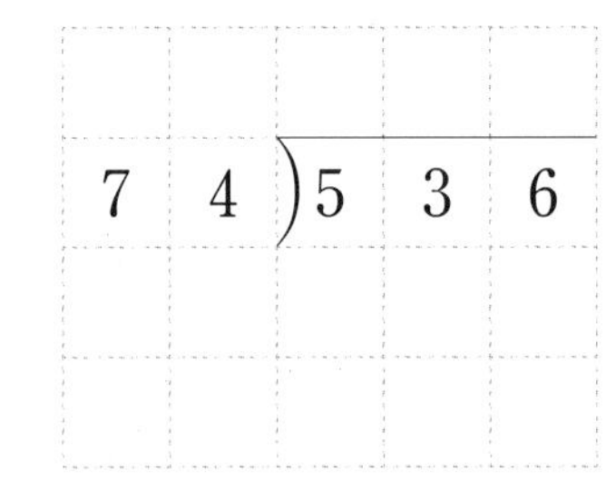

◑ 계산해 보세요.

1 $62\overline{)348}$

2 $39\overline{)178}$

3 $42\overline{)257}$

4 $34\overline{)281}$

5 $65\overline{)497}$

6 $74\overline{)536}$

7 $87\overline{)653}$

8 $78\overline{)729}$

9 $92\overline{)804}$

◐ 젤리를 똑같이 나누어 주려고 합니다. 보기 와 같이 나눗셈을 하여 몇 명까지 나누어 줄 수 있는지 알아보세요.

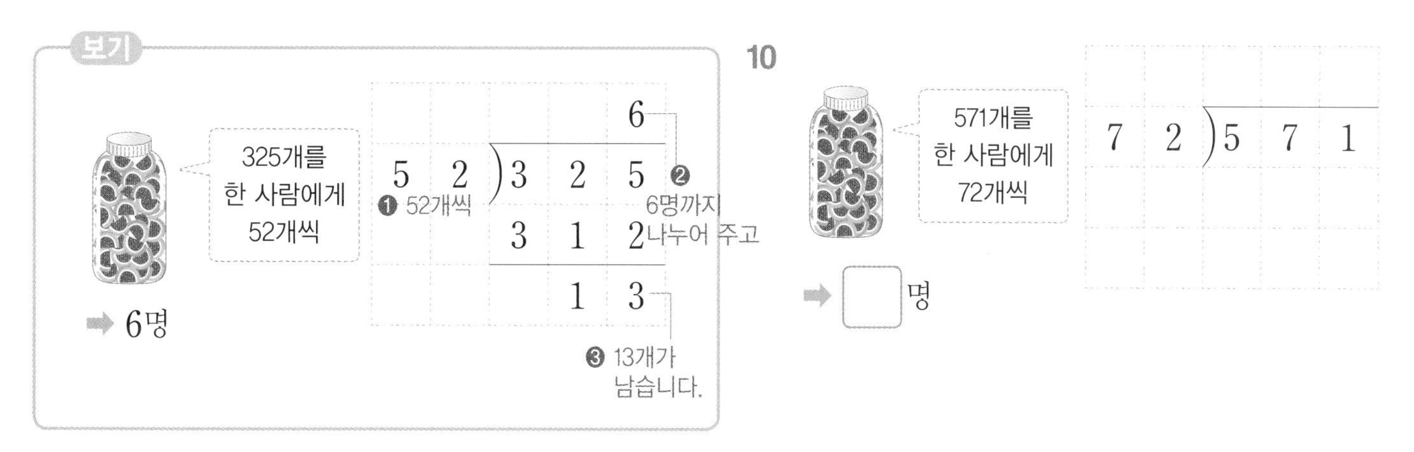

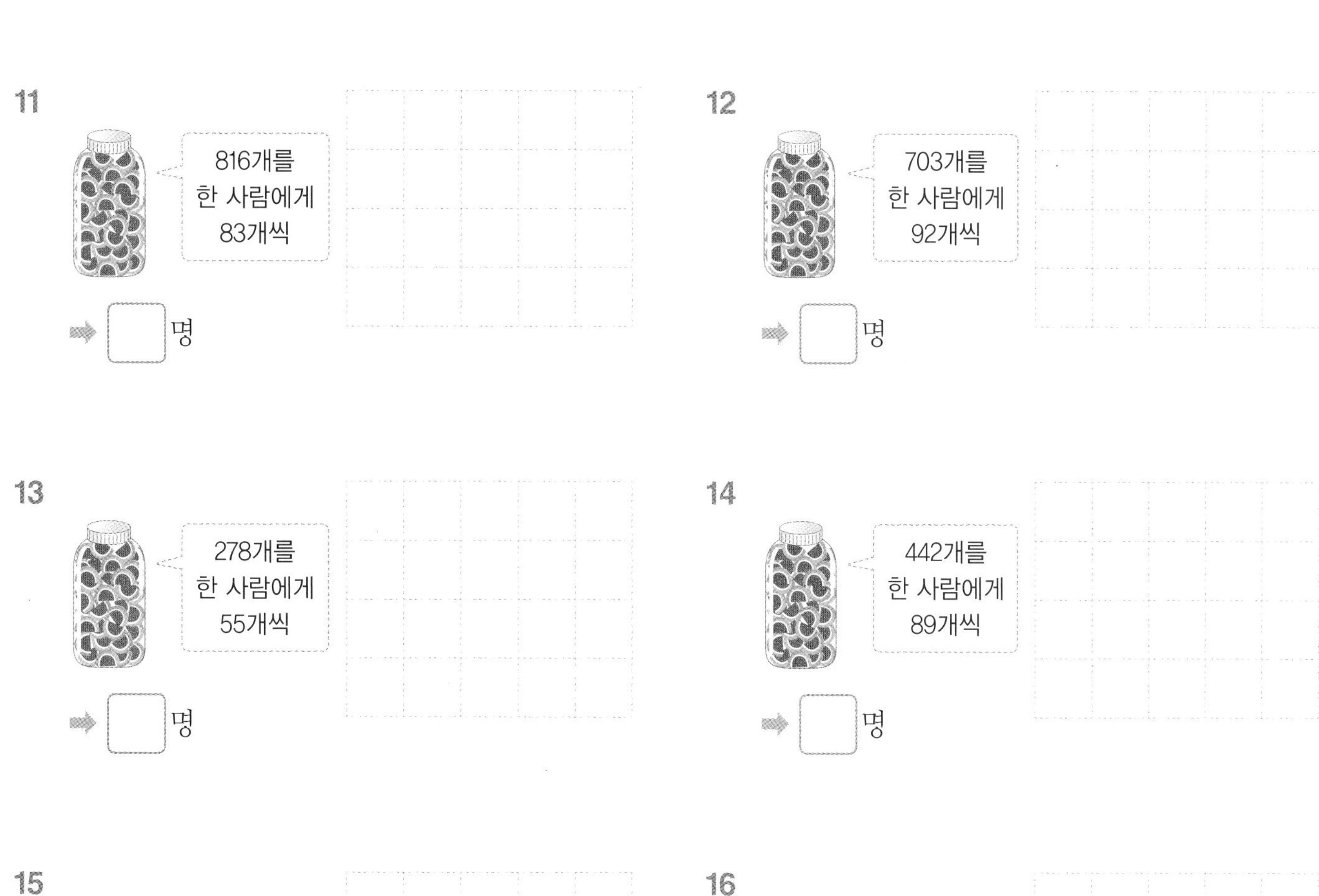

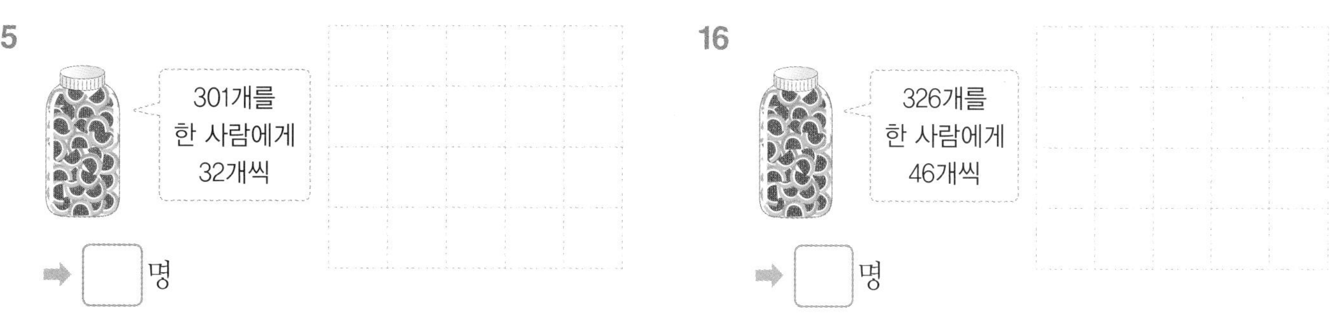

05 몫이 두 자리 수인 (세 자리 수)÷(두 자리 수) (1)

✤ 312÷24의 계산

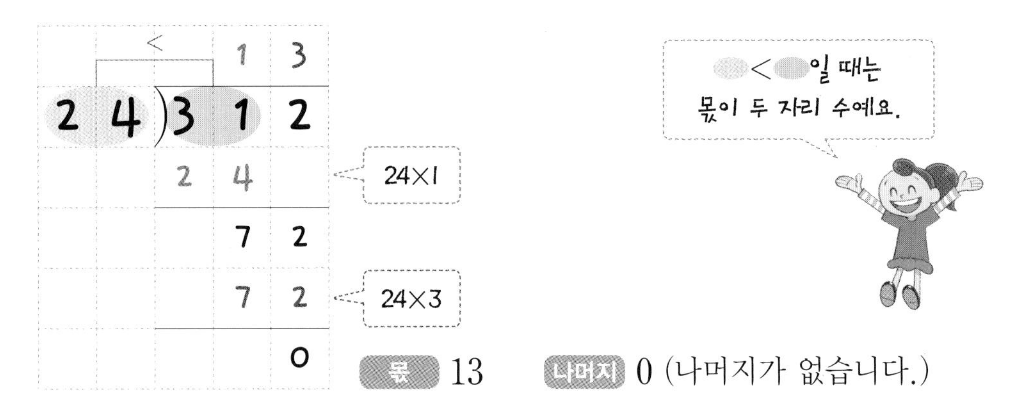

◐ 계산해 보세요.

1

26)338

2

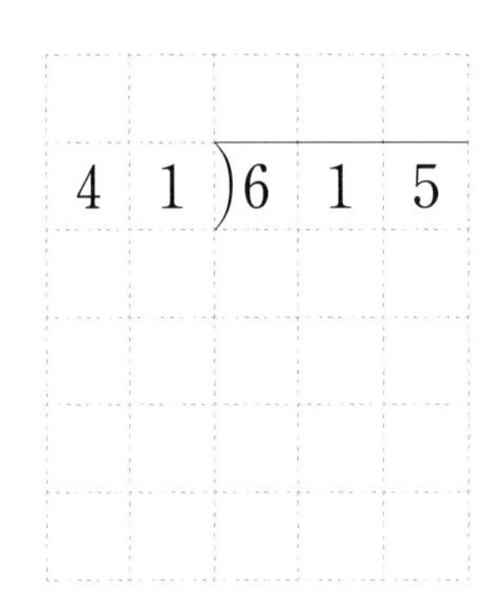

3

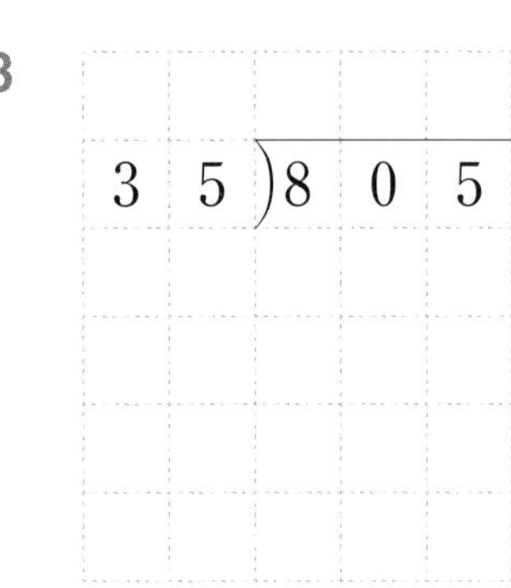

4

5

6

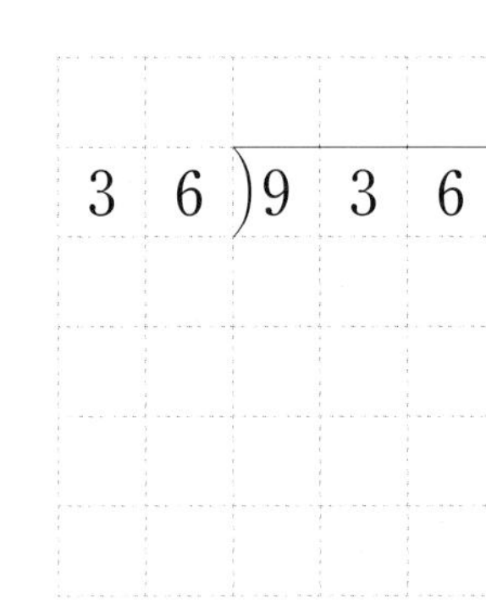

7

47)987

8

27)837

9

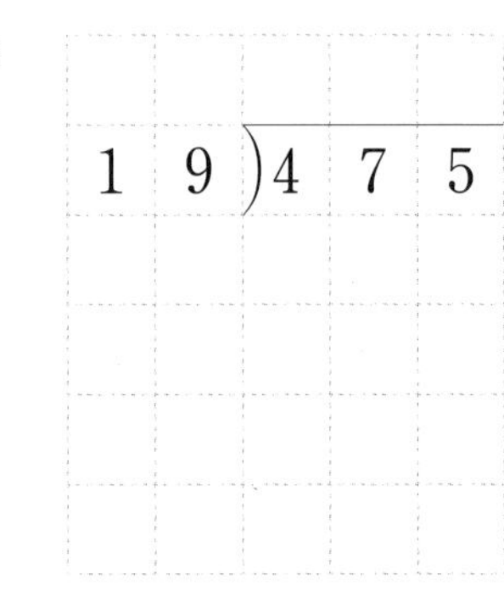

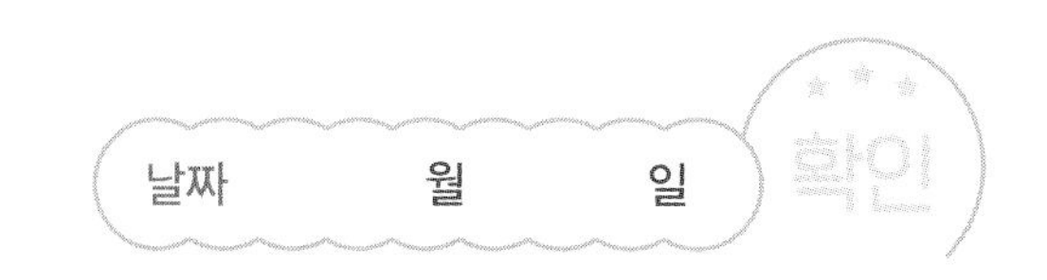

◑ 상자와 무게가 같은 구슬을 주어진 수만큼 올려놓으면 저울이 수평을 이룹니다. 구슬 한 개의 무게를 구하세요.

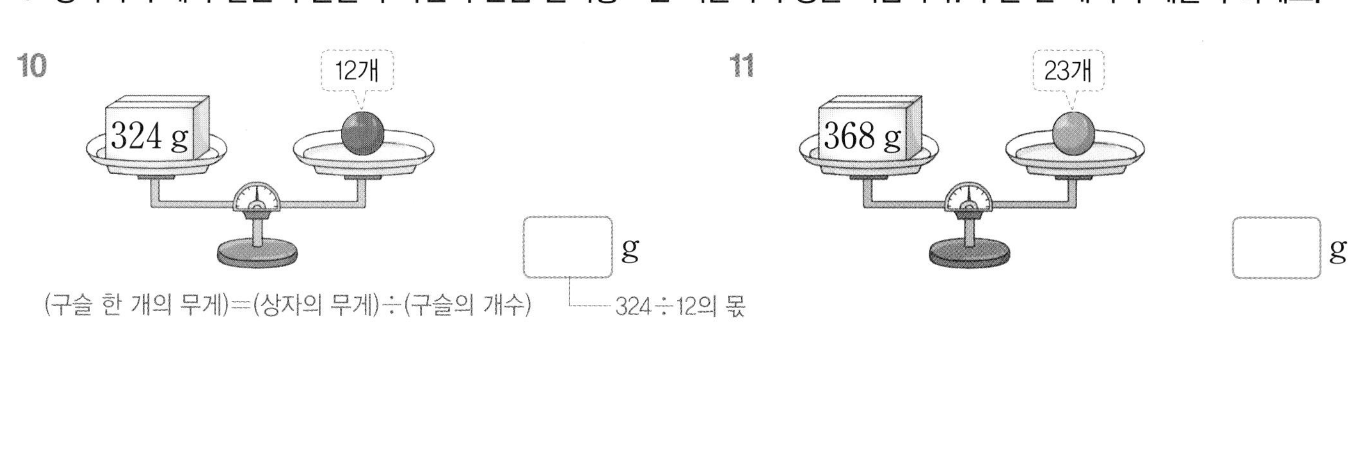

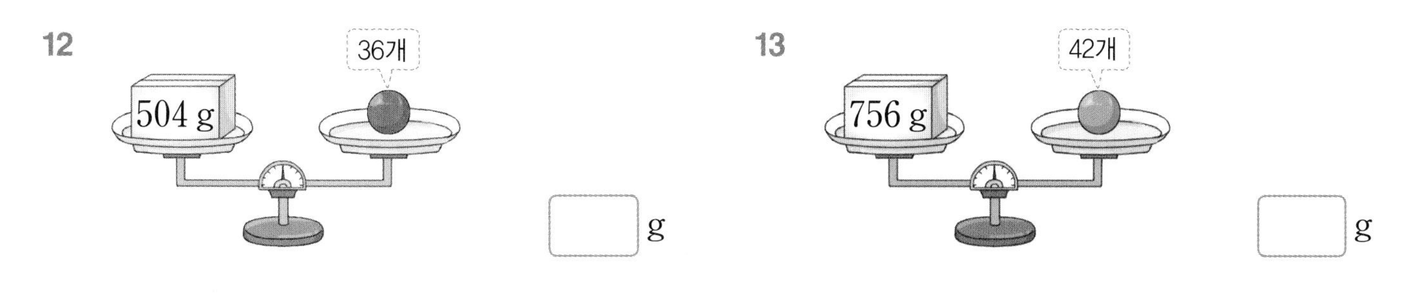

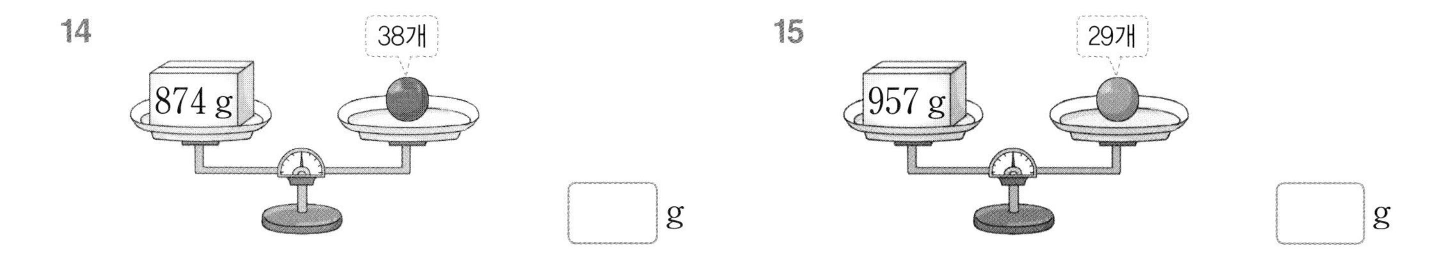

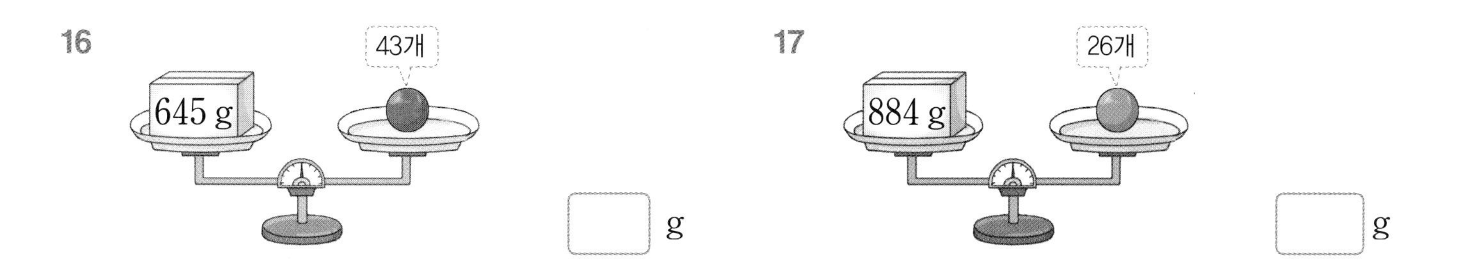

06 몫이 두 자리 수인 (세 자리 수)÷(두 자리 수) (2)

✤ $628 \div 27$의 계산

먼저 27<62이므로 62에 가장 가까운 수를 찾으면 54이고, 27<88이므로 88에 가장 가까운 수를 찾으면 81이에요.

몫 예상하기

$27 \times 1 = 27$

$27 \times \boxed{2} = 54$

$27 \times \boxed{3} = 81$

$27 \times 4 = 108$

```
       2 3   ← 몫
27 ) 6 2 8
     5 4
     ─────
       8 8
       8 1
     ─────
         7   ← 나머지
```

나머지가 나누는 수보다 크지 않게 몫을 정해요.

◐ 계산해 보세요.

1

```
13 ) 285
```

2

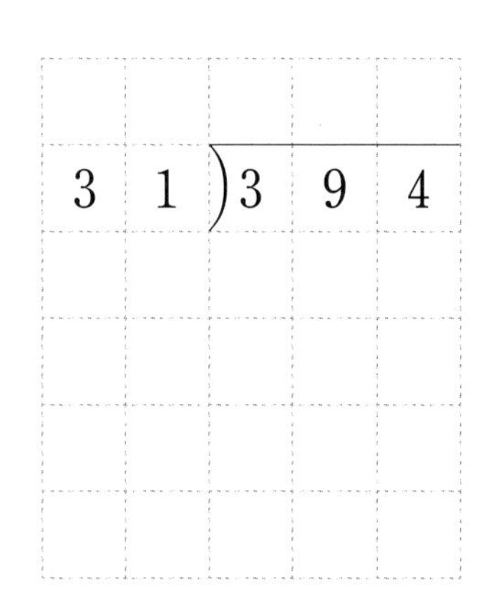

3

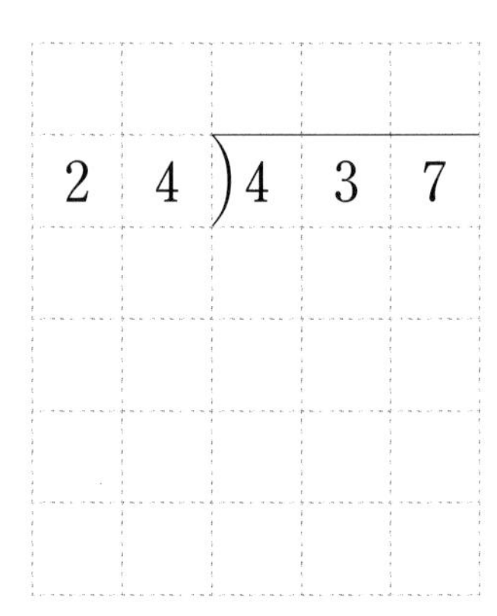

4

```
42 ) 509
```

5

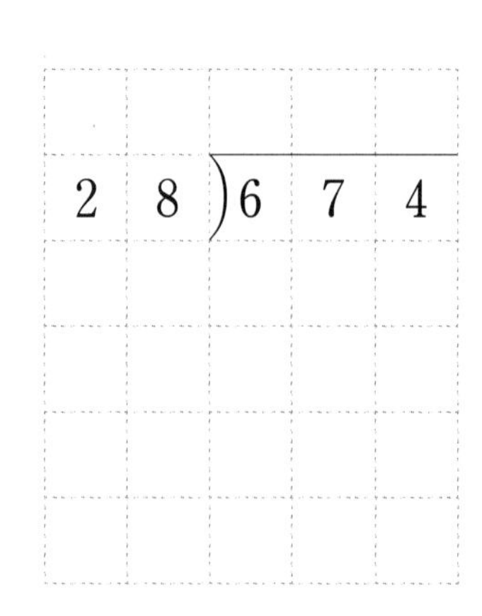

6

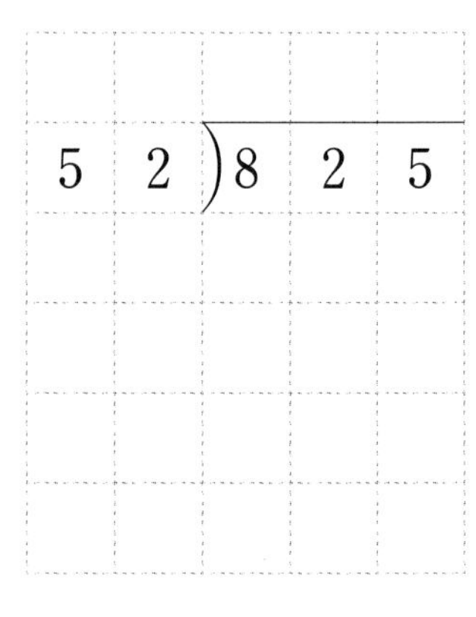

날짜 월 일 확인

● 계산해 보세요.

7 $13\overline{)369}$

8 $31\overline{)524}$

9 $24\overline{)431}$

10 $27\overline{)652}$

11 $34\overline{)774}$

12 $43\overline{)815}$

13 $23\overline{)839}$

14 $19\overline{)894}$

15 $38\overline{)529}$

36 소	28 예	38 수	22 주	18 가
24 원	16 지	47 희	17 진	26 현

07 (세 자리 수)÷(두 자리 수)

✣ $435 \div 12$의 계산

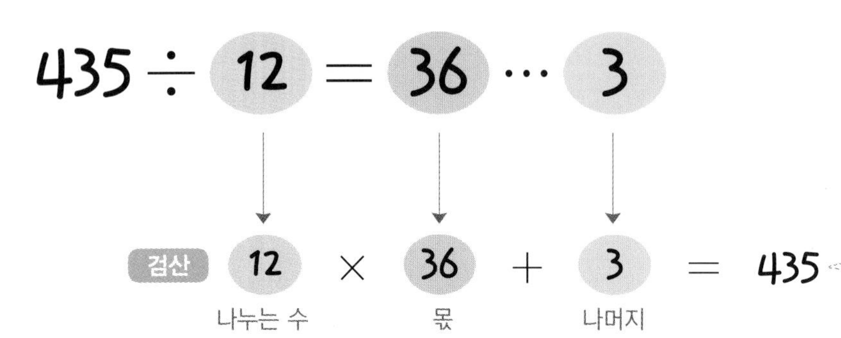

◑ 계산을 하고 검산해 보세요.

1 $524 \div 35 = \square \cdots \square$

검산 $35 \times \square + \square = 524$

2 $471 \div 23 = \square \cdots \square$

검산 $23 \times \square + \square = 471$

3 $389 \div 27 = \square \cdots \square$

검산

4 $593 \div 14 = \square \cdots \square$

검산

5 $625 \div 27 = \square \cdots \square$

검산

6 $708 \div 36 = \square \cdots \square$

검산

7 $766 \div 26 = \square \cdots \square$

검산

8 $829 \div 34 = \square \cdots \square$

검산

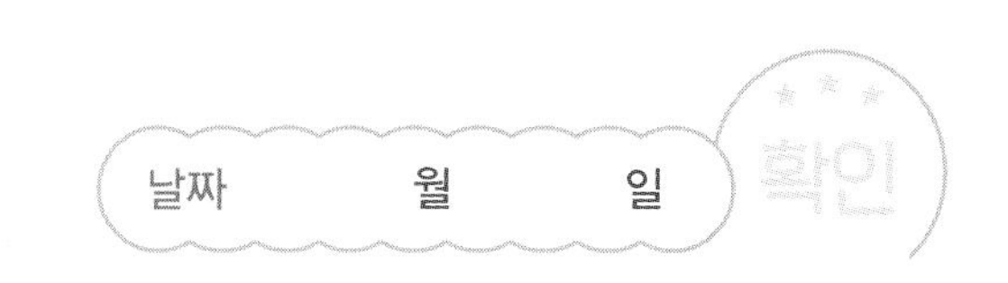

◑ 예지네 마을에서는 매년 곶감 농사를 짓습니다. 각 집마다 한 줄에 매단 곶감의 개수가 다를 때 ▢ 안에 알맞은 수를 써넣으세요.

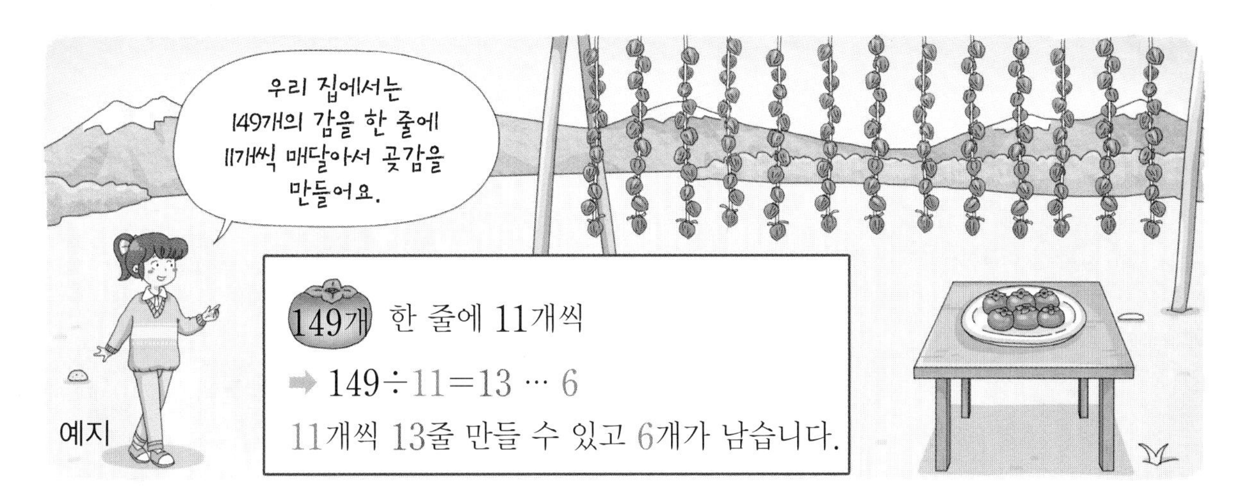

9 475개 한 줄에 32개씩

➡ $475 \div 32 = \square \cdots \square$

(줄 수) (남는 감의 수)

10 528개 한 줄에 25개씩

➡ $528 \div 25 = \square \cdots \square$

11 643개 한 줄에 44개씩

➡ $643 \div 44 = \square \cdots \square$

12 825개 한 줄에 27개씩

➡ $825 \div 27 = \square \cdots \square$

13 706개 한 줄에 33개씩

➡ $706 \div 33 = \square \cdots \square$

14 935개 한 줄에 47개씩

➡ $935 \div 47 = \square \cdots \square$

08 집중 연산 ❶

◑ 계산을 하고 □ 안에 몫을, ○ 안에 나머지를 써넣으세요.

1
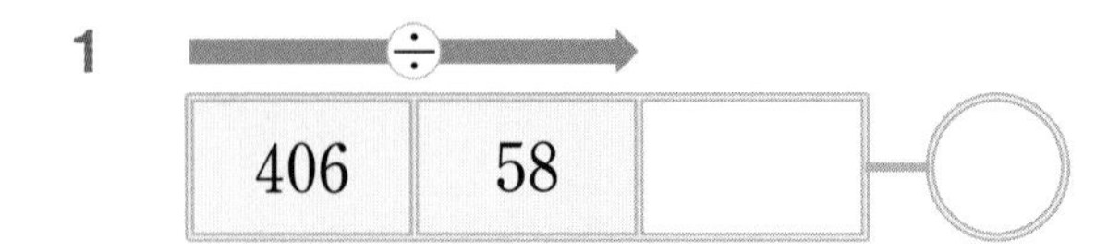

2
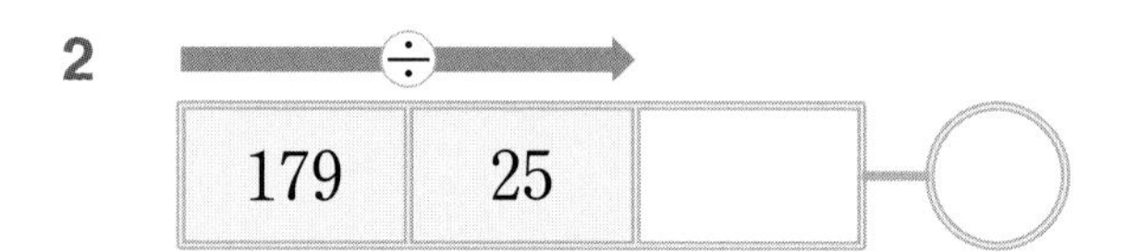

3
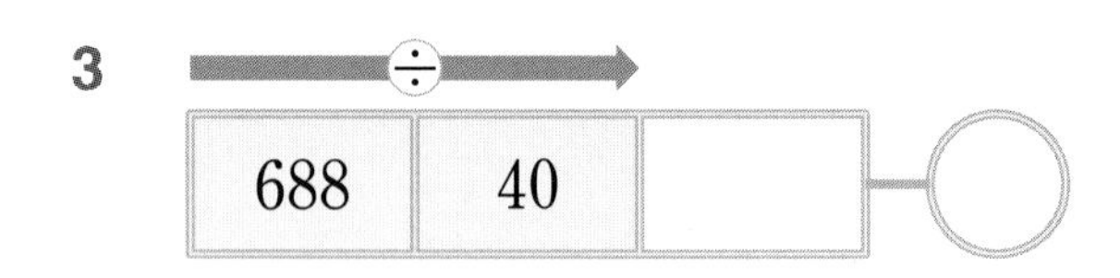

4
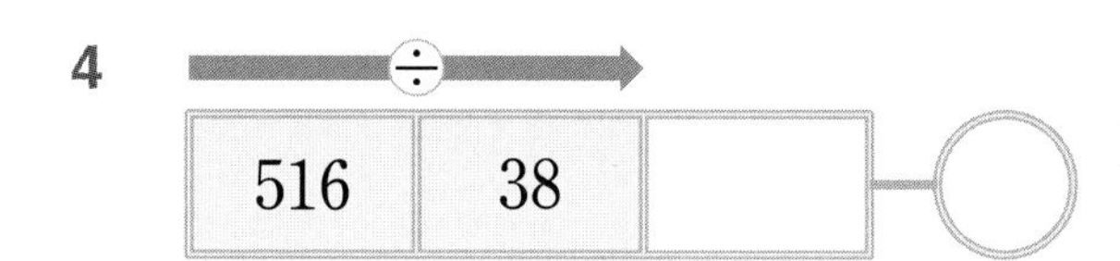

5
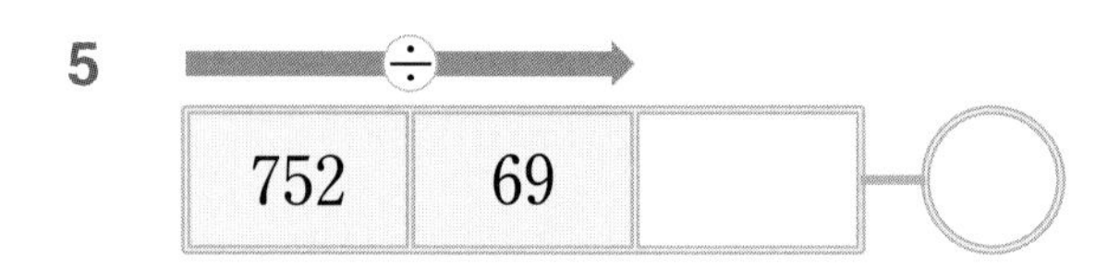

6
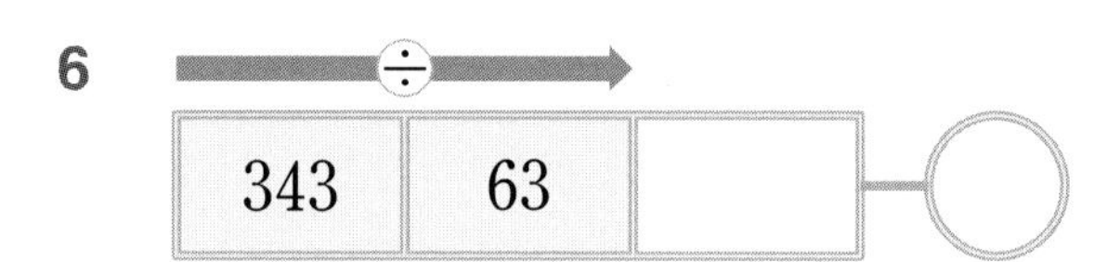

7
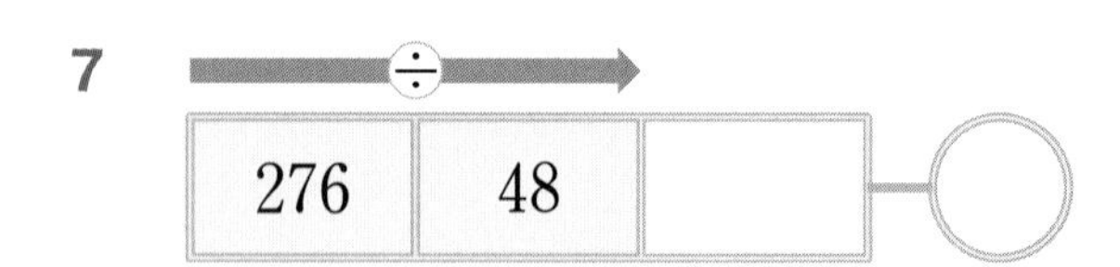

8
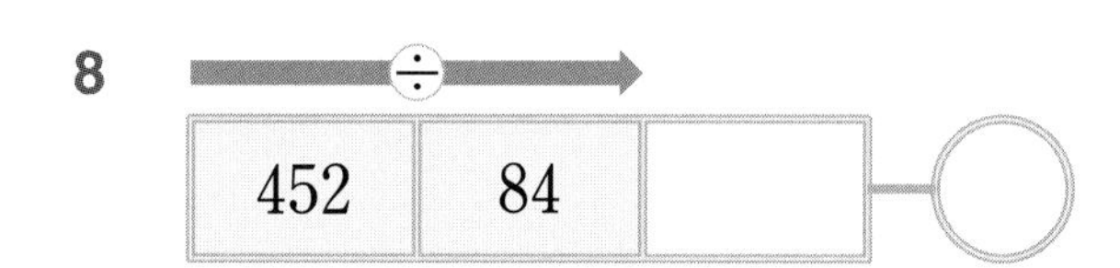

9
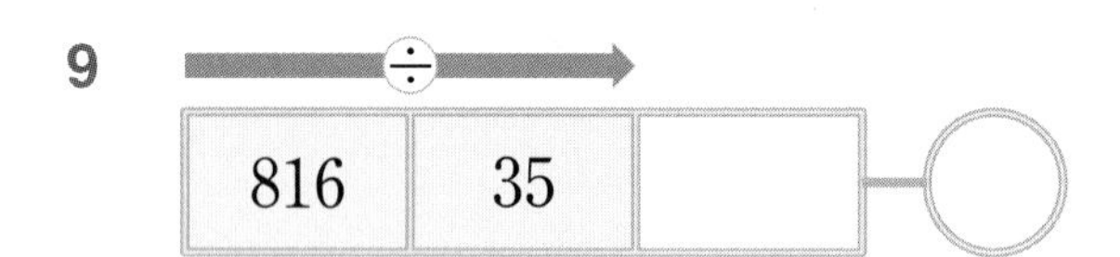

10
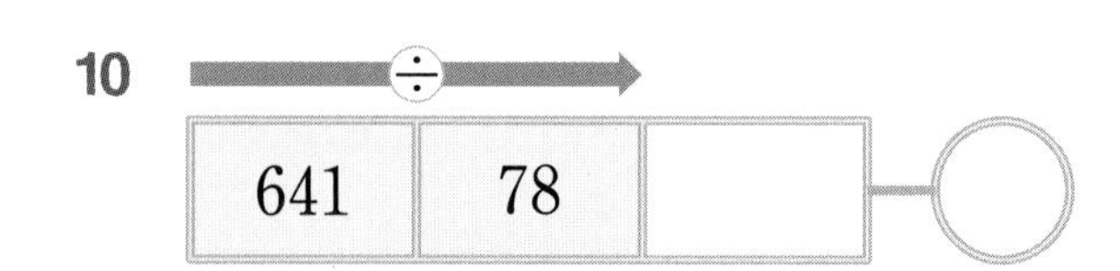

11
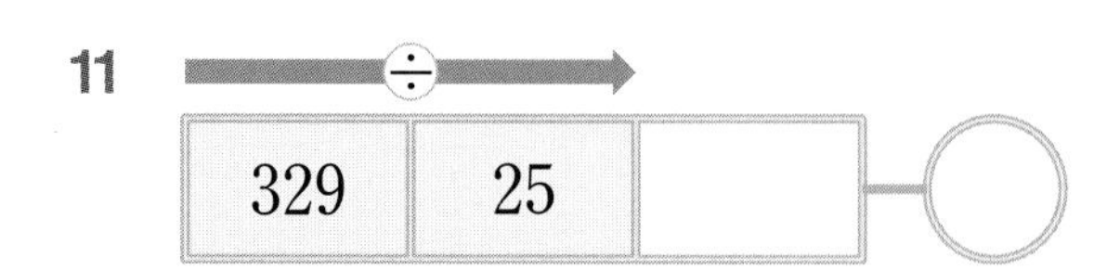

12
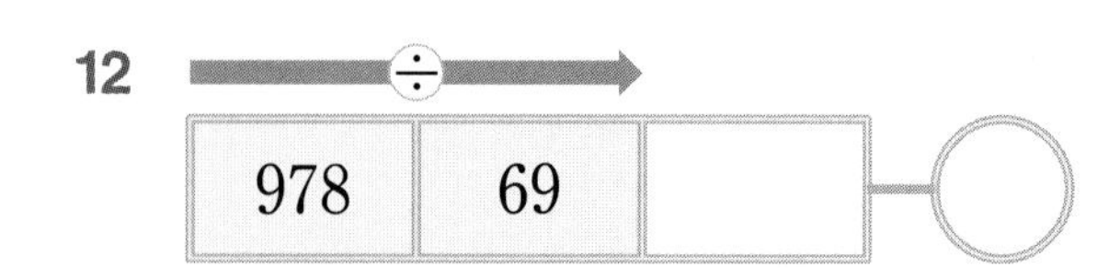

◑ 계산하고 ▭ 안에 몫을, ◯ 안에 나머지를 써넣으세요.

13 167 ÷ 59

14
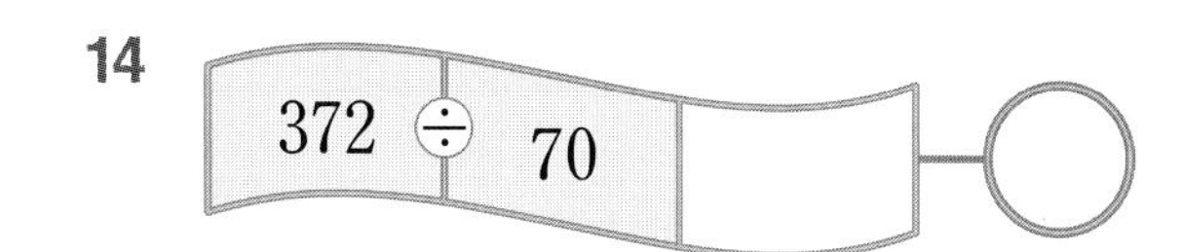

15 174 ÷ 40

16
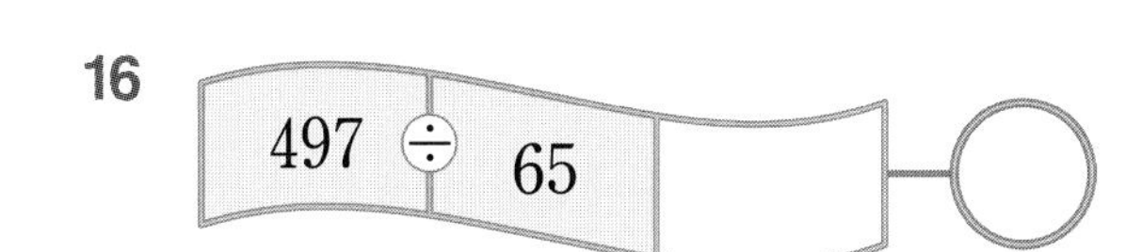

17 583 ÷ 56

18
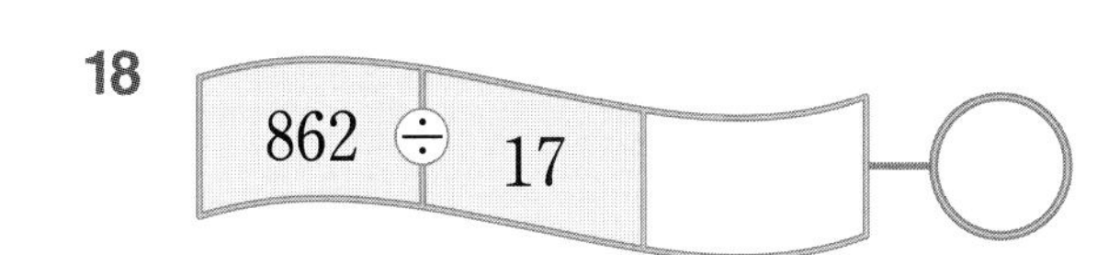

19 363 ÷ 17

20
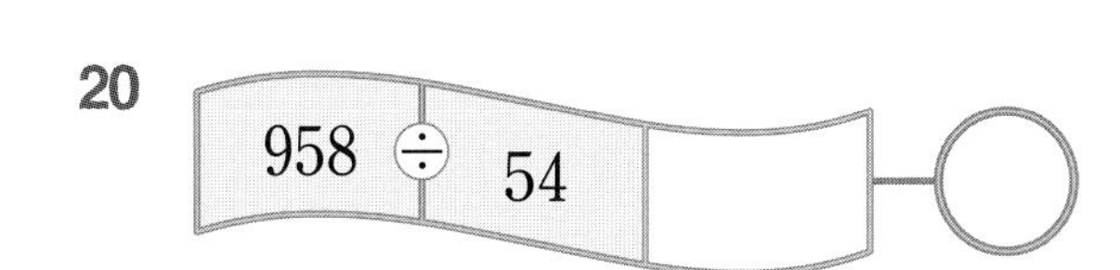

21 793 ÷ 55

22
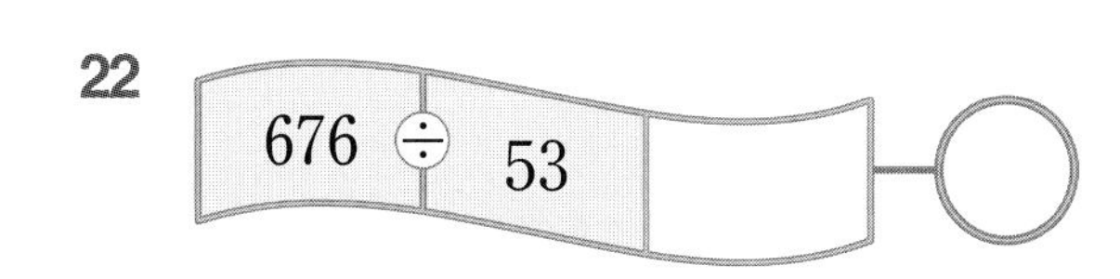

23 915 ÷ 24

24
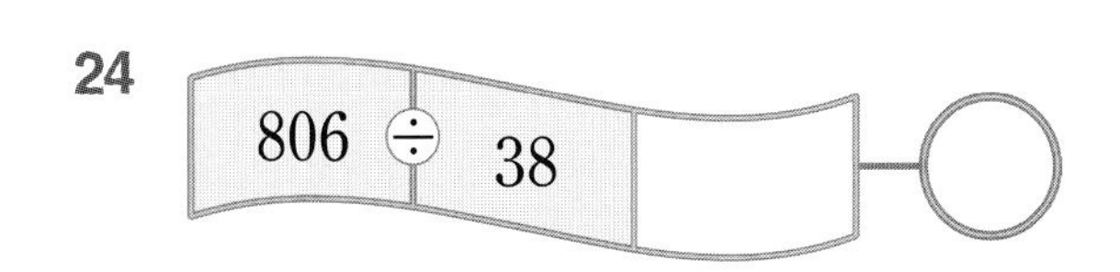

09 집중 연산 ❷

◑ 보기 와 같이 계산을 하고 □ 안에 몫을, ○ 안에 나머지를 써넣으세요.

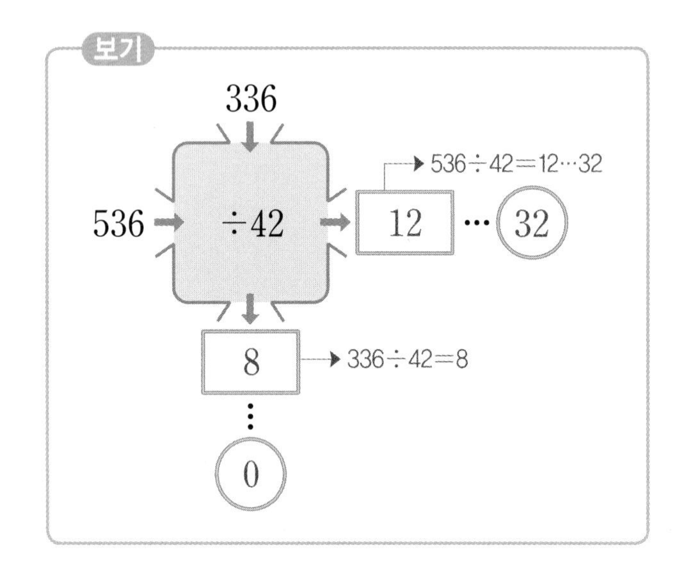

1

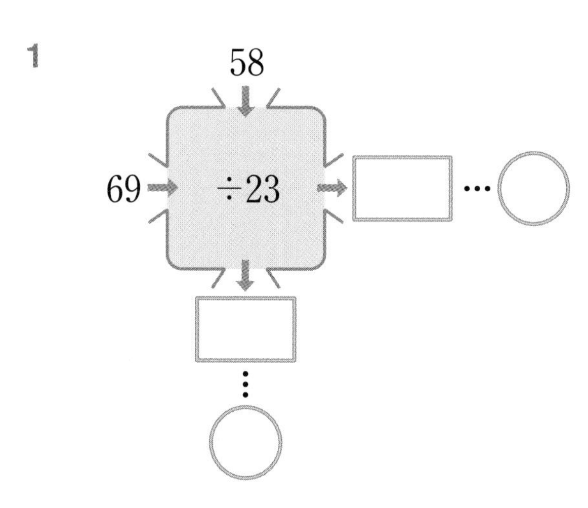

2

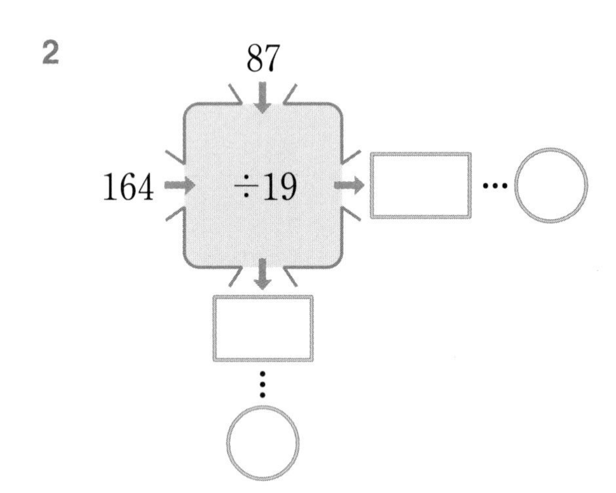

3

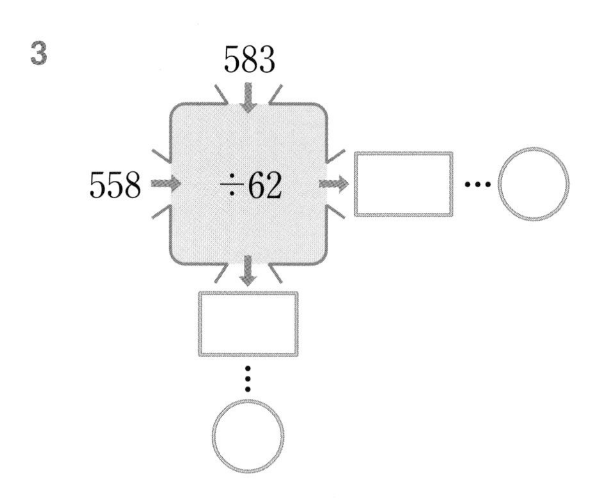

4

284

627 → ÷45 → □ ··· ○

□

⋮

○

5

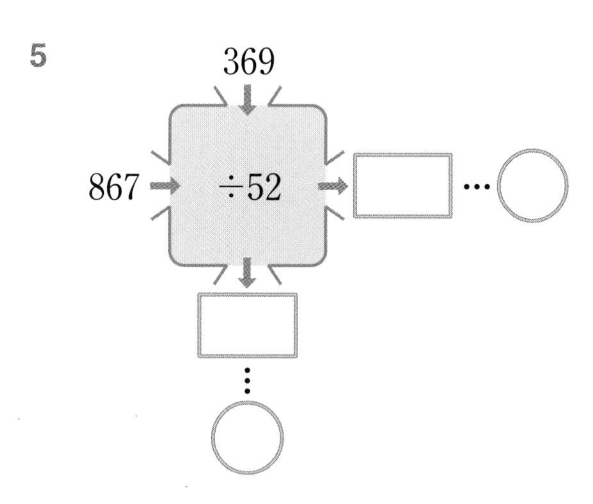

● 계산을 하고 □ 안에 몫을, ○ 안에 나머지를 써넣으세요.

6

	74			
98	÷	38	2	⋯ (22)
	25			
	□			
	⋮			
	○			

→ 98÷38=2⋯22

7

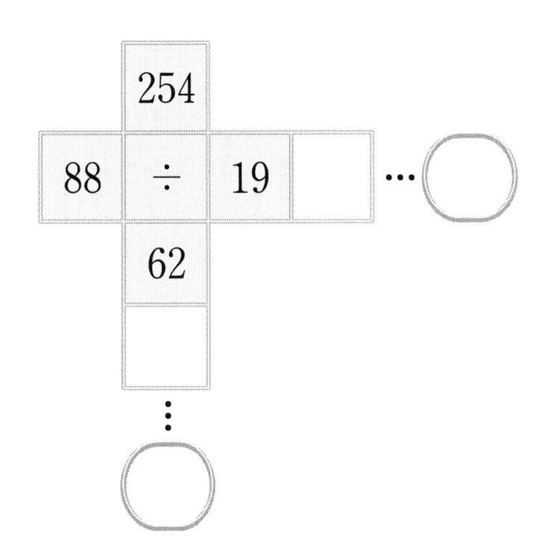

8

	158			
427	÷	81	□	⋯ ○
	24			
	□			
	⋮			
	○			

9

	329			
718	÷	56	□	⋯ ○
	48			
	□			
	⋮			
	○			

10

	425			
935	÷	24	□	⋯ ○
	19			
	□			
	⋮			
	○			

11

	817			
954	÷	39	□	⋯ ○
	28			
	□			
	⋮			
	○			

10 집중 연산 ❸

◐ 계산해 보세요.

1
$28\overline{)84}$

2
$17\overline{)69}$

3
$24\overline{)95}$

4
$34\overline{)204}$

5
$26\overline{)156}$

6
$67\overline{)536}$

7
$45\overline{)375}$

8
$69\overline{)439}$

9
$93\overline{)621}$

10
$39\overline{)663}$

11
$22\overline{)836}$

12
$14\overline{)728}$

13
$43\overline{)593}$

14
$26\overline{)935}$

15
$18\overline{)807}$

16 $86 \div 43$
$74 \div 37$

17 $98 \div 24$
$99 \div 31$

18 $184 \div 27$
$452 \div 27$

19 $347 \div 57$
$689 \div 57$

20 $957 \div 33$
$827 \div 33$

21 $952 \div 28$
$819 \div 28$

22 $486 \div 87$
$542 \div 33$

23 $475 \div 63$
$824 \div 26$

24 $287 \div 38$
$997 \div 38$

25 $895 \div 41$
$642 \div 41$

8 규칙 찾기

너 때문에 꼬마를 놓쳤잖아.
미안해.

근데 그 꼬마, 아빠, 엄마에게 벌써 말한 건 아니겠지?
설마?

항구로 가려면 이 길을 지나야 하지.

아직 그 꼬마가 이 길을 지나간 것 같진 않아.

그 꼬마가 사람들을 데려 오기 전에 우린 동물들을 잡아서 도망가자!

앗! 쟤들은….
뭐야? 왜 그래?

아까 그 꼬마들….

하하~ 다시 오다니 너희 겁이 없구나?
그러게~

저희가 아저씨들께 지금이라도 돌아갈 기회를 드릴게요.

푸하하하하

꼬마야, 혼나기 전에 어서 도망치는 게 좋을텐데….
그럼, 그럼.

이걸 보세요!
휙

101	201	301	401	501
111	211	311	411	511
121	221	321	421	521

101	201	301	401	501
111	211	311	411	511
121	221	321	421	521

규칙 101부터 → 방향으로 100씩 커집니다.

학습내용

- 수 배열에서 규칙 찾기
- 계산식에서 규칙 찾기
- 규칙적인 계산식 찾기

01 수 배열에서 규칙 찾기 (1)

✣ 수 배열표에서 규칙 찾기

1001	1002	1003	1004
1101	1102	1103	1104
1201	1202	1203	1204
1301	1302	1303	1304

규칙 • 1001부터 → 방향으로 1씩 커집니다.
• 1001부터 ↓ 방향으로 100씩 커집니다.
• 1001부터 ↘ 방향으로 101씩 커집니다.

◐ 수 배열표를 보고 색칠된 칸에 나타난 규칙을 찾아보세요.

1

203	213	223	233	243	253	263	273	283	293
303	313	323	333	343	353	363	373	383	393
403	413	423	433	443	453	463	473	483	493
503	513	523	533	543	553	563	573	583	593

규칙 403부터 → 방향으로 ☐씩 커집니다.

2

3070	3170	3270	3370	3470	3570	3670	3770	3870	3970
4070	4170	4270	4370	4470	4570	4670	4770	4870	4970
5070	5170	5270	5370	5470	5570	5670	5770	5870	5970
6070	6170	6270	6370	6470	6570	6670	6770	6870	6970

규칙 3470부터 ↓ 방향으로 ☐씩 커집니다.

3

1005	1105	1205	1305	1405	1505	1605	1705	1805	1905
2005	2105	2205	2305	2405	2505	2605	2705	2805	2905
3005	3105	3205	3305	3405	3505	3605	3705	3805	3905
4005	4105	4205	4305	4405	4505	4605	4705	4805	4905
5005	5105	5205	5305	5405	5505	5605	5705	5805	5905

규칙 1105부터 ↘ 방향으로 ☐씩 커집니다.

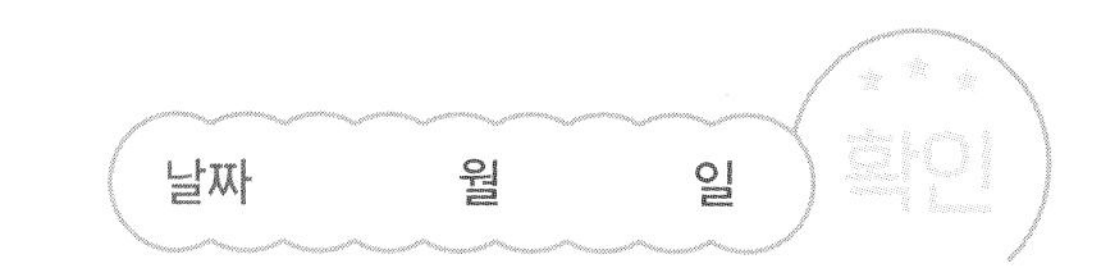

◐ 수 배열표를 보고 세 친구가 말하는 규칙적인 수의 배열을 찾아 색칠해 보세요.

10001	10002	10003	10004	10005	10006	10007
10011	10012	10013	10014	10015	10016	10017
10021	10022	10023	10024	10025	10026	10027
10031	10032	10033	10034	10035	10036	10037
10041	10042	10043	10044	10045	10046	10047
10051	10052	10053	10054	10055	10056	10057

4 10051부터 1씩 커지는 수를 찾아 초록색으로 색칠해 봐.

5 10037부터 10씩 작아지는 수를 찾아 분홍색으로 색칠해 봐.

6 10006부터 1씩 작아지는 수를 찾아 하늘색으로 색칠해 봐.

위 수 배열표에 색칠하여 나타난 글자는 무엇일까요?

02 수 배열에서 규칙 찾기 (2)

✣ 수 배열표에서 규칙을 찾아 ▲에 알맞은 수 구하기

100	110	120	130	140	150
200	210	220	230	240	250
300	310	320	330	340	350
400	410	420	430	440	450
500	510	520	530	▲	550

어느 방향으로 몇씩 커지는지 규칙을 찾아봐요.

규칙 • → 방향으로 10씩 커집니다.

• ↓ 방향으로 100씩 커집니다.

➡ ▲에 알맞은 수는 540입니다.

◑ 수 배열표에서 규칙을 찾아 ■, ●에 알맞은 수를 각각 구하세요.

1

214	215	216	217	218
224	225	226	227	228
234	235	236	237	■
244	245	246	247	248
254	●	256	257	258

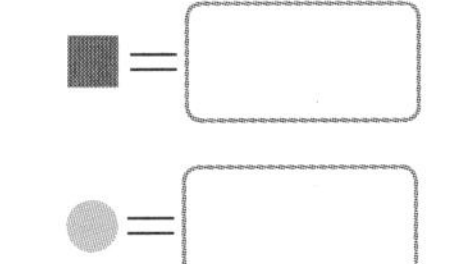

2

130	131	133	136	140
330	331	333	336	340
530	531	■	536	540
730	731	733	736	740
930	931	933	●	940

수가 → 방향으로 1, 2, 3, ...씩 커져요.

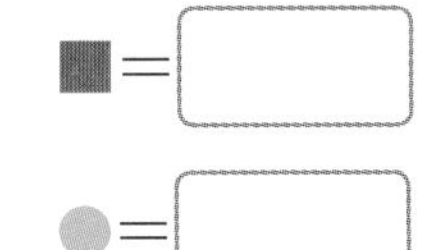

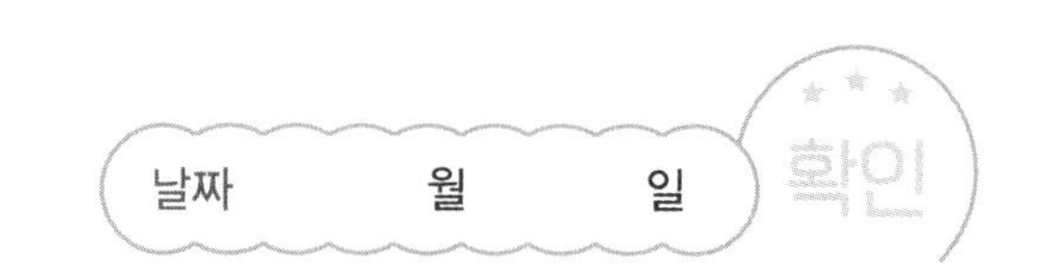

◑ 수 배열표에서 규칙을 찾아 ♥, ★에 알맞은 수를 각각 구하세요.

3

50	52	54	56	58	60
70	72	74	76	78	80
90	92	♥	96	98	100
110	112	114	116	118	120
130	132	134	136	138	★
150	152	154	156	158	160

♥ =

★ =

4

12	14	16	18	20	22
112	114	116	118	120	122
212	214	216	218	220	222
312	314	316	♥	320	322
412	414	416	418	420	422
512	514	516	518	★	522

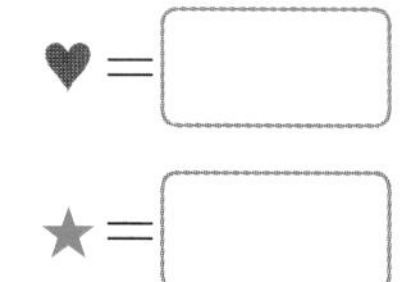

♥ =

★ =

5

932	933	934	935	936	937
832	833	834	835	836	837
732	733	734	735	736	♥
632	633	634	635	636	637
532	533	★	535	536	537
432	433	434	435	436	437

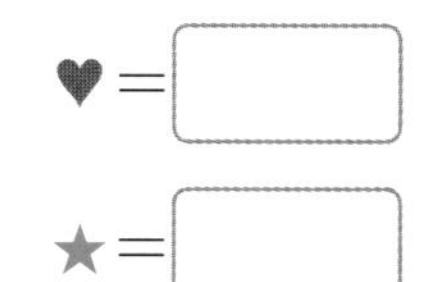

♥ =

★ =

03 수 배열에서 규칙 찾기 (3)

✣ 수의 배열에서 규칙 찾기

2034 — 2134 — 2334 — 2634 — 3034 — 3534

규칙 2034부터 시작하여 100, 200, 300, …씩 커집니다.

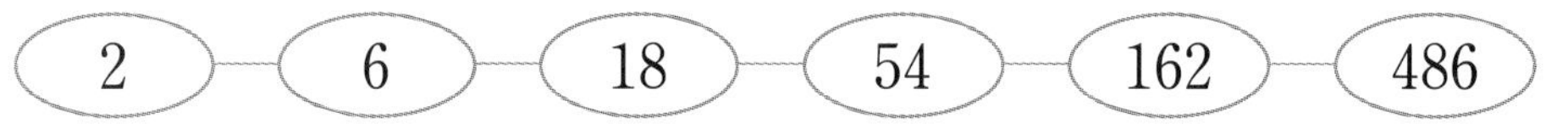

규칙 2부터 시작하여 3씩 곱한 수가 오른쪽에 있습니다.

◑ 수 배열에서 규칙을 찾아 빈칸에 알맞은 수를 써넣으세요.

1

172	182	202	232		322	382

2

4015	3915	3715	3415	3015		1915

3

3	6	12	24	48	96	

4

2187	729	243		27	9	3

5

2	8	32	128	512		8192

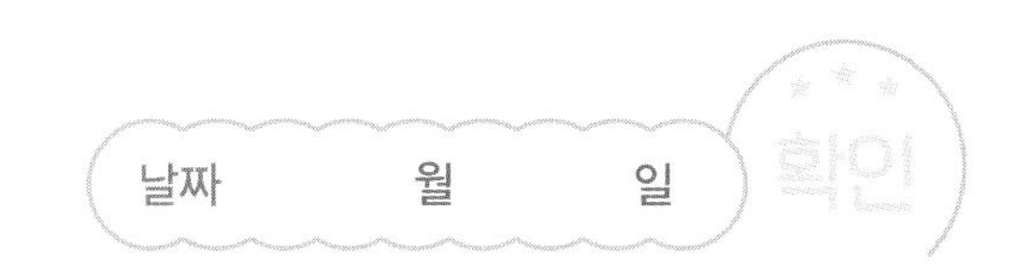

◐ 수 배열에서 규칙을 찾아 빈칸에 알맞은 수를 써넣으세요.

6

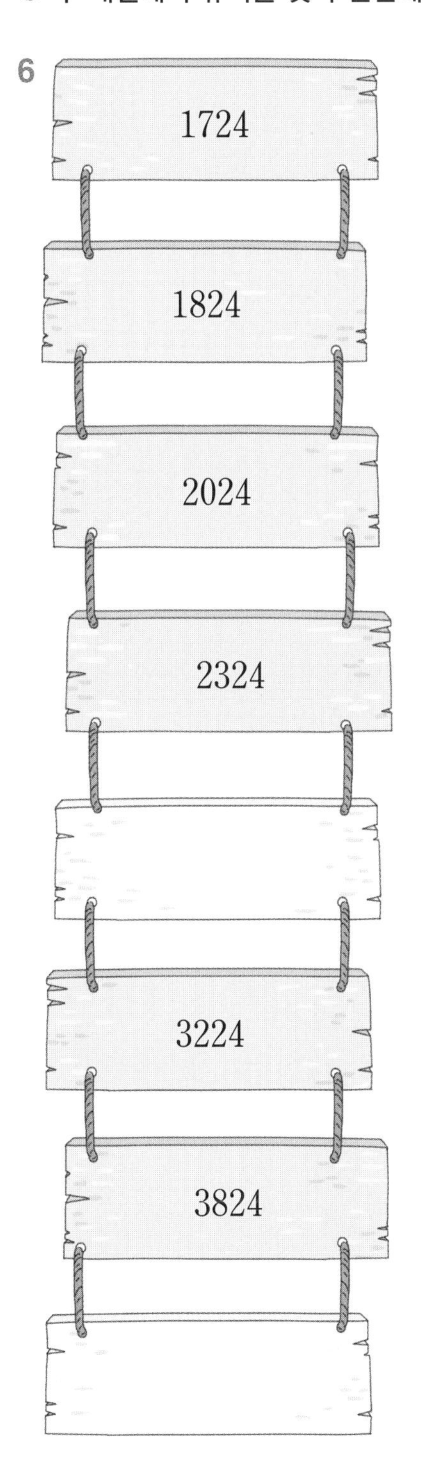

7

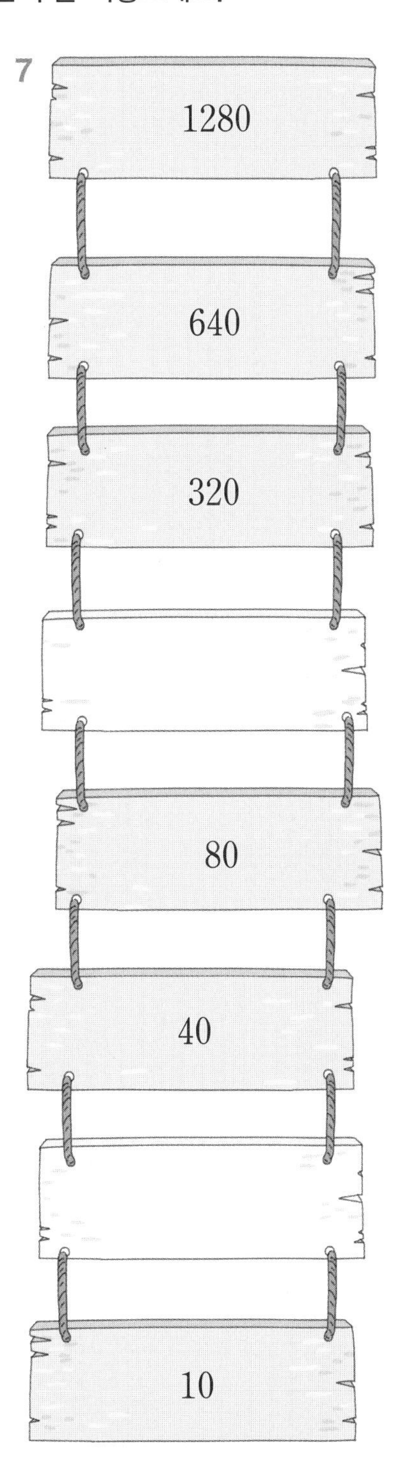

8

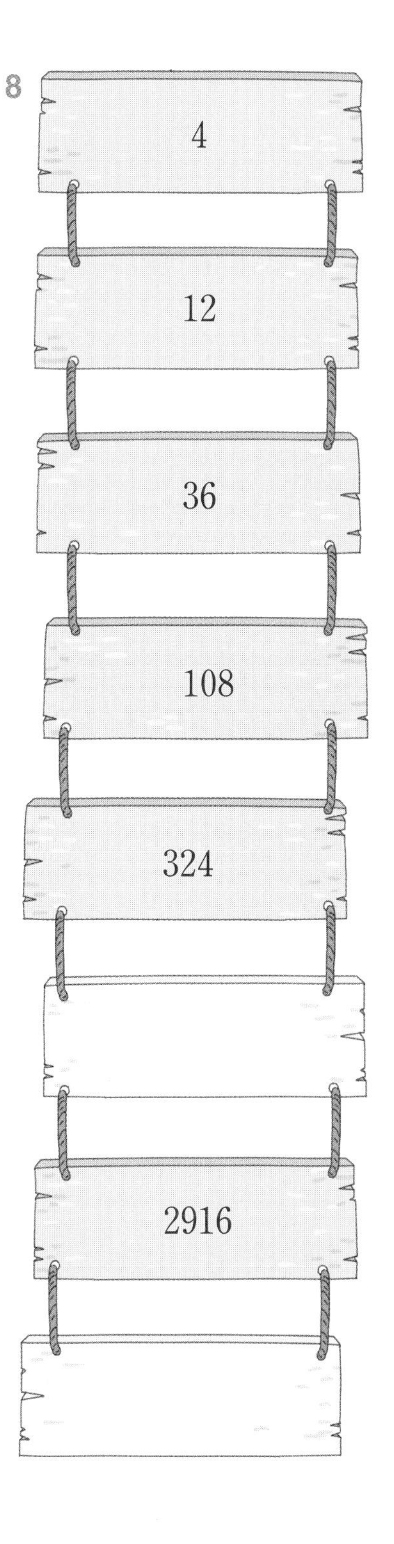

수가 커지는지 작아지는지
보고 규칙을 찾아 빈칸에
알맞은 수를 써넣으세요.

04 계산식에서 규칙 찾기 (1)

✣ 덧셈식에서 규칙 찾기

순서	덧셈식
첫째	210+110=320
둘째	220+120=340
셋째	230+130=360
넷째	240+140=380

+20 / +20 / +20

규칙 각각 10씩 커지는 두 수의 합은 20씩 커집니다.

◐ 계산식에서 규칙을 찾아 넷째에 알맞은 계산식을 완성해 보세요.

1

순서	뺄셈식
첫째	700−400=300
둘째	1700−400=1300
셋째	2700−400=2300
넷째	□−400=□

2

순서	덧셈식
첫째	105+204=309
둘째	205+304=509
셋째	305+404=709
넷째	405+□=□

3

순서	뺄셈식
첫째	357−210=147
둘째	557−410=147
셋째	757−610=147
넷째	957−□=□

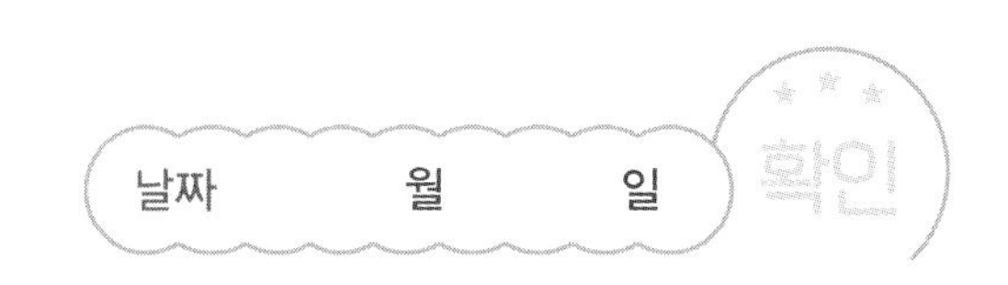

● 계산식에서 규칙을 찾아 빈칸에 알맞은 식의 기호를 써넣으세요.

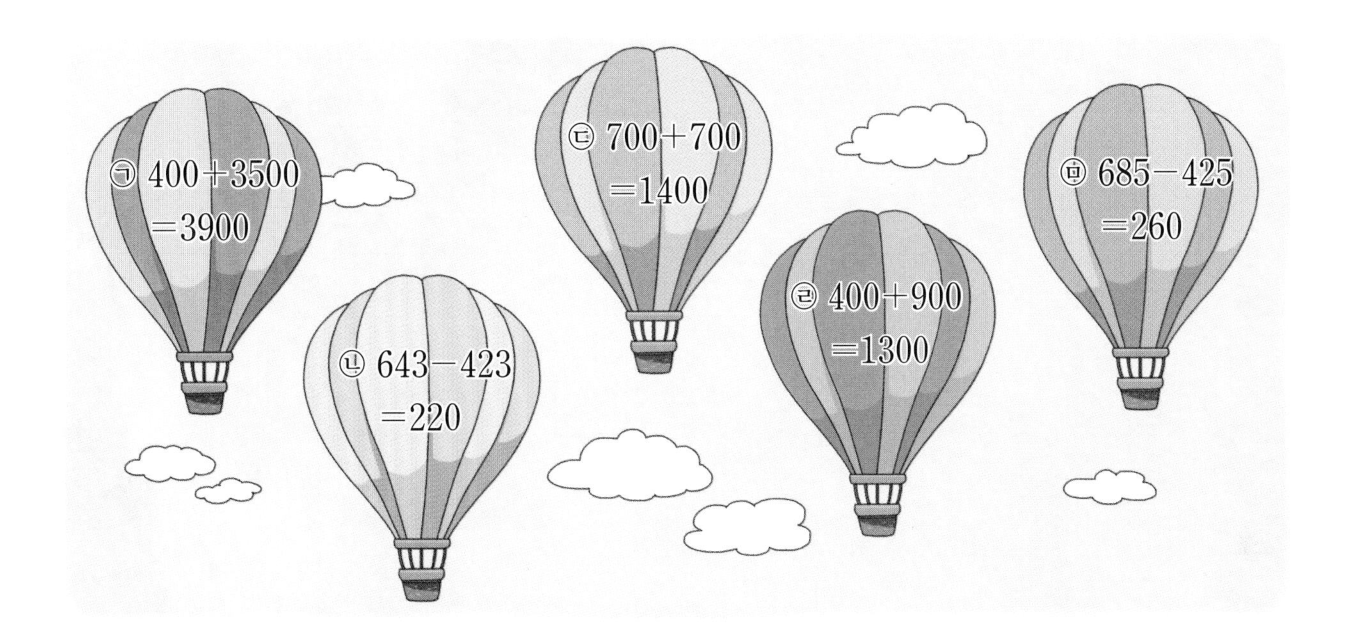

4

943−123=820
843−223=620
743−323=420
[ ]
543−523=20

5

400+500=900
400+1500=1900
400+2500=2900
[ ]
400+4500=4900

6

100+100=200
300+300=600
500+500=1000
[ ]
900+900=1800

7

385−125=260
485−225=260
585−325=260
[ ]
785−525=260

05 계산식에서 규칙 찾기 (2)

나눗셈식에서 규칙 찾기

순서	나눗셈식
첫째	110÷11=10
둘째	220÷11=20
셋째	330÷11=30
넷째	440÷11=40

규칙 110, 220, 330, …과 같이 110씩 커지는 수를 11로 나누면 계산 결과가 10씩 커집니다.

● 계산식에서 규칙을 찾아 넷째에 알맞은 계산식을 완성해 보세요.

1

순서	나눗셈식
첫째	300÷2=150
둘째	500÷2=250
셋째	700÷2=350
넷째	☐÷2=☐

2

순서	곱셈식
첫째	10×20=200
둘째	20×20=400
셋째	30×20=600
넷째	☐×20=☐

3

순서	곱셈식
첫째	37×3=111
둘째	37×6=222
셋째	37×9=333
넷째	☐×12=☐

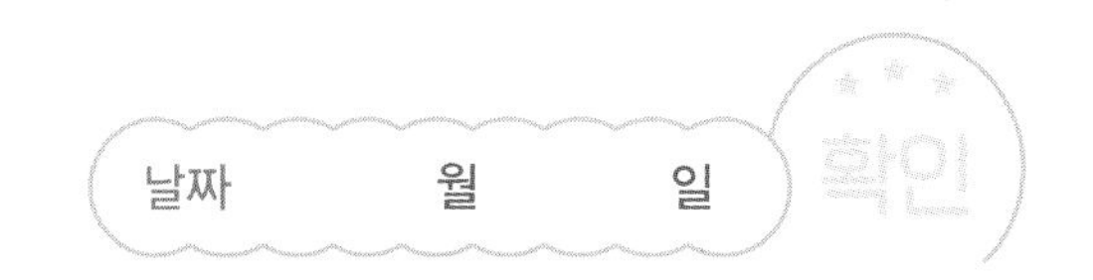

◑ 계산식에서 규칙을 찾아 ▢ 안에 알맞은 수를 써넣으세요.

4

$700 \div 10 = 70$

$600 \div 10 = 60$

$500 \div 10 = 50$

$400 \div 10 = \square$

$300 \div 10 = 30$

5

$1001 \times 11 = 11011$

$1001 \times 22 = 22022$

$1001 \times 33 = 33033$

$1001 \times 44 = \square$

$1001 \times 55 = 55055$

6

$11 \times 11 = 121$

$11 \times 111 = 1221$

$11 \times 1111 = 12221$

$11 \times 11111 = \square$

$11 \times 111111 = 1222221$

7

$1111 \div 11 = 101$

$2222 \div 22 = 101$

$3333 \div 33 = 101$

$4444 \div 44 = \square$

$5555 \div 55 = 101$

8

$110 \div 11 = 10$

$1100 \div 11 = 100$

$11000 \div 11 = 1000$

$110000 \div 11 = \square$

$1100000 \div 11 = 100000$

9

$5 \times 107 = 535$

$5 \times 1007 = 5035$

$5 \times 10007 = 50035$

$5 \times 100007 = \square$

$5 \times 1000007 = 5000035$

06 규칙적인 계산식 찾기

✣ 수 배열표를 보고 규칙적인 계산식 찾기

110	120	130	140	150	160
170	180	190	200	210	220

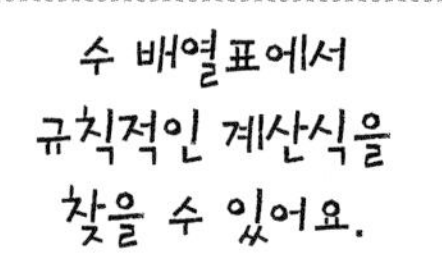

규칙 • 대각선 (×)방향에 있는 두 수의 합은 같습니다.

110+180=170+120

• 연속하는 세 수(—)의 합은 가운데 수의 3배와 같습니다.

140+150+160=150×3

↳ 450 ↳ 450

◐ 수 배열표를 보고 규칙적인 계산식을 완성해 보세요.

201	203	205	207	209	211	213	215	217
202	204	206	208	210	212	214	216	218

1

201+204=□+203

203+206=204+205

205+208=206+□

2

209+□=210+211

211+214=212+213

213+216=□+215

3

203+205+207=205×3

206+208+210=□×3

4

202+204+206=□×3

212+214+□=214×3

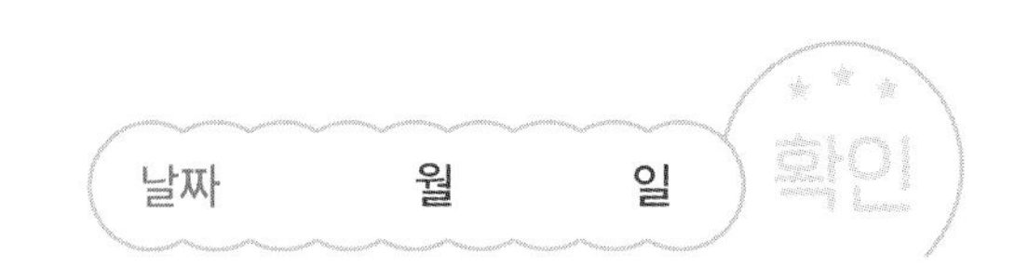

● 보기 와 같이 ▭로 표시된 수에서 찾을 수 있는 규칙적인 계산식을 완성해 보세요.

5 달력

보기

$1+17=9\times2$

$3+19=11\times\square$

$5+\square=13\times2$

6 엘리베이터

보기

$6+12+18=12\times3$

$7+13+19=\square\times3$

$9+15+21=15\times\square$

7 책장

보기

$301+202=201+302$

$204+105=\square+205$

$307+\square=207+308$

07 집중 연산 ❶

◑ 수 배열표를 보고 빈칸에 알맞은 수를 써넣으세요.

1

904	914	924	934	944
804	814	824	834	
704	714		734	744
604	614	624		644

2

2050	2150	2250	2350	2450
3050		3250	3350	3450
4050	4150		4350	
5050	5150	5250	5350	5450

3

45321	45331	45341	45351	45361
46321	46331		46351	46361
47321	47331	47341	47351	
48321		48341	48351	48361

4

20453	21453	22453	23453	24453
30453	31453	32453	33453	
40453	41453	42453		44453
50453		52453	53453	54453

◑ 수 배열에서 규칙을 찾아 빈칸에 알맞은 수를 써넣으세요.

5

6

7

8

9

10

08 집중 연산 ❷

◑ 수 배열표에서 규칙을 찾아 ■, ●에 알맞은 수를 각각 구하세요.

1

1206	1306	1406	1506	1606	1706
2206	2306	2406	2506	■	2706
3206	3306	3406	3506	3606	3706
4206	●	4406	4506	4606	4706

■=

●=

2

2111	2222	2333	2444	2555	2666
3111	3222	3333	3444	3555	■
4111	4222	4333	4444	4555	4666
5111	5222	●	5444	5555	5666

■=

●=

◑ 달력에 ⬭로 표시된 수에서 찾을 수 있는 규칙적인 계산식을 완성해 보세요.

3

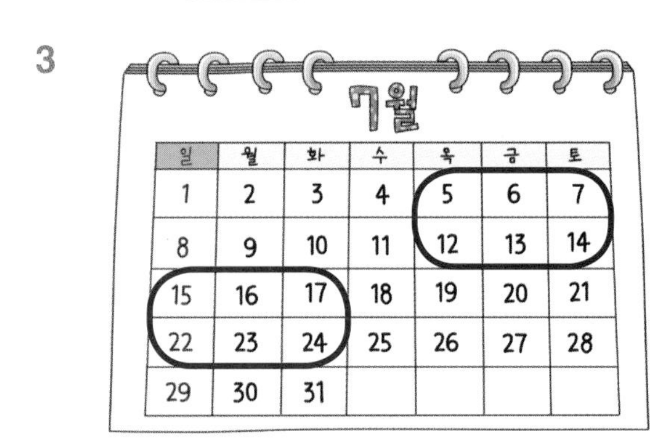

$5+14=12+\square$

$15+24=\square+17$

4

$8+\square=16\times2$

$4+20=\square\times2$

● 계산기 버튼의 수 배열에서 규칙적인 계산식을 찾아 □ 안에 알맞은 수를 써넣으세요.

5

$7-4=3$

$8-5=\square$

$9-6=\square$

6

$1+4+7=4\times3$

$2+5+8=\square\times3$

$3+6+9=6\times3$

7

$1+2+3=2\times\square$

$4+5+6=5\times3$

$7+8+9=8\times3$

● 승강기 버튼의 수 배열에서 규칙적인 계산식을 찾아 □ 안에 알맞은 수를 써넣으세요.

3	8	13
2	7	12
1	6	11
◀|▶	5	10
▶|◀	4	9

8

$1+11=\square\times2$

$2+12=7\times2$

$3+13=8\times2$

9

$5+11=6+10$

$6+12=\square+11$

$7+13=8+\square$

10

$1+6+11=6\times3$

$2+7+12=7\times\square$

$3+8+13=\square\times3$

09 집중 연산 ❸

◑ 계산식에서 규칙을 찾아 다섯째에 알맞은 계산식을 완성해 보세요.

1

순서	계산식
첫째	$100+400-200=300$
둘째	$200+500-300=400$
셋째	$300+600-400=500$
넷째	$400+700-500=600$
다섯째	$500+800-\square=700$

2

순서	곱셈식
첫째	$6\times104=624$
둘째	$6\times1004=6024$
셋째	$6\times10004=60024$
넷째	$6\times100004=600024$
다섯째	$6\times1000004=\square$

3

순서	나눗셈식
첫째	$13200\div22=600$
둘째	$11000\div22=500$
셋째	$8800\div22=400$
넷째	$6600\div22=300$
다섯째	$\square\div22=\square$

● 계산식에서 규칙을 찾아 넷째에 알맞은 계산식을 구하세요.

4

순서	덧셈식
첫째	$12+21=33$
둘째	$123+321=444$
셋째	$1234+4321=5555$
넷째	
다섯째	$123456+654321=777777$

5

순서	뺄셈식
첫째	$416-106=310$
둘째	$426-116=310$
셋째	$436-126=310$
넷째	
다섯째	$456-146=310$

6

순서	곱셈식
첫째	$1\times1=1$
둘째	$11\times11=121$
셋째	$111\times111=12321$
넷째	
다섯째	$11111\times11111=123454321$

(세 자리 수)×(세 자리 수)를 ×자로 곱하는 방법

			3	4	7
		×	2	5	6
				4	2
			5	9	
		5	2		
	2	3			
	6				
	8	8	8	3	2

- ← $\binom{347}{256}$: 7×6=42
- ← $\binom{347}{256}$: (4×6)+(7×5)=24+35=59 (괄호 안부터 계산해요.)
- ← $\binom{347}{256}$: (3×6)+(7×2)+(4×5)=18+14+20=52
- ← $\binom{347}{256}$: (3×5)+(4×2)=15+8=23
- ← $\binom{347}{256}$: 3×2=6

✤ 위와 같은 방법으로 계산을 해 볼까요?

1

			1	4	3
		×	2	1	6

2

			6	8	2
		×	4	1	5

배움으로 행복한 내일을 꿈꾸는

천재교육 커뮤니티 안내

교재 안내부터 구매까지 한 번에!

천재교육 홈페이지

자사가 발행하는 참고서, 교과서에 대한 소개는 물론
도서 구매도 할 수 있습니다. 회원에게 지급되는 별을 모아
다양한 상품 응모에도 도전해 보세요!

다양한 교육 꿀팁에 깜짝 이벤트는 덤!

천재교육 인스타그램

천재교육의 새롭고 중요한 소식을 가장 먼저 접하고 싶다면?
천재교육 인스타그램 팔로우가 필수!
깜짝 이벤트도 수시로 진행되니 놓치지 마세요!

수업이 편리해지는

천재교육 ACA 사이트

오직 선생님만을 위한, 천재교육 모든 교재에 대한 정보가 담긴
아카 사이트에서는 다양한 수업자료 및 부가 자료는 물론
시험 출제에 필요한 문제도 다운로드하실 수 있습니다.

https://aca.chunjae.co.kr

천재교육을 사랑하는 샘들의 모임

천사샘

학원 강사, 공부방 선생님이시라면 누구나 가입할 수 있는 천사샘!
교재 개발 및 평가를 통해 교재 검토진으로 참여할 수 있는 기회는 물론
다양한 교사용 교재 증정 이벤트가 선생님을 기다립니다.

아이와 함께 성장하는 학부모들의 모임공간

튠맘 학습연구소

튠맘 학습연구소는 초·중등 학부모를 대상으로 다양한 이벤트와 함께
교재 리뷰 및 학습 정보를 제공하는 네이버 카페입니다.
초등학생, 중학생 자녀를 둔 학부모님이라면 튠맘 학습연구소로 오세요!

뭘 좋아할지 몰라 다 준비했어♥
전과목 교재

전과목 시리즈 교재

●우등생 해법시리즈

– 국어/수학	1~6학년, 학기용
– 사회/과학	3~6학년, 학기용
– SET(전과목/국수, 국사과)	1~6학년, 학기용

●똑똑한 하루 시리즈

– 똑똑한 하루 독해	예비초~6학년, 총 14권
– 똑똑한 하루 글쓰기	예비초~6학년, 총 14권
– 똑똑한 하루 어휘	예비초~6학년, 총 14권
– 똑똑한 하루 한자	예비초~6학년, 총 14권
– 똑똑한 하루 수학	1~6학년, 총 12권
– 똑똑한 하루 계산	예비초~6학년, 총 14권
– 똑똑한 하루 도형	예비초~6학년, 총 8권
– 똑똑한 하루 사고력	1~6학년, 총 12권
– 똑똑한 하루 사회/과학	3~6학년, 학기용
– 똑똑한 하루 안전	1~2학년, 총 2권
– 똑똑한 하루 Voca	3~6학년, 학기용
– 똑똑한 하루 Reading	초3~초6, 학기용
– 똑똑한 하루 Grammar	초3~초6, 학기용
– 똑똑한 하루 Phonics	예비초~초등, 총 8권

●독해가 힘이다 시리즈

– 초등 수학도 독해가 힘이다	1~6학년, 학기용
– 초등 문해력 독해가 힘이다 문장제수학편	1~6학년, 총 12권
– 초등 문해력 독해가 힘이다 비문학편	3~6학년, 총 8권

영어 교재

●초등영어 교과서 시리즈

파닉스(1~4단계)	3~6학년, 학년용
영단어(1~4단계)	3~6학년, 학년용
●LOOK BOOK 영단어	3~6학년, 단행본
●원서 읽는 LOOK BOOK 영단어	3~6학년, 단행본

국가수준 시험 대비 교재

●해법 기초학력 진단평가 문제집	2~6학년·중1 신입생, 총 6권

정답 및 풀이

4·A
초등 4 수준

천재교육

정답 및 풀이
포인트 3가지

- ▶ 쉽게 찾을 수 있는 정답
- ▶ 알아보기 쉽게 정리된 정답
- ▶ 혼자서도 이해할 수 있는 친절한 문제 풀이

1 큰 수

01 다섯 자리 수 알아보기 8~9쪽

1. 400, 32410 **2.** 4000, 64305

3. 50, 15052 **4.** 70000, 70432

5. 머리를 감을 때 먼저 감아야 하는 것은?

눈

02 십만, 백만, 천만 알아보기 10~11쪽

1. 8 **2.** 2

3. 7 **4.** 4

5. 2 **6.** 1

7. 4 **8.** 5

9.

2	0	0	0	0	0	0	0	
		7	0	0	0	0	0	
			6	0	0	0	0	
				8	0	0	0	
						1	0	
							3	
2	0	7	6	8	0	1	3	(원)

10.

7	0	0	0	0	0	0	0	
	5	0	0	0	0	0	0	
		4	0	0	0	0	0	
			7	0	0	0	0	
				9	0	0	0	
					8	0	0	
7	5	4	7	9	8	0	0	(원)

11.

5	0	0	0	0	0	0	0	
			8	0	0	0	0	
				9	0	0	0	
					6	0	0	
						6	0	
							7	
5	0	0	8	9	6	6	7	(원)

12.

4	0	0	0	0	0	0	0	
		1	0	0	0	0	0	
			3	0	0	0	0	
					7	0	0	
						1	0	
							8	
4	0	1	3	0	7	1	8	(원)

03 억, 조 알아보기 12~13쪽

1. 4, 400000000 **2.** 1, 10000000000

3. 6, 60000000 **4.** 5, 5000000000000

5. 1, 10000000000000

6. 3, 3000000000000000

7. 9831510000000 **8.** 100431850000

9. 8515770000000 **10.** 3287260000000

11. 17098250000000 **12.** 1219090000000

04 뛰어 세기 14~15쪽

1. 250000, 260000

2. 1535억, 1545억, 1555억

3. 7000억, 7조 **4.** 300만, 3억, 300억

5. 58200, 59200, 60200

6. 1000만 ; 2860만, 5860만, 6860만

7. 100억 ; 2870억, 3070억, 3170억

8. 100 ; 200억, 2조, 200조

9. 10 ; 7억, 7조, 70조

10. 1000 ; 3, 3000, 3000조

05 수의 크기 비교 (1) 16~17쪽

1. > **2.** < **3.** <

4. > **5.** < **6.** <

7. < **8.** < **9.** >

10. > **11.** < **12.** >

13. < **14.** < **15.** >

16. <

06 수의 크기 비교 (2) 18~19쪽

1. > 2. < 3. >
4. > 5. > 6. <
7. > 8. < 9. >
10. < 11. > 12. >
13. < 14. < 15. >

07 집중 연산 ❶ 20~21쪽

1. ㉠ 20000000000, ㉡ 5000000
2. ㉠ 700000000000, ㉡ 1000000
3. ㉠ 20000000, ㉡ 4000
4. ㉠ 3000000000, ㉡ 3000000
5. ㉠ 300000000, ㉡ 90000
6. ㉠ 60000000000000, ㉡ 6000000000
7. ㉠ 400000000, ㉡ 600000
8. ㉠ 900000000000, ㉡ 70000000
9. 86500, 87500, 88500
10. 916만, 917만, 918만
11. 4152억, 5152억, 7152억
12. 66조, 76조, 106조
13. 5000만, 5억, 50억
14. 200만, 2조, 200조
15. 91만, 9100만, 91조

08 집중 연산 ❷ 22~23쪽

1. 25187 2. 362041
3. 5023982 4. 63001975
5. 801002005 6. 1037000068
7. 30691600000 8. 4920055000
9. 67~~3~~53
4
10. 8~~1~~121695
0
11. 14357~~8~~000
7
12. 5~~1~~3000005230
2
13. 70~~8~~6249
5
14. 264~~3~~650000
2
15. 4~~0~~569815
1

09 집중 연산 ❸ 24~25쪽

1. > 2. > 3. <
4. < 5. < 6. >
7. > 8. < 9. >
10. > 11. < 12. <
13. > 14. <
15. 15927, 19525에 ○표
16. 367469, 370470에 ○표
17. 261038, 254366에 ○표
18. 20107220, 19607219에 ○표
19. 54245765, 56045772에 ○표

2 큰 수의 계산

01 큰 수의 덧셈 (1) 28~29쪽

1. 20847 2. 28181
3. 48104 4. 42041
5. 33714 6. 57111
7. 67838 8. 80911
9. 51685 10. 44800
11. 63715

12.

	6	6	5	8	5	
+		5	2	7	0	
	7	1	8	5	5	(원)

13.

	7	2	9	6	0	
+		4	3	5	0	
	7	7	3	1	0	(원)

14.

	5	2	3	8	0	
+		9	4	2	0	
	6	1	8	0	0	(원)

15.

	8	3	5	4	5	
+		6	8	9	0	
	9	0	4	3	5	(원)

02 큰 수의 덧셈 (2) 30~31쪽

1. 53408
2. 80854
3. 78310
4. 60377
5. 80356
6. 80534
7. 119907
8. 110028
9. 66820
10. 89090
11. 78320

12.

	3	6	4	0	0	
+	1	7	4	5	0	
	5	3	8	5	0	(원)

13.

	5	2	6	9	0	
+	4	9	3	7	0	
1	0	2	0	6	0	(원)

14.

	2	8	9	5	0	
+	3	6	4	0	0	
	6	5	3	5	0	(원)

03 큰 수의 뺄셈 (1) 32~33쪽

1. 25157
2. 30447
3. 49182
4. 26627
5. 34470
6. 12613
7. 6215
8. 29422
9. 38360
10. 20490
11. 19150
12. 12650
13. 54360
14. 33190

04 큰 수의 뺄셈 (2) 34~35쪽

1. 48693
2. 18925
3. 65423
4. 40643
5. 80172
6. 58082
7. 29176
8. 83941
9. 풀이 참조

9.

05 큰 수의 덧셈과 뺄셈 36~37쪽

1. 62955
2. 78097
3. 76748
4. 78354
5. 18037
6. 37162
7. 40391
8. 26567
9. (왼쪽부터) 78278, 35384, 49359 ; 48050, 65648, 50735

민석

06 집중 연산 ❶ 38~39쪽

1. 23827
2. 56948
3. 75659
4. 14548
5. 91658
6. 73495
7. 45719
8. 143108
9. 71539
10. 29708
11. 9127
12. 40990
13. 32229
14. 75819
15. 6325
16. 55106

07 집중 연산 ❷ 40~41쪽

1. 38769, 53769
2. 75256, 85098
3. 43647, 75809
4. 92277, 59815
5. 90338, 68801
6. 62152, 83218
7. 49193, 69039
8. 56989, 44144
9. 40483, 18415
10. 39405, 24903
11. 56621, 14992
12. 7245, 19804

08 집중 연산 ❸ 42~43쪽

1. 24279 **2.** 30657 **3.** 38737
4. 62830 **5.** 44953 **6.** 80016
7. 80651 **8.** 28376 **9.** 20957
10. 25107 **11.** 56121 **12.** 20818
13. 37808 **14.** 30111 **15.** 34861
16. 30983, 24626 **17.** 40041, 54308
18. 69728, 86166 **19.** 70133, 91198
20. 87397, 77354 **21.** 57281, 64408
22. 76818, 47846 **23.** 25855, 26649
24. 30349, 26420 **25.** 25577, 26834

3 각도

01 각도의 합 46~47쪽

1. 50 **2.** 60
3. 75 **4.** 110
5. 120 **6.** 145

7.
45° 82° 53°
+34° +27° +18°
98° 134° 106°

8.
26° 42° 51°
+25° +64° +32°
147° 99° 115°

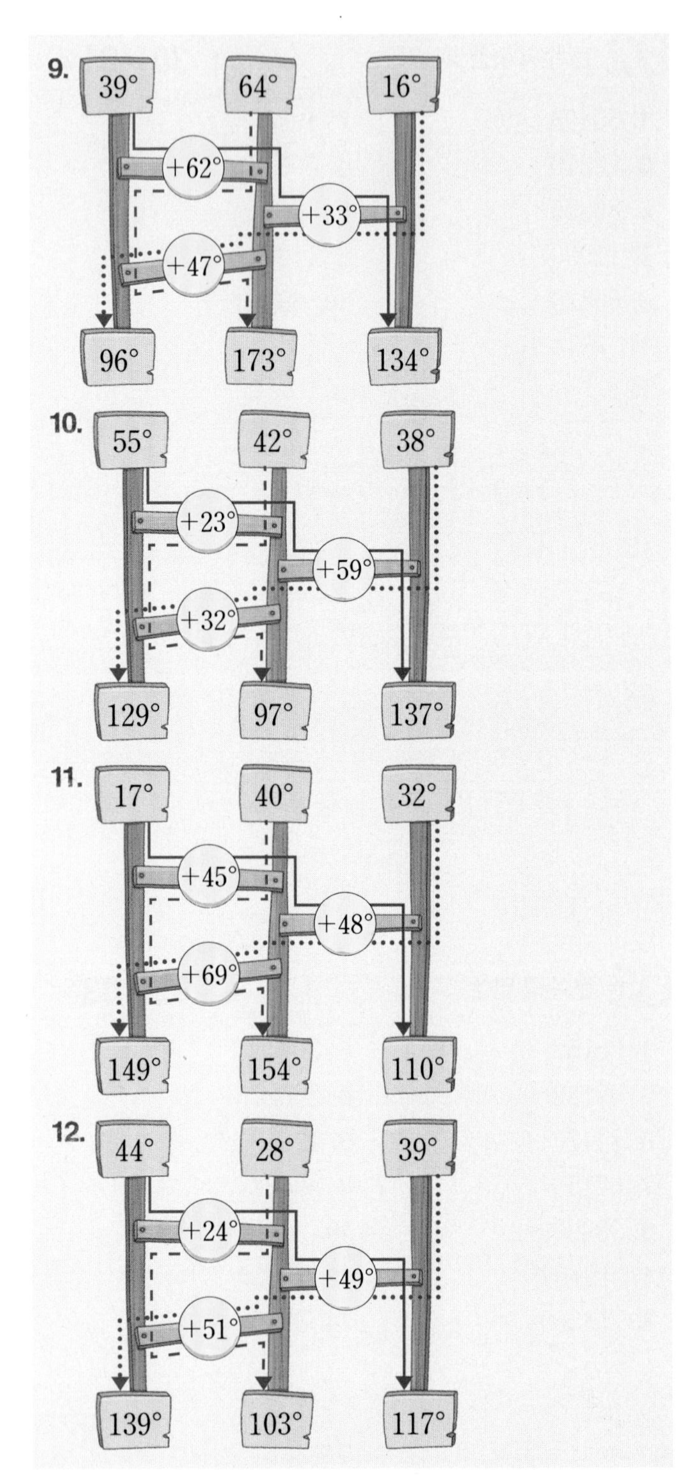

9. $39°+62°+33°=134°$
$64°+62°+47°=173°$
$16°+33°+47°=96°$

11. $17°+45°+48°=110°$
$40°+45°+69°=154°$
$32°+48°+69°=149°$

02 각도의 차 48~49쪽

1. 30 2. 30 3. 50
4. 50 5. 65 6. 45
7. 57 8. 115, 95, 20
9. 134, 82, 52 10. 52, 38, 14
11. 82, 38, 44 12. 134, 115, 19

03 각도의 합과 차 50~51쪽

1. 63 2. 34 3. 107
4. 48 5. 134 6. 36
7. 75° 8. 85° 9. 146°
10. 77° 11. 69° 12. 147°
13. 74° 14. 59° 15. 141°
16. 139°

훈민정음을 만든 사람은 ; 세종대왕

04 삼각형에서 모르는 한 각의 크기 구하기 52~53쪽

1. 80 2. 75 3. 100
4. 65 5. 30 6. 30
7. 70 8. 55 9. 45
10. 55 11. 35 12. 60
13. 35 14. 40

05 사각형에서 모르는 한 각의 크기 구하기 54~55쪽

1. 95 2. 120 3. 115
4. 60 5. 120 6. 110
7. 55 8. 105 9. 95
10. 80 11. 95 12. 75

06 집중 연산 ❶ 56~57쪽

1. 69 2. 30 3. 107
4. 46 5. 134 6. 74
7. 153 8. 68 9. 103°
10. 114° 11. 150° 12. 163°
13. 57° 14. 36°
15. 47° 16. 41°

07 집중 연산 ❷ 58~59쪽

1. 104, 101 2. 116, 90
3. 240, 192 4. 196, 150
5. 221, 161 6. 31, 46
7. 27, 37 8. 69, 77
9. 70, 107 10. 154, 135
11. 50° 12. 50° 13. 29°
14. 73° 15. 100° 16. 126°
17. 90° 18. 67°

08 집중 연산 ❸ 60~61쪽

1. 70 2. 105 3. 70
4. 30 5. 75 6. 120
7. 50 8. 35 9. 100
10. 70 11. 65 12. 120
13. 85 14. 140 15. 80
16. 80

4 곱셈 (1)

01 (몇백)×(몇십), (몇백몇십)×(몇십) 64~65쪽

1. 8000 2. 10000
3. 42000 4. 72000
5. 17100 6. 16800
7. 14800 8. 31200
9. 1500 10. 14000
11. $400\times20=8000$
12. $850\times40=34000$
13. $500\times20=10000$
14. $650\times30=19500$
15. $250\times30=7500$
16. $300\times20=6000$

02 (세 자리 수)×(몇십) (1) 66~67쪽

1. 4300　2. 7080　3. 6150
4. 7780　5. 13590　6. 8700
7. 22750　8. 22720　9. 23080
10. 37170　11. 5340, 5340
12. 212×40=8480, 8480
13. 337×70=23590, 23590
14. 437×20=8740, 8740
15. 502×50=25100, 25100

12.

		1	7	9
	×		4	0
	7	1	6	0

, 7160

13.

		2	3	3
	×		5	0
1	1	6	5	0

, 11650

14.

		4	1	2
	×		2	0
	8	2	4	0

, 8240

지윤

03 (세 자리 수)×(몇십) (2) 68~69쪽

1.

		1	1	9
	×		3	0
	3	5	7	0

2.

		2	1	4
	×		4	0
	8	5	6	0

3.

		3	2	5
	×		2	0
	6	5	0	0

4.

		1	8	5
	×		5	0
	9	2	5	0

5.

		4	7	5
	×		4	0
1	9	0	0	0

6.

		2	9	7
	×		2	0
	5	9	4	0

7.

		2	5	8
	×		6	0
1	5	4	8	0

8.

		5	1	8
	×		4	0
2	0	7	2	0

9.

		6	9	7
	×		4	0
2	7	8	8	0

10.

		2	5	7
	×		2	0
	5	1	4	0

, 5140

11.

		3	5	4
	×		3	0
1	0	6	2	0

, 10620

04 (세 자리 수)×(두 자리 수) 70~71쪽

1.

		1	9	5
	×		5	7
	1	3	6	5
	9	7	5	
1	1	1	1	5

2.

		2	8	4
	×		7	2
		5	6	8
1	9	8	8	
2	0	4	4	8

3.

		3	3	7
	×		7	2
		6	7	4
2	3	5	9	
2	4	2	6	4

4.

		4	9	5
	×		8	5
	2	4	7	5
3	9	6	0	
4	2	0	7	5

5.

		5	1	8
	×		6	3
	1	5	5	4
3	1	0	8	
3	2	6	3	4

6.

		9	9	3
	×		1	9
	8	9	3	7
	9	9	3	
1	8	8	6	7

7. 9312,

	7	7	6
×		1	2
1	5	5	2
7	7	6	
9	3	1	2

8. 5664,

	4	7	2
×		1	2
	9	4	4
4	7	2	
5	6	6	4

9. 2136,

	1	7	8
×		1	2
	3	5	6
1	7	8	
2	1	3	6

10. 9996,

	8	3	3
×		1	2
1	6	6	6
8	3	3	
9	9	9	6

11. 7836,

	6	5	3
×		1	2
1	3	0	6
6	5	3	
7	8	3	6

원숭이

7. 1년은 12개월이므로
(1년 동안 필요한 강아지 먹이의 양)
=(한 달 동안 필요한 강아지 먹이의 양)×12
=776×12=9312 (g)입니다.

05 (두 자리 수)×(세 자리 수) 72~73쪽

1.

			1	7
	×	6	3	8
		1	3	6
		5	1	
1	0	2		
1	0	8	4	6

2.

			2	9
	×	8	2	4
		1	1	6
		5	8	
2	3	2		
2	3	8	9	6

3.

			3	8
	×	6	5	9
		3	4	2
	1	9	0	
2	2	8		
2	5	0	4	2

4.

			4	9
	×	7	2	2
			9	8
		9	8	
3	4	3		
3	5	3	7	8

5.

			5	3
	×	9	3	7
		3	7	1
	1	5	9	
4	7	7		
4	9	6	6	1

6.

			6	5
	×	4	8	9
		5	8	5
	5	2	0	
2	6	0		
3	1	7	8	5

7. 24553 ;

			4	3
	×	5	7	1
			4	3
	3	0	1	
2	1	5		
2	4	5	5	3

8. (위부터) 29328, 24882 ;

			3	9
	×	7	5	2
			7	8
	1	9	5	
2	7	3		
2	9	3	2	8

			3	9
	×	6	3	8
		3	1	2
	1	1	7	
2	3	4		
2	4	8	8	2

9. (위부터) 20298, 14076 ;

			5	1
	×	3	9	8
		4	0	8
	4	5	9	
1	5	3		
2	0	2	9	8

			5	1
	×	2	7	6
		3	0	6
	3	5	7	
1	0	2		
1	4	0	7	6

06 (세 자리 수)×(몇백) 74~75쪽

1. 63500
2. 62800
3. 272400
4. 139000
5. 114600
6. 561400
7. 441600
8. 200700
9. 146100, 146100
10. 102800, 102800

11. $723 \times 500 = 361500$, 361500
12. $369 \times 700 = 258300$, 258300
13. $608 \times 600 = 364800$, 364800
14. $259 \times 900 = 233100$, 233100

4. $278 \times 5 = 1390$
↓100배 ↓100배
$278 \times 500 = 139000$

07 (세 자리 수)×(몇백몇십) 76~77쪽

1.

			2	1	6
		×	7	5	0
	1	0	8	0	0
1	5	1	2		
1	6	2	0	0	0

2.

			4	3	7
		×	4	6	0
	2	6	2	2	0
1	7	4	8		
2	0	1	0	2	0

3.

			3	5	9
		×	2	8	0
	2	8	7	2	0
	7	1	8		
1	0	0	5	2	0

4.

			7	3	2
		×	3	4	0
	2	9	2	8	0
2	1	9	6		
2	4	8	8	8	0

5.

			8	0	8
		×	2	9	0
	7	2	7	2	0
1	6	1	6		
2	3	4	3	2	0

6.

			6	2	4
		×	5	1	0
		6	2	4	0
3	1	2	0		
3	1	8	2	4	0

7.

			7	4	5
		×	4	8	0
	5	9	6	0	0
2	9	8	0		
3	5	7	6	0	0

, 357600

8.

			8	5	2
		×	2	7	0
	5	9	6	4	0
1	7	0	4		
2	3	0	0	4	0

, 230040

9.

			4	7	6
		×	5	2	0
		9	5	2	0
2	3	8	0		
2	4	7	5	2	0

, 247520

10.

			6	2	9
		×	3	6	0
	3	7	7	4	0
1	8	8	7		
2	2	6	4	4	0

, 226440

08 (세 자리 수)×(세 자리 수) 78~79쪽

1.

			1	2	1
		×	3	2	4
			4	8	4
		2	4	2	
	3	6	3		
	3	9	2	0	4

2.

			2	6	5
		×	2	1	6
		1	5	9	0
		2	6	5	
	5	3	0		
	5	7	2	4	0

3.

			4	5	3
		×	1	3	7
		3	1	7	1
	1	3	5	9	
	4	5	3		
	6	2	0	6	1

4.

			5	7	6
		×	2	9	8
		4	6	0	8
	5	1	8	4	
1	1	5	2		
1	7	1	6	4	8

5.

			3	8	9
		×	2	7	8
		3	1	1	2
	2	7	2	3	
	7	7	8		
1	0	8	1	4	2

, 108142

6.

			9	1	2
		×	5	2	1
			9	1	2
	1	8	2	4	
4	5	6	0		
4	7	5	1	5	2

, 475152

7.

			5	4	8
		×	1	2	6
		3	2	8	8
	1	0	9	6	
	5	4	8		
	6	9	0	4	8

, 69048

8.

			4	2	5
		×	3	6	5
		2	1	2	5
	2	5	5	0	
1	2	7	5		
1	5	5	1	2	5

, 155125

9.

			3	1	7
		×	1	5	4
		1	2	6	8
	1	5	8	5	
	3	1	7		
	4	8	8	1	8

, 48818

10.

			2	5	2
		×	4	6	5
		1	2	6	0
	1	5	1	2	
1	0	0	8		
1	1	7	1	8	0

, 117180

09 몇백으로 만들어 곱하기 (1)

80~81쪽

1. 12573, 12573
2. 46765, 46765
3. 36828, 36828
4. (계산 순서대로) 300, 55614, 55614
5. (계산 순서대로) 100, 486, 48114, 48114
6. (계산 순서대로) 400, 121, 48279, 48279
7. 32636, 32636
8. 351×99=34749, 34749
9. 92×299=27508, 27508
10. 294×199=58506, 58506

8. 351× 99 =34749 ←
  ↓+1
351×100−351=34749

10. 294×199=58506 ←
  ↓+1
294×200−294=58506

10 몇백으로 만들어 곱하기 (2) 82~83쪽

1. 32926, 32926
2. 85484, 85484
3. (계산 순서대로) 200, 47034, 47034
4. (계산 순서대로) 100, 50197, 50197
5. (계산 순서대로) 300, 124, 37324, 37324
6. (계산 순서대로) 200, 316, 63516, 63516

7. 27573 8. 32763 9. 74973
10. 54035 11. 49665 12. 79163
13. 67335 14. 26765

분홍색 꽃, 노란 리본 ; 에 ○표

8. $163\times201=32763$
$\downarrow -1$
$163\times200+163=32763$

11 집중 연산 ❶ 84~85쪽

1. 8000 2. 2860, 5720 3. 4688, 12306
4. 3105, 3565 5. 17975 6. 16952
7. 25920 8. 57222 9. 87191
10. 12450 11. 37800 12. 24336
13. 18864 14. 13392 15. 15036
16. 20304 17. 19812 18. 20631
19. 34692 20. 201302 21. 185094

12 집중 연산 ❷ 86~87쪽

1. 32000 2. 36000 3. 11600
4. 10500 5. 70200 6. 12420
7. 24780 8. 15725 9. 18711
10. 25392 11. 21904 12. 20176
13. 24603 14. 20304 15. 62730
16. 225600 17. 86000 18. 94080
19. 117660 20. 125440 21. 83213
22. 434976 23. 207870 24. 597042

13 집중 연산 ❸ 88~89쪽

1. 24000, 210000 2. 17580, 15120
3. 360000, 189000 4. 6877, 10836
5. 21771, 14283 6. 30600, 26208
7. 11718, 37924 8. 45625, 81279
9. 108780, 155388 10. 20880, 10023
11. 28200, 28341 12. 84400, 83978
13. 94400, 94636 14. 75400, 74646
15. 310500, 311121 16. 261000, 260130
17. 225600, 226352 18. 73800, 73431
19. 404600, 405178 20. 438400, 437852

5 곱셈 (2)

01 세 수의 곱셈 92~93쪽

1. 5796,

	2	5	2
×		2	3
	7	5	6
5	0	4	
5	7	9	6

2. 7290,

	1	8
×		9
1	6	2

→

	1	6	2
×		4	5
	8	1	0
6	4	8	
7	2	9	0

3. 9504,

	4	4
×		8
3	5	2

→

	3	5	2
×		2	7
2	4	6	4
7	0	4	
9	5	0	4

4. 2688 5. 4914
6. 4144 7. $19\times8\times52=7904$
8. $25\times5\times43=5375$

02 (몇천)×(몇십) 94~95쪽

1. 240000 2. 240000 3. 450000
4. 300000 5. 320000 6. 630000
7. 160000 8. 490000

9.

		2	0	0	0
	×			5	0
1	0	0	0	0	0

, 100000

10.

		3	0	0	0
	×			6	0
1	8	0	0	0	0

, 180000

11.

		4	0	0	0
	×			3	0
1	2	0	0	0	0

, 120000

12.

		9	0	0	0
	×			2	0
1	8	0	0	0	0

, 180000

13.

		5	0	0	0
	×			4	0
2	0	0	0	0	0

, 200000

14.

		6	0	0	0
	×			7	0
4	2	0	0	0	0

, 420000

03 (네 자리 수)×(두 자리 수) 96~97쪽

1.

	1	4	7	5
×			3	8
1	1	8	0	0
4	4	2	5	
5	6	0	5	0

2.

	1	6	5	2
×			4	1
	1	6	5	2
6	6	0	8	
6	7	7	3	2

3.

	1	8	6	3
×			3	5
	9	3	1	5
5	5	8	9	
6	5	2	0	5

4.

	2	9	5	2
×			1	4
1	1	8	0	8
2	9	5	2	
4	1	3	2	8

5.

	2	1	3	5
×			2	8
1	7	0	8	0
4	2	7	0	
5	9	7	8	0

6.

	2	7	6	4
×			3	2
	5	5	2	8
8	2	9	2	
8	8	4	4	8

7.

	3	2	3	9
×			1	6
1	9	4	3	4
3	2	3	9	
5	1	8	2	4

8.

	3	1	5	7
×			2	3
	9	4	7	1
6	3	1	4	
7	2	6	1	1

9.

	3	6	1	2
×			2	5
1	8	0	6	0
7	2	2	4	
9	0	3	0	0

10.

	1	7	5	3
×			4	2
	3	5	0	6
7	0	1	2	
7	3	6	2	6

, ㉡

11.

	2	1	8	3
×			2	8
1	7	4	6	4
4	3	6	6	
6	1	1	2	4

, ㉣

12.

	5	5	2	4
×			1	6
3	3	1	4	4
5	5	2	4	
8	8	3	8	4

, ㉠

13.

	3	5	2	8
×			2	7
2	4	6	9	6
7	0	5	6	
9	5	2	5	6

, ㉢

13번 연

04 두 수의 곱에 가까운 수 찾기 (1) 98~99쪽

1. 21000에 ○표
2. 35000에 ○표
3. 36000에 ○표
4. 64000에 ○표
5. 18000에 ○표
6. 40000에 ○표
7.

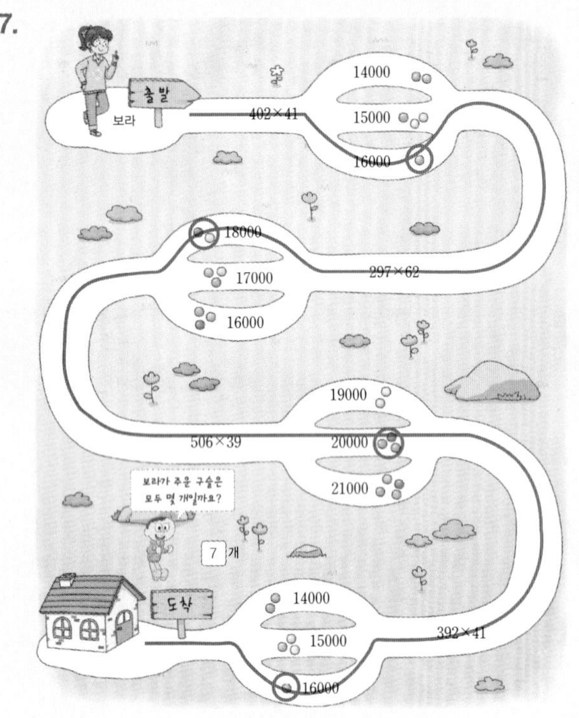

; 7

7. $402\times41=16482$
$297\times62=18414$
$506\times39=19734$
$392\times41=16072$

05 두 수의 곱에 가까운 수 찾기 (2) 100~101쪽

1. 60000에 ○표
2. 250000에 ○표
3. 70000에 ○표
4. 80000에 ○표
5. 98000에 ○표
6. 90000에 ○표

7.

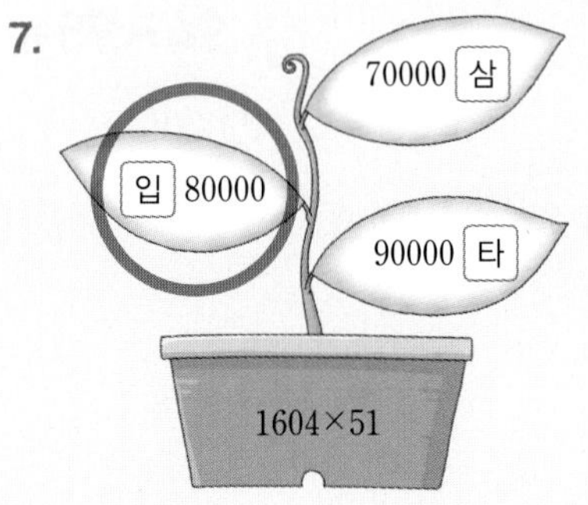

8.

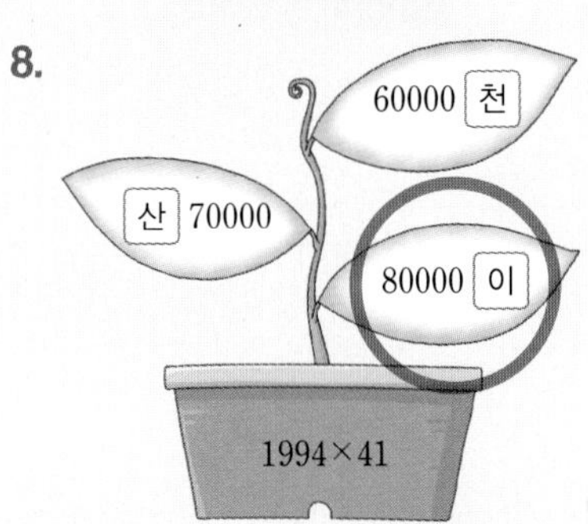

9.

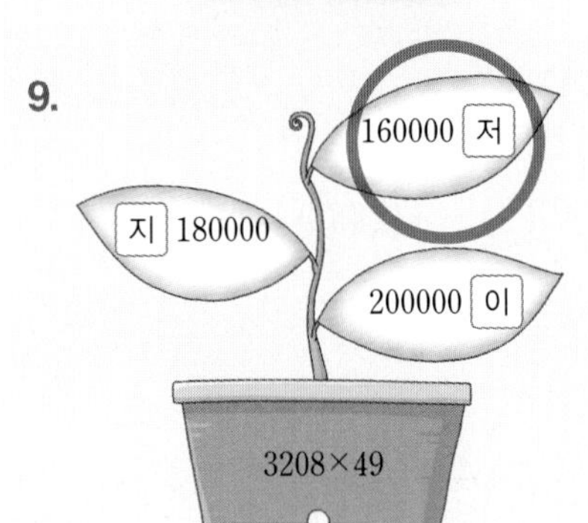

10.

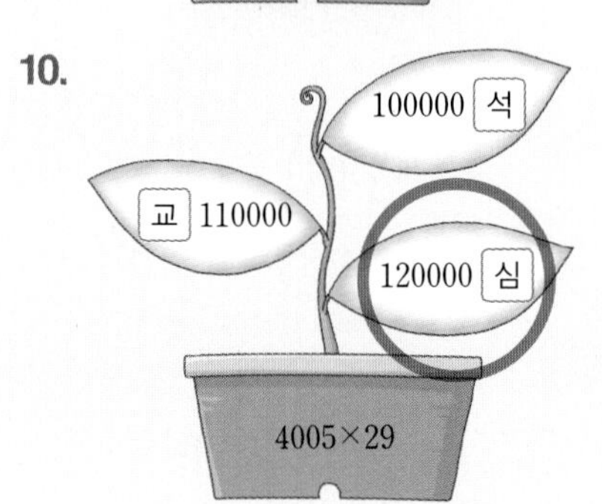

입이저심

06 곱의 크기 비교하기 (1) 102~103쪽

1. <
2. >
3. >
4. <
5. >
6. <
7. <
8. <

9. 12300에 ×표
10. 10000에 ×표
11. 11000, 12100에 ×표
12. 18724에 ×표
13. 25043, 24508에 ×표

07 곱의 크기 비교하기 (2) 104~105쪽

1. <　2. <　3. <
4. >　5. >　6. >
7. >　8. <
9. (○) ( )　10. ( ) (○)　11. (○) ( )
12. (○) ( )　13. ( ) (○)

08 곱셈에서 ▲에 알맞은 수 구하기 106~107쪽

1. 0, 1, 2, 3, 4에 ○표　2. 6, 7, 8, 9에 ○표
3. 0, 1, 2에 ○표　4. 7, 8, 9에 ○표
5. 0, 1에 ○표　6. 7, 8, 9에 ○표
7. 0, 1, 2, 3에 ○표　8. 5, 6, 7, 8, 9에 ○표
9. 0, 1, 2에 ○표　10. 6, 7, 8, 9에 ○표
11. 6, 7, 8, 9에 ○표

09 집중 연산 ❶ 108~109쪽

1. 3700, 5400　2. 4991, 9114
3. 5244, 8832　4. 5400, 8208
5. 2565, 3230　6. 2052, 3192
7. 9240, 4760　8. 7392, 3828
9. 320000, 560000　10. 95532, 61826
11. 52064, 28304　12. 80928, 63432
13. 96432, 94272　14. 88179, 54383
15. 98588, 83972　16. 66263, 92665

10 집중 연산 ❷ 110~111쪽

1. 12000에 ○표　2. 20000에 ○표
3. 30000에 ○표　4. 20000에 ○표
5. 56000에 ○표　6. 70000에 ○표
7. 60000에 ○표　8. 80000에 ○표
9. 62000에 ○표　10. 150000에 ○표
11. <　12. <　13. >
14. <　15. >　16. <
17. >　18. <　19. >
20. =

11 집중 연산 ❸ 112~113쪽

1. 80000　2. 350000　3. 720000
4. 89145　5. 59584　6. 73220
7. 52442　8. 47358　9. 83352
10. 89364　11. 58102　12. 50832
13. 4800, 3420　14. 4488, 5616
15. 3021, 4440　16. 4410, 8820
17. 7, 8, 9에 ○표　18. 0, 1, 2, 3, 4에 ○표
19. 0, 1, 2에 ○표　20. 8, 9에 ○표

6 나눗셈 (1)

01 나머지가 없는 (몇백몇십)÷(몇십) 116~117쪽

1. 3　2. 5　3. 5
4. 8　5. 7　6. 8
7. 14　8. 17　9. 23
10. 29　11. 12, 12　12. 9, 9
13. $280 \div 40 = 7$, 7　14. $540 \div 90 = 6$, 6
15. $520 \div 40 = 13$, 13　16. $850 \div 50 = 17$, 17
17. $870 \div 30 = 29$, 29　18. $840 \div 70 = 12$, 12

02 몫이 한 자리 수인 (몇백몇십)÷(몇십) 118~119쪽

1.

				6
2	0	)1	3	0
		1	2	0
			1	0

2.

				4
3	0	)1	4	0
		1	2	0
			2	0

3.

				6
4	0	)2	5	0
		2	4	0
			1	0

4.

				6
3	0	)1	9	0
		1	8	0
			1	0

5.

				4
5	0	)2	2	0
		2	0	0
			2	0

6.

				4
8	0	)3	7	0
		3	2	0
			5	0

7.

				4
6	0	)2	7	0
		2	4	0
			3	0

8.

				7
4	0	)3	1	0
		2	8	0
			3	0

9.

				8
7	0	)5	8	0
		5	6	0
			2	0

10. 5, 10 ; 5, 10

11. 8, 10 ; 8, 10

12. $550 \div 60 = 9 \cdots 10$; $60 \times 9 + 10 = 550$

13. $140 \div 30 = 4 \cdots 20$; $30 \times 4 + 20 = 140$

14. $280 \div 50 = 5 \cdots 30$; $50 \times 5 + 30 = 280$

15. $340 \div 40 = 8 \cdots 20$; $40 \times 8 + 20 = 340$

재인

03 몫이 두 자리 수인 (몇백몇십)÷(몇십) 120~121쪽

1.

			2	2
2	0	)4	5	0
		4	0	
			5	0
			4	0
			1	0

2.

			1	8
3	0	)5	6	0
		3	0	
		2	6	0
		2	4	0
			2	0

3.

			3	3
2	0	)6	7	0
		6	0	
			7	0
			6	0
			1	0

4.

			1	5
6	0	)9	5	0
		6	0	
		3	5	0
		3	0	0
			5	0

5.

			1	2
7	0	)8	9	0
		7	0	
		1	9	0
		1	4	0
			5	0

6.

			2	8
3	0	)8	5	0
		6	0	
		2	5	0
		2	4	0
			1	0

7.

			2	6
2	0	)5	3	0
		4	0	
		1	3	0
		1	2	0
			1	0

, 26, 10 ;
$20 \times 26 + 10 = 530$

8.

			1	1
8	0	)9	5	0
		8	0	
		1	5	0
			8	0
			7	0

, 11, 70 ;
$80 \times 11 + 70 = 950$

9.

			1	6
5	0	)8	2	0
		5	0	
		3	2	0
		3	0	0
			2	0

, 16, 20 ; 50×16+20=820

10.

			1	3
7	0	)9	4	0
		7	0	
		2	4	0
		2	1	0
			3	0

, 13, 30 ; 70×13+30=940

11.

			1	1
6	0	)7	0	0
		6	0	
		1	0	0
			6	0
			4	0

, 11, 40 ; 60×11+40=700

12.

			1	4
6	0	)8	9	0
		6	0	
		2	9	0
		2	4	0
			5	0

, 14, 50 ; 60×14+50=890

신발이 화내면? ; 신발끈

04 (두 자리 수)÷(몇십) 122~123쪽

1.

			1
4	0	)6	4
		4	0
		2	4

, 1, 24

2.

			2
3	0	)7	2
		6	0
		1	2

, 2, 12

3.

			1
5	0	)8	5
		5	0
		3	5

, 50×1+35=85

4.

			4
2	0	)8	8
		8	0
			8

, 20×4+8=88

5.

			3
3	0	)9	6
		9	0
			6

, 30×3+6=96

6.

			4
2	0	)9	8
		8	0
		1	8

, 20×4+18=98

7. 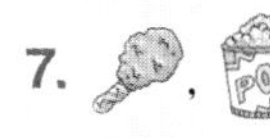, , , , 에 ○표

6

05 몫이 한 자리 수인 (세 자리 수)÷(몇십) 124~125쪽

1. 9, 12,

				9
4	0	)3	7	2
		3	6	0
			1	2

2. 5, 27,

				5
5	0	)2	7	7
		2	5	0
			2	7

3. 6, 3,

				6
3	0	)1	8	3
		1	8	0
				3

4. 8, 47,

				8
6	0	)5	2	7
		4	8	0
			4	7

5. 3, 43,

				3
8	0	)2	8	3
		2	4	0
			4	3

6. 6, 4,

				6
7	0	)4	2	4
		4	2	0
				4

7.

				6
3	0	)1	9	6
		1	8	0
			1	6

, 6, 16

8.

				5
5	0	)2	8	1
		2	5	0
			3	1

, 5, 31

9.

				3
9	0	)3	4	8
		2	7	0
			7	8

, 3, 78

10.

				9
3	0	)2	9	8
		2	7	0
			2	8

, 9, 28

11.

				9
5	0	)4	9	3
		4	5	0
			4	3

, 9, 43

12.

				6
9	0	)6	2	4
		5	4	0
			8	4

, 6, 84

06 몫이 두 자리 수인 (세 자리 수)÷(몇십) 126~127쪽

1.

			1	3
4	0	)5	2	1
		4	0	
		1	2	1
		1	2	0
				1

2.

			2	5
3	0	)7	5	4
		6	0	
		1	5	4
		1	5	0
				4

3.

			4	4
2	0	)8	8	3
		8	0	
			8	3
			8	0
				3

4.

			1	9
3	0	)5	7	8
		3	0	
		2	7	8
		2	7	0
				8

5.

			3	1
3	0	)9	4	3
		9	0	
			4	3
			3	0
			1	3

6.

			4	4
2	0	)8	9	4
		8	0	
			9	4
			8	0
			1	4

7. 12, 47 ; 12, 47

8. 14, 17 ; 14, 17

9. 18, 39 ; $40\times18+39=759$

10. 27, 5 ; $30\times27+5=815$

11. 19, 16 ; $30\times19+16=586$

12. 15, 43 ; $60\times15+43=943$

13. 11, 27 ; $40\times11+27=467$

14. 23, 28 ; $30\times23+28=718$

07 집중 연산 ❶ 128~129쪽

1. 2
2. 5
3. 2, 4
4. 2, 7
5. 2, 8
6. 2, 5
7. 9, 0
8. 13, 30
9. 5, 76
10. 24, 21
11. 10, 15
12. 37, 12
13. 8, 0
14. 19, 30
15. 9, 12
16. 31, 16
17. 11, 14
18. 12, 33
19. 9, 29
20. 22, 11
21. 4, 65
22. 11, 76

08 집중 연산 ❷ 130~131쪽

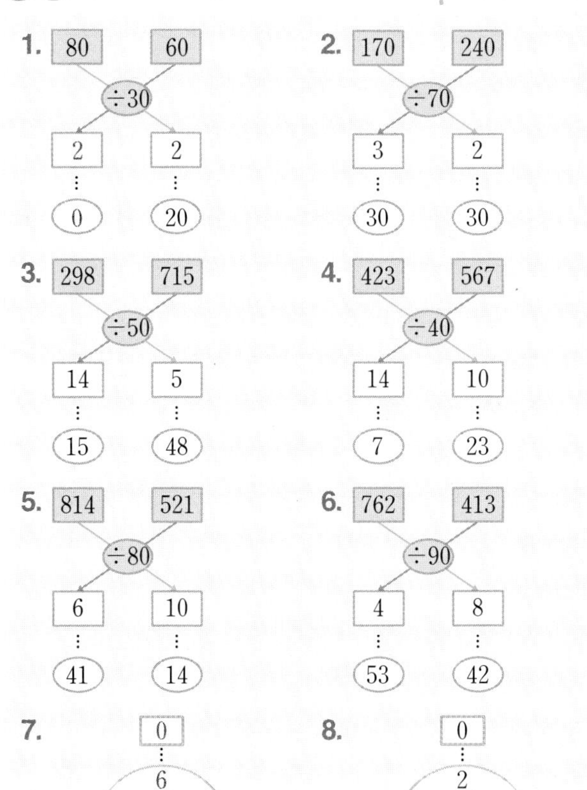

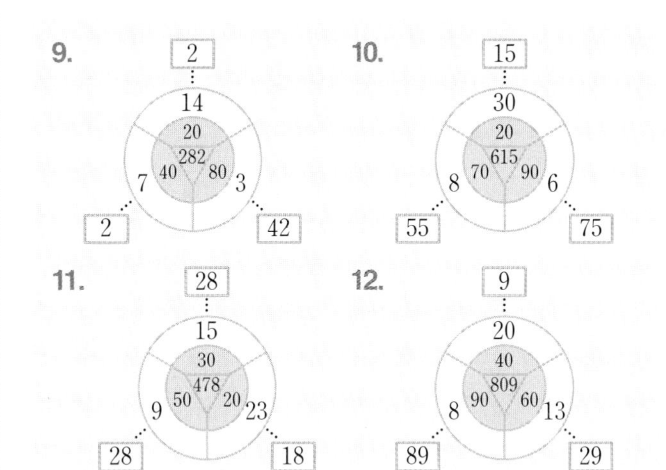

09 집중 연산 ❸ 132~133쪽

1.
```
      2
30)60
   60
    0
```

2.
```
      8
40)320
   320
     0
```

3.
```
      7
70)490
   490
     0
```

4.
```
      2
40)92
   80
   12
```

5.
```
      9
90)840
   810
    30
```

6.
```
      6
80)524
   480
    44
```

7.
```
     3
20)78
   60
   18
```

8.
```
      5
50)276
   250
    26
```

9.
```
      4
60)283
   240
    43
```

10.
```
     23
20)470
   40
    70
    60
    10
```

11.
```
     11
50)560
   50
    60
    50
    10
```

12.
```
     22
30)680
   60
    80
    60
    20
```

13.
```
    13
60)807
   60
   207
   180
    27
```

14.
```
    17
20)357
   20
   157
   140
    17
```

15.
```
    22
40)894
   80
    94
    80
    14
```

16. 2 ; 2 ⋯ 20　**17.** 2 ; 1 ⋯ 20

18. 3 ⋯ 10 ; 4 ⋯ 4　**19.** 2 ⋯ 13 ; 2 ⋯ 17

20. 21 ⋯ 10 ; 24 ⋯ 5　**21.** 13 ⋯ 10 ; 15 ⋯ 12

22. 6 ; 6 ⋯ 30　**23.** 9 ; 7 ⋯ 50

24. 15 ⋯ 4 ; 14 ⋯ 15　**25.** 32 ⋯ 18 ; 22 ⋯ 24

7 나눗셈 (2)

01 나머지가 없는 (두 자리 수)÷(두 자리 수) 136 ~ 137쪽

1.
```
     4
21)84
   84
    0
```

2.
```
     4
17)68
   68
    0
```

3.
```
     3
27)81
   81
    0
```

4.
```
     4
16)64
   64
    0
```

5.
```
     3
25)75
   75
    0
```

6.
```
     5
11)55
   55
    0
```

7.
```
     4
24)96
   96
    0
```

8.
```
     2
46)92
   92
    0
```

9.
```
     6
15)90
   90
    0
```

10.
```
     2
34)68
   68
    0
```

11.
```
     4
23)92
   92
    0
```

12.
```
     3
31)93
   93
    0
```

13.
```
     6
13)78
   78
    0
```

14.
```
     3
26)78
   78
    0
```

15.
```
     2
49)98
   98
    0
```

16.
```
     4
19)76
   76
    0
```

17.
```
     6
16)96
   96
    0
```

희연, 소정, 예진, 성희

02 나머지가 있는 (두 자리 수)÷(두 자리 수) 138 ~ 139쪽

1.
```
     2
42)88
   84
    4
```

2.
```
     2
22)55
   44
   11
```

3.
```
     3
31)97
   93
    4
```

4.
```
     3
25)92
   75
   17
```

5.

			3
2	4	)7	6
		7	2
			4

6.

			3
1	8	)5	9
		5	4
			5

7.

			4
1	7	)8	2
		6	8
		1	4

8.

			2
2	9	)8	3
		5	8
		2	5

9.

			2
3	4	)9	0
		6	8
		2	2

10. ×, ○, ○ ; 2

11. ○, ○, ○ ; 3

12. ○, ×, × ; 1

03 몫이 한 자리 수인 (세 자리 수)÷(두 자리 수)(1) 140 ~ 141쪽

1.

				4
3	2	)1	2	8
		1	2	8
				0

2.

				5
7	1	)3	5	5
		3	5	5
				0

3.

				8
2	4	)1	9	2
		1	9	2
				0

4.

				6
5	4	)3	2	4
		3	2	4
				0

5.

				3
6	8	)2	0	4
		2	0	4
				0

6.

				4
9	1	)3	6	4
		3	6	4
				0

7.

				7
8	6	)6	0	2
		6	0	2
				0

8.

				9
3	9	)3	5	1
		3	5	1
				0

9.

				6
9	2	)5	5	2
		5	5	2
				0

10.

				4
3	2	)1	2	8
		1	2	8
				0

, 4

11.

				6
9	8	)5	8	8
		5	8	8
				0

, 6

12.

				7
3	8	)2	6	6
		2	6	6
				0

, 7

13.

				3
5	2	)1	5	6
		1	5	6
				0

, 3

14.

				8
7	3	)5	8	4
		5	8	4
				0

, 8

15.

				9
2	6	)2	3	4
		2	3	4
				0

, 9

16.

				5
8	1	)4	0	5
		4	0	5
				0

, 5

17.

				6
6	5	)3	9	0
		3	9	0
				0

, 6

04 몫이 한 자리 수인 (세 자리 수)÷(두 자리 수)(2) 142 ~ 143쪽

1.

				5
6	2	)3	4	8
		3	1	0
			3	8

2.

				4
3	9	)1	7	8
		1	5	6
			2	2

3.

				6
4	2	)2	5	7
		2	5	2
				5

4.

				8
3	4	)2	8	1
		2	7	2
				9

5.

				7
6	5	)4	9	7
		4	5	5
			4	2

6.

				7
7	4	)5	3	6
		5	1	8
			1	8

7.

				7
8	7	)6	5	3
		6	0	9
			4	4

8.

				9
7	8	)7	2	9
		7	0	2
			2	7

9.

				8
9	2	)8	0	4
		7	3	6
			6	8

10.

				7
7	2	)5	7	1
		5	0	4
			6	7

, 7

11.

				9
8	3	)8	1	6
		7	4	7
			6	9

, 9

12.

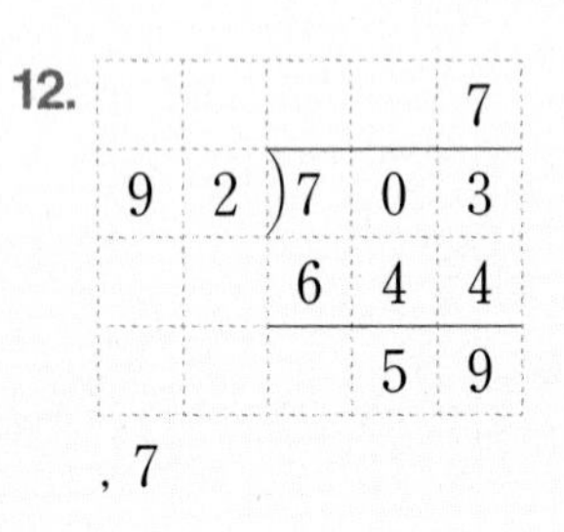

				7
9	2	)7	0	3
		6	4	4
			5	9

, 7

13.

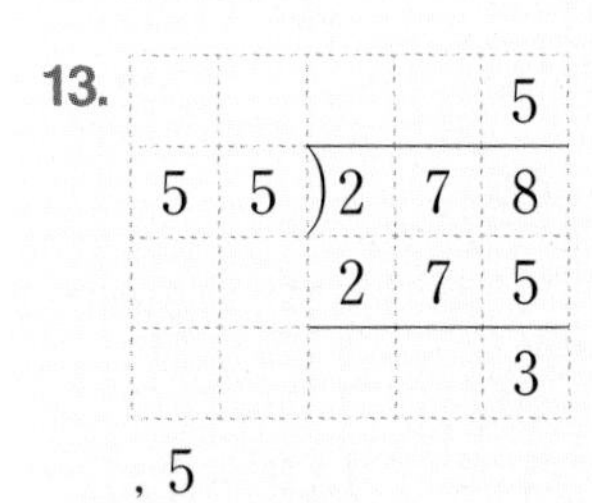

				5
5	5	)2	7	8
		2	7	5
				3

, 5

14.

				4
8	9	)4	4	2
		3	5	6
			8	6

, 4

15.

				9
3	2	)3	0	1
		2	8	8
			1	3

, 9

16.

				7
4	6	)3	2	6
		3	2	2
				4

, 7

10. 72개씩 7명에게 나누어 주고 67개가 남습니다.

참고 나머지가 나누는 수보다 크지 않게 몫을 정하여 계산합니다.

05 몫이 두 자리 수인 (세 자리 수)÷(두 자리 수) (1) 144~145쪽

1.

			1	3
2	6	)3	3	8
		2	6	
			7	8
			7	8
				0

2.

			1	5
4	1	)6	1	5
		4	1	
		2	0	5
		2	0	5
				0

3.

			2	3
3	5	)8	0	5
		7	0	
		1	0	5
		1	0	5
				0

4.

			1	2
5	3	)6	3	6
		5	3	
		1	0	6
		1	0	6
				0

5.

			4	2
1	7	)7	1	4
		6	8	
			3	4
			3	4
				0

6.

			2	6
3	6	)9	3	6
		7	2	
		2	1	6
		2	1	6
				0

7.

			2	1
4	7	)9	8	7
		9	4	
			4	7
			4	7
				0

8.

			3	1
2	7	)8	3	7
		8	1	
			2	7
			2	7
				0

9.

			2	5
1	9	)4	7	5
		3	8	
			9	5
			9	5
				0

10. 27　**11.** 16

12. 14　**13.** 18

14. 23　**15.** 33

16. 15　**17.** 34

06 몫이 두 자리 수인 (세 자리 수)÷(두 자리 수) (2) 146~147쪽

1.

			2	1
1	3	)2	8	5
		2	6	
			2	5
			1	3
			1	2

2.

			1	2
3	1	)3	9	4
		3	1	
			8	4
			6	2
			2	2

3.

			1	8
2	4	)4	3	7
		2	4	
		1	9	7
		1	9	2
				5

4.

			1	2
4	2	)5	0	9
		4	2	
			8	9
			8	4
				5

5.

			2	4
2	8	)6	7	4
		5	6	
		1	1	4
		1	1	2
				2

6.

			1	5
5	2	)8	2	5
		5	2	
		3	0	5
		2	6	0
			4	5

7.

			2	8
1	3	)3	6	9
		2	6	
		1	0	9
		1	0	4
				5

8.

			1	6
3	1	)5	2	4
		3	1	
		2	1	4
		1	8	6
			2	8

9.

			1	7
2	4	)4	3	1
		2	4	
		1	9	1
		1	6	8
			2	3

10.

			2	4
2	7	)6	5	2
		5	4	
		1	1	2
		1	0	8
				4

11.

			2	2
3	4	)7	7	4
		6	8	
			9	4
			6	8
			2	6

12.

			1	8
4	3	)8	1	5
		4	3	
		3	8	5
		3	4	4
			4	1

13.

			3	6
2	3	)8	3	9
		6	9	
		1	4	9
		1	3	8
			1	1

14.

			4	7
1	9	)8	9	4
		7	6	
		1	3	4
		1	3	3
				1

15.

			1	3
3	8	)5	2	9
		3	8	
		1	4	9
		1	1	4
			3	5

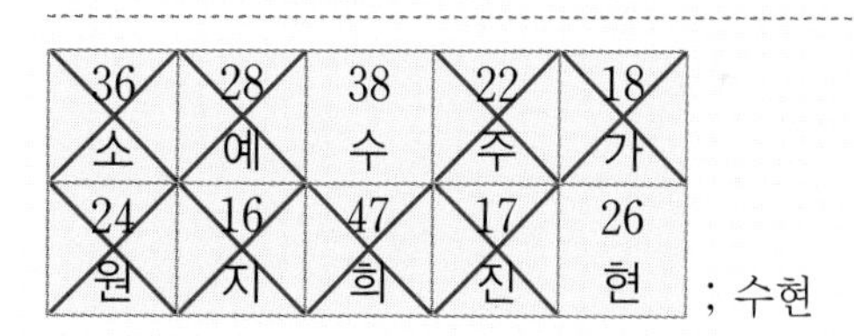

; 수현

07 (세 자리 수)÷(두 자리 수) 148~149쪽

1. 14, 34 ; 14, 34
2. 20, 11 ; 20, 11
3. 14, 11 ; 27×14+11=389
4. 42, 5 ; 14×42+5=593
5. 23, 4 ; 27×23+4=625
6. 19, 24 ; 36×19+24=708
7. 29, 12 ; 26×29+12=766
8. 24, 13 ; 34×24+13=829
9. 14, 27
10. 21, 3
11. 14, 27
12. 30, 15
13. 21, 13
14. 19, 42

08 집중 연산 ❶ 150~151쪽

1. 7, 0	**2.** 7, 4
3. 17, 8	**4.** 13, 22
5. 10, 62	**6.** 5, 28
7. 5, 36	**8.** 5, 32
9. 23, 11	**10.** 8, 17
11. 13, 4	**12.** 14, 12
13. 2, 49	**14.** 5, 22
15. 4, 14	**16.** 7, 42
17. 10, 23	**18.** 50, 12
19. 21, 6	**20.** 17, 40
21. 14, 23	**22.** 12, 40
23. 38, 3	**24.** 21, 8

09 집중 연산 ❷ 152~153쪽

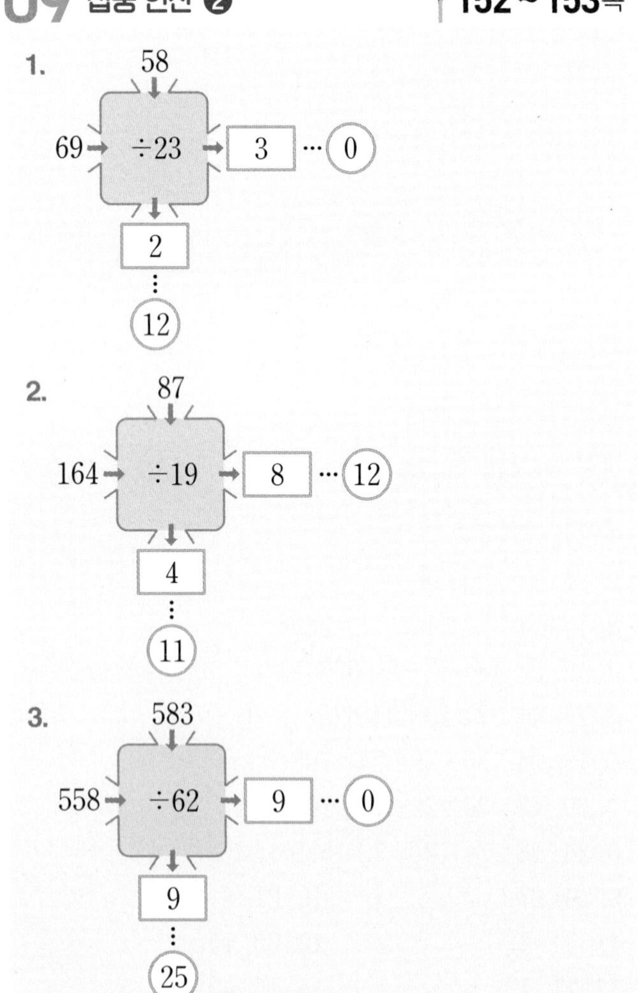

4.

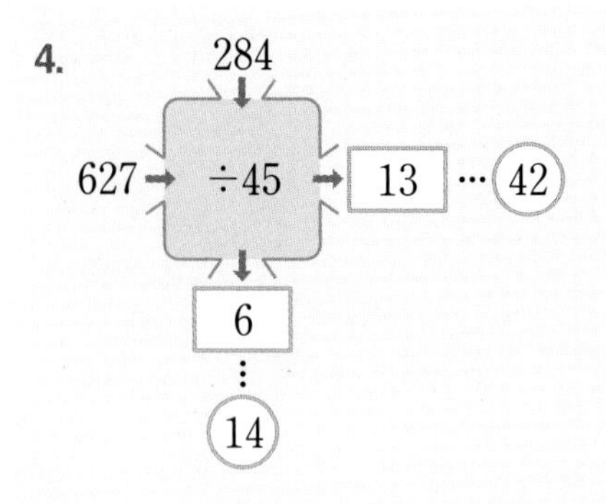

5.

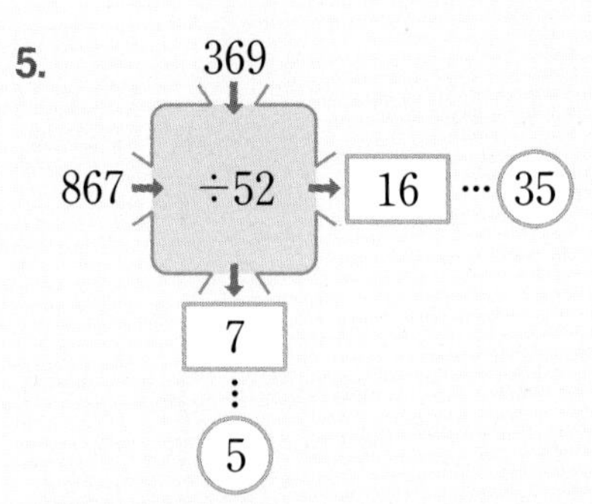

6.

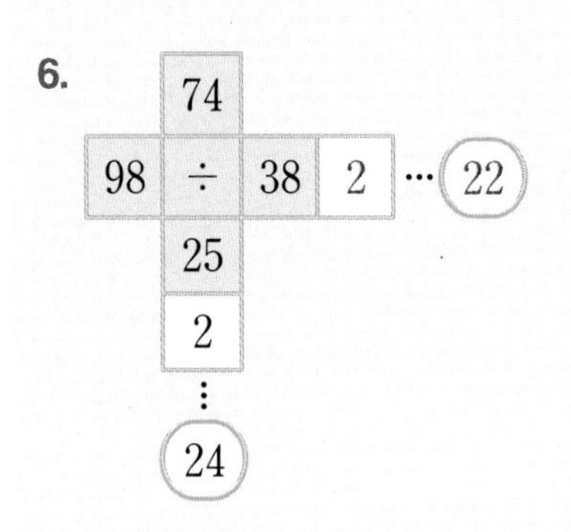

7.

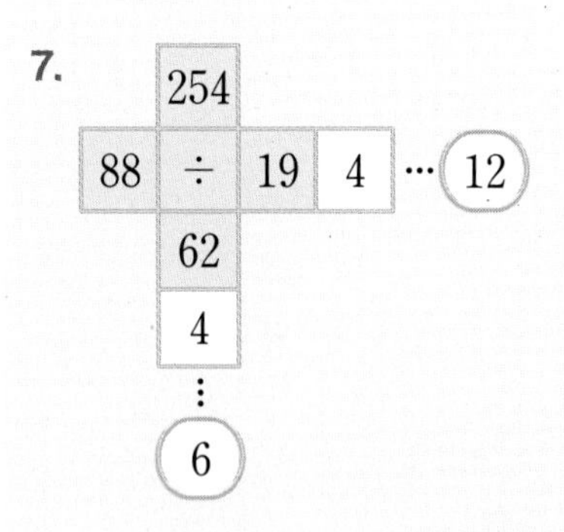

8.

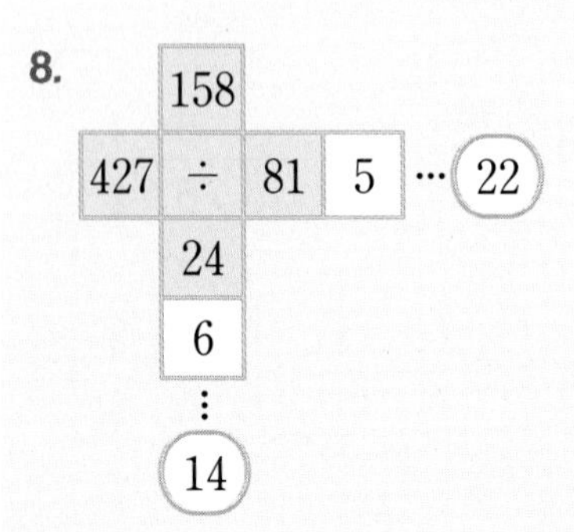

9.

	329			
718	÷	56	12	···46
	48			
	6			
	⋮			
	41			

10.

	425			
935	÷	24	38	···23
	19			
	22			
	⋮			
	7			

11.

	817			
954	÷	39	24	···18
	28			
	29			
	⋮			
	5			

10 집중 연산 ❸ 154~155쪽

1. 28)84 → 3, 84, 0
2. 17)69 → 4, 68, 1
3. 24)95 → 3, 72, 23
4. 34)204 → 6, 204, 0
5. 26)156 → 6, 156, 0
6. 67)536 → 8, 536, 0
7. 45)375 → 8, 360, 15
8. 69)439 → 6, 414, 25
9. 93)621 → 6, 558, 63
10. 39)663 → 17, 39, 273, 273, 0
11. 22)836 → 38, 66, 176, 176, 0
12. 14)728 → 52, 70, 28, 28, 0
13. 43)593 → 13, 43, 163, 129, 34
14. 26)935 → 35, 78, 155, 130, 25
15. 18)807 → 44, 72, 87, 72, 15

16. 2 ; 2
17. 4···2 ; 3···6
18. 6···22 ; 16···20
19. 6···5 ; 12···5
20. 29 ; 25···2
21. 34 ; 29···7
22. 5···51 ; 16···14
23. 7···34 ; 31···18
24. 7···21 ; 26···9
25. 21···34 ; 15···27

8 규칙 찾기

01 수 배열에서 규칙 찾기 (1) 158~159쪽

1. 10
2. 1000
3. 1100

4.~6.

10001	10002	10003	10004	10005	10006	10007
10011	10012	10013	10014	10015	10016	10017
10021	10022	10023	10024	10025	10026	10027
10031	10032	10033	10034	10035	10036	10037
10041	10042	10043	10044	10045	10046	10047
10051	10052	10053	10054	10055	10056	10057

ㄱ

02 수 배열에서 규칙 찾기 (2) 160~161쪽

1. 238, 255
2. 533, 936
3. 94, 140
4. 318, 520
5. 737, 534

03 수 배열에서 규칙 찾기 (3) 162~163쪽

1. 272
2. 2515
3. 192
4. 81
5. 2048
6. 2724, 4524
7. 160, 20
8. 972, 8748

04 계산식에서 규칙 찾기 (1) 164~165쪽

1. 3700, 3300
2. 504, 909
3. 810, 147
4. ㉡
5. ㉠
6. ㉢
7. ㉤

05 계산식에서 규칙 찾기 (2) 166~167쪽

1. 900, 450
2. 40, 800
3. 37, 444
4. 40
5. 44044
6. 122221
7. 101
8. 10000
9. 500035

06 규칙적인 계산식 찾기 168~169쪽

1. 202, 207
2. 212, 214
3. 208
4. 204, 216
5. 2, 21
6. 13, 3
7. 104, 208

07 집중 연산 ❶ 170~171쪽

1. (위부터) 844, 724, 634
2. (위부터) 3150, 4250, 4450
3. (위부터) 46341, 47361, 48331
4. (위부터) 34453, 43453, 51453
5. 480
6. 3042, 4142
7. 90, 30
8. 81, 729
9. 4932, 4912
10. 32, 16

08 집중 연산 ❷ 172~173쪽

1. 2606, 4306
2. 3666, 5333
3. 7, 22
4. 24, 12
5. 3, 3
6. 5
7. 3
8. 6
9. 7, 12
10. 3, 8

09 집중 연산 ❸ 174~175쪽

1. 600
2. 6000024
3. 4400, 200
4. $12345+54321=66666$
5. $446-136=310$
6. $1111\times1111=1234321$

빅터 연산

플러스 알파 176쪽

1.

			1	4	3
		×	2	1	6
				1	8
			2	7	
		1	6		
		9			
	2				
	3	0	8	8	8

2.

			6	8	2
		×	4	1	5
				1	0
			4	2	
		4	6		
	3	8			
2	4				
2	8	3	0	3	0

정답은
이안에
있어!

교육과 IT가 만나
새로운 미래를 만들어갑니다

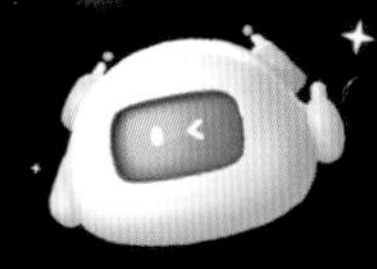

빅데이터, AI, 에듀테크 저마다 기술을 말합니다.
40여 년의 교육 노하우에 IT기술을 접목한 최첨단 에듀테크!

기술이 공부의 흥미를 끌어올리고
빅데이터와 결합해 새로운 교육의 미래를 만들어 갑니다.
다음 세대의 미래가 눈부시게 빛나길, 천재교육이 함께 합니다.

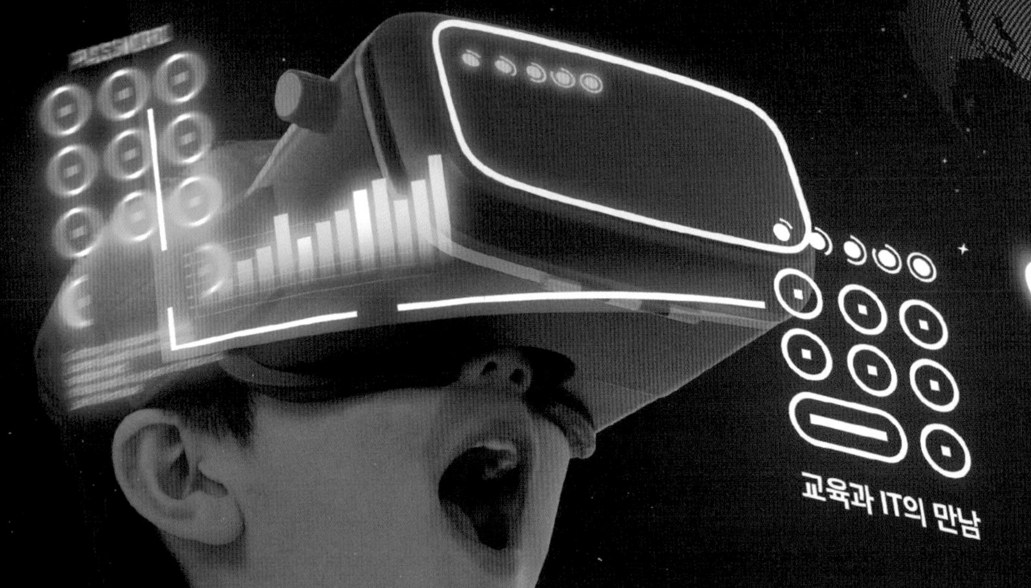